国家社科基金
后期资助项目
GUOJIA SHEKE JIJIN HOUQI ZIZHU XIANGMU

环境美学与美学重构

当代西方环境美学探究

Environmental Aesthetics and Aesthetic Reconstruction
The Study on Contemporary Western Environmental Aesthetics

杨文臣 著

U0195462

北京大学出版社
PEKING UNIVERSITY PRESS

图书在版编目（CIP）数据

环境美学与美学重构：当代西方环境美学探究/杨文臣著. —北京：北京大学
出版社，2019.10

ISBN 978 - 7 - 301 - 30841 - 7

Ⅰ.①环…　Ⅱ.①杨…　Ⅲ.①环境科学—美学—研究—西方国家　Ⅳ.①X1-05

中国版本图书馆 CIP 数据核字（2019）第 214755 号

书　　　名　环境美学与美学重构：当代西方环境美学探究
　　　　　　HUANJING MEIXUE YU MEIXUE CHONGGOU：DANGDAI XIFANG
　　　　　　HUANJING MEIXUE TANJIU
著作责任者　杨文臣　著
责 任 编 辑　谭 艳 赵 阳
标 准 书 号　ISBN 978 - 7 - 301 - 30841 - 7
出 版 发 行　北京大学出版社
地　　　址　北京市海淀区成府路 205 号　100871
网　　　址　http://www.pup.cn　新浪微博：@北京大学出版社
电 子 信 箱　pkuwsz@126.com
电　　　话　邮购部 010 - 62752015　发行部 010 - 62750672
　　　　　　编辑部 010 - 62755910
印 刷 者　北京鑫海金澳胶印有限公司
经 销 者　新华书店
　　　　　　965 毫米 × 1300 毫米　16 开本　14.25 印张　306 千字
　　　　　　2019 年 10 月第 1 版　2019 年 10 月第 1 次印刷
定　　　价　48.00 元

国家社科基金后期资助项目
出版说明

　　后期资助项目是国家社科基金设立的一类重要项目,旨在鼓励广大社科研究者潜心治学,支持基础研究多出优秀成果。它是经过严格评审,从接近完成的科研成果中遴选立项的。为扩大后期资助项目的影响,更好地推动学术发展,促进成果转化,全国哲学社会科学工作办公室按照"统一设计、统一标识、统一版式、形成系列"的总体要求,组织出版国家社科基金后期资助项目成果。

全国哲学社会科学工作办公室

目　录

前　言

一　当代西方环境美学的兴起及其意义

2009 年 10 月，在山东大学文艺美学中心举办的"全球视野中的生态美学与环境美学国际学术研讨会"上，来自芬兰的环境美学家约·瑟帕玛指出，太空探索的最显著成果并不是物质性的，而是它使我们同时看到了整个地球。航天员拍摄的照片清晰地展示了我们赖以生存的星球的全貌，她的绚烂之美令人心醉，这种美是我们要保护她的主要原因之一。

瑟帕玛并非故作夸饰之词。这个在我们探测到的成千上万的星体中唯一有生命存在的美丽星球目前正被人类活动推向危险的境地。近代以来的科技革命迅速壮大了人类的主体能力，而不断膨胀的贪欲、机械论世界观、人类中心主义价值观和掠夺性的伦理学又唆使人类肆意向地球索取和压榨，导致地球被摧残得满目疮痍、伤痕累累。20 世纪以来，随着工业化和现代化进程的加快、全球化市场的形成以及日益加剧的竞争，人类进一步加大了掠夺和破坏的力度，以致远远超出了地球可以承受的极限。物种数量的迅速削减、生态系统的紊乱、温室效应导致的气候反常、不断扩大的臭氧层空洞、水和空气中不断累积的有毒物质、堆积如山且难以分解的垃圾、正在对生态造成极大破坏的核废料以及足以将地球毁灭数次的核武器……法国前教育部部长克洛德·阿莱格尔指出，人类已经"成了一个超强地质因素"，其行为扰乱了已经坚持了 40 多亿年的地质史的著名的"动态平衡"。[1]

人类在将地球推向毁灭境地的同时也极大地破坏了自己的生存环境，20世纪以来一次次严重的环境事件给沉醉于"征服"中的人类敲响了警钟。1930 年比利时的马斯河谷烟雾事件是 20 世纪最早的环境公害事件，随后 20

---

[1]　[法]克洛德·阿莱格尔:《城市生态，乡村生态》，陆亚东译，商务印书馆，2003 年，第 29—30 页。

年内又发生了美国洛杉矶光化学烟雾事件、美国多诺拉烟雾事件、英国伦敦烟雾事件等多起工业废气导致的灾难性事件,其中发生于 1952 年 10 月的伦敦烟雾事件在五天内就有 4000 多人死亡,两个月内又有 8000 多人死去。1960 年代日本的水俣病事件震惊世界,含汞的工业废水污染了海湾,经过食物链使人中毒,上千人丧生。类似的环境公害事件不胜枚举。

转折发生在 1962 年,这一年蕾切尔·卡逊的《寂静的春天》出版。在美国中部有一个城镇,曾经绿树成荫,溪流潺潺,鸟语花香,生机盎然。不知何时,死神的阴影遮盖了这个地方,春天来临了大地却一片死寂,蜜蜂不再授粉,鸡蛋不再孵出小鸡,鸟儿不再鸣唱,被疾病折磨的人们绝望地等待死亡的降临……这个城镇是虚构的,但它的故事却不同程度地在我们身边上演。卡逊由此对滥用农药给物种、环境和人类自身带来的巨大危害进行了猛烈的抨击,提出了"自然平衡"的生态学思想,并将笔触深入人的行为方式、价值观、人与自然关系等层面,呼唤"我们必须与其他生物共同分享我们的地球"①。卡逊的呼声振聋发聩,之后,环境运动蓬勃发展起来。1968 年,著名的"罗马俱乐部"成立,它的一系列报告成功地使那些威胁人类生存的"全球问题"——环境问题是其中的一个重要方面——吸引了舆论和一些国家政府高层的关注。1972 年,第一届世界环境会议在斯德哥尔摩召开,口号是"只有一个地球,我们要对地球这颗小小行星表示关怀和维护",会议发表了《世界环境宣言》。环境问题迅速成为人们关注的焦点,人文地理学家段义孚在 1971 年预言:"将来的思想史会瞩目于 20 世纪 60 年代晚期到 70 年代早期,这个时期'环境''生态''人口'迅速占领了大众媒体并成为国家和地区政治的焦点。"②

罗马俱乐部的创始人奥雷利奥·贝切伊认为,我们面临的危机实际上是文化的危机、文明的危机。③ 美国前副总统阿尔·戈尔也将环境危机称为"精神危机"。④ 这就意味着,要想解决环境问题就必须从文化上进行深入反思,必须发动一场世界观、价值观的变革。20 世纪 70 年代,各个学科领域相继进行了"环境转向",环境生态学、环境生物学、环境物理学、环境伦理学、环境心理学等环境学科纷纷涌现,联系的、有机的观念取代了孤立的、割裂的

---

① [美]蕾切尔·卡逊:《寂静的春天》,吕瑞兰、李长生译,吉林人民出版社,1997 年,第262 页。

② Yi-Fu Tuan, *Environmental Attitudes*, Science Studies, 1971,1(2),p. 215.

③ 徐崇温:《全球问题与"人类困境"——罗马俱乐部的思想和活动》,辽宁人民出版社,1986 年,第 72 页。

④ [美]阿尔·戈尔:《濒临失衡的地球——生态与人类精神》,陈嘉映等译,中央编译出版社,1997 年,"导论",第 2 页。

观念,生态学思维范式取代了机械论思维范式,一种基于有机整体和普遍联系的当代环境思想逐渐形成,而一场深刻的思想变革也全面展开。

应对不断加重的环境危机,是环境美学兴起的主要动因。审美绝非一种无足轻重的奢侈之物,它一直是人类行为的重要推动力。荷马史诗《伊利亚特》中,面对来势汹汹的希腊联军,特洛伊的元老们依然认为,为了美的化身海伦发动一场战争是值得的。翻开艺术史,我们会看到自古以来人类就前赴后继地投身于艺术创造之中,即便在动荡、灾荒的年代也不曾中断,对美的渴求无疑是这种创造行为最强大、最持久的推动力。不仅是艺术,整个人类文化和文明的创造都或隐或现地体现着对美的追求、贯穿着美的法则。及至当下,人们更加重视审美活动,陈炎一语破的,“美学和艺术也是一种生产力”①。审美活动在人类生存活动中的地位如此重要,如果能够从对环境的美学关怀出发通向伦理关怀和伦理行动,对于环境问题的解决必将大有助益。正是在这个意义上,瑟帕玛指出,当我们心醉于地球的“绚烂之美”时,我们就会想要去维护它;当我们意识到这种“绚烂之美”正因我们不当的行为而迅速消失时,我们就会反思自身。但悲哀的是,我们被金钱和物质诱惑得发红的眼睛,我们被功利主义重重垢蔽的心灵,对自然的美已经不再敏感、不再珍惜,而我们现有的以艺术为主要关注对象的美学也没有为我们提供相应的指导。所以,美学必须反思自身,首先要做的便是破除重艺术、轻自然的人类中心主义立场,把美学的疆域从原来的艺术扩展到包括自然在内的整个人类生存环境。

美学疆域的拓展,相应地要求一系列美学观念的调整。“环境”不像艺术品那样是外在于我们的客体或对象,它是一个复杂的、动态的系统,这个系统是由各种物质的、社会的、文化的因素共同构建起来的,它无所不包,我们身处其中,也是它的一部分。显然,我们不能把建立在主客二分思维之上的艺术鉴赏模式应用于环境,那样会导致对环境之美的遮蔽,影响我们做出正确的审美评判。正如环境美学家阿诺德·伯林特所说,我们不是鉴赏环境而是体验环境,我们不是静观而是参与其中。

这并不是说,我们可以分别看待艺术和环境,构建一种和艺术美学并行的环境美学,环境美学有更大的“野心”。旧的艺术审美理论,诸如静观模式、审美距离说、审美感官和生理感官的区分,乃至审美无功利说,并不是对艺术审美实践的准确描述,它们遮蔽了身体在审美中的作用,割裂了作为格式塔整体的审美知觉,也割裂了艺术和经验之间的密切关联。环境美学作为

---

① 陈炎:《美学与艺术也是一种生产力》,《文史哲》,2004 年第 3 期。

一种新的美学范式,映射出了艺术美学的狭隘和缺漏,推动我们对艺术和艺术鉴赏进行重新思考和阐说。

很长时间以来,艺术蒙着神圣的光环被封闭在艺术博物馆、展览馆中,仅供少数人瞻仰,远离了人们的日常生活,这样一种封闭状态使得艺术走进了死胡同,不仅失去了对社会生活的影响力,也使艺术自身失去了活力。环境美学要求和呼吁艺术积极参与到审美环境的营造中,重新接通艺术和生活的关联,为艺术的发展打开了全新的、充满生机和活力的前景,而且,势必引发我们对一些重大艺术观念的重新思考,诸如艺术的界定,艺术和生活的关系,艺术的评判标准,等等。

"环境"的包罗万象性决定了环境美学的包容性和开放性,它的哲学基础极为广博,深生态学、现象学、存在主义、过程哲学、生命哲学、人文地理学……除了这些前沿的理论成果,环境美学还从东方哲学、生态批评、大地艺术等诸多学科领域汲取滋养。世界是一个普遍联系的有机整体,各个学科之间自然也不是绝缘的,目前,跨学科研究已经是学术研究的一个重要趋势,很多学科都把它作为谋取创新和发展的路径,环境美学可谓是面向未来,应时而动。多学科的借鉴和整合使得环境美学走出了传统美学的概念和框架的束缚,在深入认识人、环境以及二者关系的基础上对那些久而未决的美学基本问题——诸如美的存在、美感的生成机制、审美与伦理的关系等——做出更全面、中肯的言说。

环境美学还为美学规划了一个美好的未来图景。首先,作为对环境危机的积极应对,环境美学把美学从日益边缘化的尴尬境况中拯救出来,使美学参与到社会历史进程中,重新走进人们的日常生活。对于僭越美学之名、违背美学精神的所谓商业美学、消费美学,伦理诉求强烈的环境美学也可以起到一定的遏制、矫枉作用。其次,环境美学吸收从事建筑、城市规划、景观设计等实践层面的工作者参与到环境美学的建设中,密切了理论和实践的关系。它还和身体美学、日常生活美学等毗连美学学科相促相长,共同推动美学的繁荣。最后,环境美学不仅要通向一种环境伦理,重建人与环境的和谐共生关系,还要通过营造人性化的、富有意味的日常生活环境,构建一种"美学共同体",给人以归属感和认同感,把人们更密切地连结在一起。

除了美学观念和美学体系的重构,环境美学的兴起还带来了世界美学格局的重构。近代以来,中国美学在与西方美学的对话中一直处于弱势,甚至濒于"失语"的状态。作为前现代的美学形态,中国传统美学似乎和现代美学实践相脱节,失去了阐释力。我们试图把中国美学挂靠到西方美学上以实现所谓"现代转换",但收效甚微。环境问题的凸显和环境美学的兴起,使得富有生态智慧的中国古典思想和美学越来越受到国际学界的重视，我们得以平等地参与到中西美学的对话之中。当下，中国生态美学的蓬勃发展以及与环境美学日益密切的交流，都在逐步地推动着世界美学格局的重构。

鉴于环境美学正处于迅速发展的阶段，以及它的实践性、开放性和包容性品格，笔者无意于去构建一套明确的、完整的环境美学理论体系。本书的写作定位在从学理上对当代西方环境美学的源流、兴起、发展和几种代表性成果进行系统的梳理和评论，在此基础上重点探讨其在当代美学重构中的价值和意义，并对当代美学的基本问题和未来发展展开初步的思考，希望可以借此对我们今天的美学研究提供一点启发。

二　与环境美学相关的几个重要概念的界定和辨析

面对大致相同的问题域，环境美学家们使用的概念不尽相同。比如，在探讨自然审美时，艾伦·卡尔松使用"自然美学"而埃米莉·布雷迪使用"自然环境美学"；在探讨外延更大的环境审美时，阿诺德·伯林特使用"环境美学"而史蒂文·布拉萨使用"景观美学"。除此之外，本书还将涉及"生态美学""日常生活美学"等与环境美学大致平行的概念，以及像"身体美学""参与美学"等与环境美学非平行的概念。对这些相关概念之间关系的辨析是我们展开环境美学探究的不可或缺的前提。

首先我们来看自然美学与环境美学。环境美学是以发展一种新的自然美学起步的，罗纳德·赫伯恩的论文《当代美学及自然美的遗忘》的发表标志着环境美学的开端，如何正确而充分地对自然展开鉴赏是环境美学兴起之初的一个重要课题。因而，最常见的观点是将自然美学看作环境美学的一部分，如卡尔松就认为："在环境美学的系谱中有很多不同的种类，比如自然美学，景观美学，城市景观美学和城市设计，也许还包括建筑美学，甚至艺术美学本身。"[1]这种观点将自然看作未经人工触动或主要不是由人工创造的自然物，是外延更大的环境的一部分。伯林特则持不同见解，认为自然美学、环境美学和景观美学都是同义词。[2] 在他看来，"自然就是一切存在物，它自成整体，包容一切，不可分割且持续发展"[3]。包括人和人造物在内的一切存在

---

[1]　［加］艾伦·卡尔松：《环境美学——自然、艺术与建筑的鉴赏》，杨平译，四川人民出版社，2006 年，第 9 页。
[2]　程相占、［美］阿诺德·伯林特：《从环境美学到城市美学》，《学术研究》，2009 年第 5 期。
[3]　同上。

物都是自然,一切都是发展着的自然过程。伯林特的自然观旨在消解人与自然之间的二分,强化万物一体的观念。尽管在逻辑上不无合理之处,但在人类行为已走向自然的反面的今天,取消人与自然的区分无助于人类对自身行为的反思,这一点我们在正文中将会做详尽的论说。另外,自然美学古已有之,如果把自然美学看作环境美学的同义词,那环境美学的历史该如何划定?显然,把二者等同起来,会带来一系列的混乱。因而,笔者赞同卡尔松的观点:自然美学是环境美学的一部分,主要研究自然和自然环境的审美问题,人工环境不在其视野之内。

当然,既然自然美学古已有之,泛指从古到今所有关于自然的美学理论,把自然美学看作环境美学的一部分也存在问题。所以,一些环境美学家们提出了自然环境美学的概念,用来特指环境美学家们进行的自然美学研究。在环境美学中,这两个概念基本是通用的,不过,环境美学家们更喜欢用自然环境美学,以区分开他们的自然美学与传统的自然美学。传统自然美学主要是将自然作为外在于主体的客体进行审视的,但在环境美学看来我们很难用一种外在的眼光来打量自然,因为欣赏自然时我们往往身处自然之中,构成自然的一部分。就连坚持主张主客二分的卡尔松也认为:"当我们栖居其内抑或活动于其中,我们对它目有凝视、耳有聆听、肤有所感、鼻有所嗅,甚至也许还舌有所尝。简而言之,对于鉴赏环境对象的体验一开始就是亲密,整体而包容的。"①即使对于单个自然物,环境美学也往往将其放在生态系统整体中进行鉴赏和评判,而非像对待艺术品一样孤立地进行鉴赏。总而言之,自然环境美学和自然美学的区别在于前者是环境美学家们的专属概念,突出了他们的自然美学研究是在环境的视野下展开的。

景观美学和环境美学之间的关系也很微妙。彭锋指出,一些人文地理学家和景观设计者喜欢用景观美学,因为景观一词包含了主体感受("观"),而任何一种恰当的美学研究对象都是与主体的感受密切相关的,甚至可以说都是在主体的审美经验中形成的,因而景观能够很好地突出它是一个美学的研究对象而非其他学科的研究对象。但景观一词有一个很大的缺陷,就是它始终是一个和观察者相对的观察对象,潜在地蕴含了主客二分。而环境不可能成为一个观察对象,因为我们不可能从环境中超脱出来,站到环境对面去观察环境,如果我们要将环境作为环境来感受,我们就只能在环境之中,因而,环境一词相对来说较好地突出了环境的非对象化特征,对主客二分的思维方式产生巨大的冲击,受到哲学美学家们的欢迎。不过,环境的缺陷在于没有

---

① [加]艾伦·卡尔松:《环境美学——自然、艺术与建筑的鉴赏》,杨平译,四川人民出版社,2006年,第5页。

适当地包含主体感受在内,很难表明它是一个审美对象而非其他对象。① 虽然环境和景观两个概念各有其长处和弱点,但环境美学和景观美学在美学理念上并没有太大不同,美学家们总是小心翼翼地避开各自使用的概念中的弱点,因而,环境美学和景观美学基本上是同义词。本书第二章有对伯林特的环境美学体系和布拉萨的景观美学体系的专节研究,我们将看到,二人在很多立场上是一致的。

相对来说,城市美学和环境美学的关系则要清晰得多,前者是后者的一部分。随着人口越来越多地向城市集中,城市成为人类生存活动的主要场所,城市美学也日益凸显其重要性。

环境,尤其是伯林特、约翰松等人所看重的城市环境,是人们日常生活的一部分,始终作为背景和要素参与到日常生活的组建中。如果按照伯林特对环境的界定——"环境就是人们生活着的自然过程"②,也可以说,环境作为一个无所不包的概念囊括了人们的日常生活。这就意味着,环境美学与日常生活美学有着天然的联系,二者相互交叉和渗透。在美学理念上,环境美学与日常生活美学也存在着契合之处,二者都抵制美学的精英化,主张美学回归生活,都反对康德的先验美学,强调经验、身体在审美中的重要性。在日常生活美学领域卓有建树的美学家舒斯特曼提议建立一门"身体美学",对身体在审美感知和体验中的作用——在他看来身体是审美的主体——进行系统的研究,并对武术、瑜伽、冥想等改善身体的形式表达了极大的兴趣——在他看来,通过调整、训练让身体更有活力,就可以拥有更敏锐的感知力,从生活中感受到更多的乐趣和美。这样一种"身体美学"可以被视为日常生活美学的一个子学科。伯林特同样重视身体在审美中的作用,他把自己的美学理念命名为"参与美学",强调身体在审美中的参与,而他眼中的身体也并不是身心二分下的身体,而是莫里斯·梅洛-庞蒂意义上的承载吸纳了意识("心")、作为存在主体的身体。环境美学和日常生活美学的区别在于,前者更多地关注作为公众活动空间的景观,而后者更多地关注个人意义上的事物和活动,如服饰、家居、生活方式等,二者之间没有清晰的界线。

环境美学与生态美学的关系值得我们特别重视。生态美学是在环境美学的影响下于 20 世纪 90 年代诞生的,比后者晚约 20 年,是当代中国美学界之于世界美学的杰出贡献——尽管西方也有个别人使用生态美学的概念,如

① [美]史蒂文·布拉萨:《景观美学》,彭锋译,北京大学出版社,2008 年,"译者前言",第 3 页。
② [美]阿诺德·伯林特:《环境美学》,张敏、周雨译,湖南科学技术出版社,2006 年,第 11 页。

贾苏克·科欧和保罗·戈比斯特，但他们探讨的问题和所持的理论基本都不出环境美学的范域，科欧的所谓生态美学准确地说是一种"生态的环境设计美学"，而戈比斯特关注的如何正确地对自然审美，也是环境美学的重大课题，二人都没有区别于环境美学的理论建构。中国的生态美学则不然，尽管是在环境美学的影响下兴起的，与后者承担着同样的历史使命，且在问题、议题、重要概念甚至理论表述上都存在着重叠和相通之处，但它还是拥有区别于环境美学的构建取向。在理论构建的深度上，生态美学优于环境美学。因为有中国丰富的古典生态智慧作为支撑，且对包括环境美学在内的各种西方生态理论资源广收博取，生态美学拥有更开阔的视野和更前沿的视角，更能跳出主客二分和人类中心主义的羁绊，更新美学的哲学基础和理论品格。对于美学现象的阐释能力，生态美学也比环境美学更强大。伯林特曾经提出一个很有野心的构想，把环境美学——准确说是他的参与美学——作为新的美学范式，重新阐释一切艺术和美学现象。这一构想恰恰在生态美学手里变成了现实，比如，曾繁仁从生态美学的角度对汉代画像石、敦煌壁画做了既有深度又饶有趣味的解读，鲁枢元基于生态视野对梵净山弥勒道场和傩信仰进行阐释，等等。目前中国的生态批评蓬勃发展，且批评的指向非常宽广，几乎古今中外一切文化艺术事物和现象，都是其潜在的批评对象。当然，环境美学也有生态美学所不及的长处，它的实践性更强，尤其是当下，重心正从理论构建向环境实践转移，环境美学家和从事具体环境实践的工作者之间的交流与合作也日益密切。生态美学尽管也有向实践领域扩展的构想，但迄今为止仍是一种比较纯粹的理论话语。

也有人认为，环境美学和生态美学其实是一回事，生态美学就是中国的环境美学。这种说法并非没有道理，环境美学最重要的一个维度就是生态维度，瑟帕玛明确指出，环境美学最终是规范性的，"我们可以评价一个趣味体系有多好，并通过这个评价而到达生态美学"①。而生态美学的源起和其最关注的也是环境的不断恶化，曾繁仁提出的生态美学基本范畴中，诸如"诗意地栖居""家园意识""场所意识"和"参与美学"②，也都是环境美学的重要范畴，都关涉到环境问题。如果二者本为一的话，是环境美学还是生态美学，就产生了争议。站在环境美学立场上的一方认为，生态是一个关系概念，不能成为审美对象；而且现在生态一词的使用被泛化了，诸如政治生态、精神生态、文化生态等，这会使被命名的美学失去其明确的针对性和现实使命，变成无所不包的大杂烩。而环境既是我们感性的对象，意义和用法又比较确定，

---

① ［芬］约·瑟帕玛：《环境之美》，武小西、张宜译，湖南科学技术出版社，2006年，第189页。
② 曾繁仁：《当代生态美学观的基本范畴》，《文艺研究》，2007年第4期。

因而他们主张放弃生态美学,致力于发展环境美学。这种质疑显然站不住脚,"存在"也不是一个对象概念,但没人据此质疑海德格尔的存在论美学;生态一词在使用中的确存在泛化现象,但环境又何尝不是,我们不是也谈论语言环境、从业环境和人际环境吗?生态美学的创建者和支持者们认为,用生态不是一个对象(客体)概念来否定生态美学,表明持论者仍拘囿于主客二分的思维模式,这也是影响环境美学发展的一个致命因素——环境概念本身就预设了内在与外在、人与环境的二分。而我们要发展的这种美学必须要超越主客二分思维模式以及与这种思维模式相伴而生的人类中心主义价值观。因而,生态美学较之环境美学更能凸显出我们正在发展的这种美学的崭新的哲学品格。当然,也一些环境美学家,如伯林特意识到了环境概念中的二元论和客体论危险,他把环境解释成"人们生活着的自然过程""由充满价值评价的有机体、观念和空间构成的浑然整体"①,突出了环境中的生态维度,和生态美学的立场完全一致。2015 年,曾繁仁发表《关于"生态"与"环境"之辩——对于生态美学建设的一种回顾》一文,反驳了围绕生态美学的种种质疑,为生态美学的合法性和优越性做了有力的辩护,并明确了生态美学不同于环境美学的独特性和发展方向。② 环境美学还是生态美学,我们没必要从中二选一,"这两种美学都有存在的价值,它们互相配合,共同推动美学发展"③。

---

① [美]阿诺德·伯林特:《环境美学》,张敏、周雨译,湖南科学技术出版社,2006 年,第11 页。
② 曾繁仁:《关于"生态"与"环境"之辩——对于生态美学建设的一种回顾》,《求是学刊》,2015 年第 1 期。
③ 陈望衡:《环境美学》,武汉大学出版社,2007 年,第45 页。

第一章 从"艺术哲学"到
"一种新的自然美学"
——环境美学与美学疆域的扩展

环境美学是以构建一种新的自然美学起步的。英国爱丁堡大学教授罗纳德·赫伯恩被称为"环境美学之父",他的《当代美学及自然美的遗忘》一文在环境美学史上具有里程碑似的意义,这篇论文唤醒了自然美研究的自觉性,标志着当代西方环境美学的开端。正如文章标题所表明的,在西方美学史上,自然美一直是被边缘化甚至是被遗忘的。

第一节 被遗忘了的自然美

美国实用主义美学家杜威认为,有机体与环境之间的相互作用形成的"经验"是人类审美经验的源泉。① 那么,自然是人类最早的生存和生活环境,人类最初的审美经验和关于美的知识都是来自于对自然的知觉和思考,自然也应该是人类最早的审美对象。然而,自然被自觉地、有意识地进行欣赏却是审美意识诞生很久以后的事。英国美学家鲍桑葵指出:"人之所以追求自然,是因为他已经感到他和自然分开了。"②的确,在文明还没有给人带来压力和异化的人类发展初期阶段,自然很难作为独立的审美对象进入人们的审美意识,尽管从一开始人类就不仅在物质上也在精神和情感上接受自然的恩赐和滋养。

(一)古希腊、罗马时期

古希腊人显然是喜爱自然的,他们很早就会用茛苕叶纹样造型来装饰建筑。在《荷马史诗》中,我们也可以看到这样的句子:

---

① [美]杜威:《艺术即经验》,高建平译,商务印书馆,2005 年,第 3 页。
② [英]鲍桑葵:《美学史》,张今译,中国人民大学出版社,2010 年,第 86 页。

> 当太阳渐渐升起,离开美丽的海面,
> 腾向紫红色天空,照耀不死的天神和
> 有死的凡人,高悬于丰饶的田野之上,
> 他们来到皮洛斯,塞留斯的坚固城堡。①

不过,自然尚不能算是独立的审美对象。荷马描写自然是为了交代时间,而人们喜爱莨苕叶纹样造型的装饰更多地是出于对自身模仿能力的欣赏。柏拉图曾经赞叹,"对眼睛来说,星辰的运行是最美丽的景象,星辰通过最优雅、最辉煌的舞蹈完成它们对一切生灵的义务"②。星辰之所以美丽,不是因为自身,而是因为它们承载着一种神圣的秩序,它们的"义务"是把神性昭示给众生灵们。也就是说,人们能够感受自然的美丽,但却把自然美置于自己的视野之外,这一点非常显著地在他们的美学中体现出来:被推崇为美的是人的物质和精神实践。一方面,人们把数、和谐、比例、理念等范畴视为美的本质,这些范畴来自人的理性能力,体现了对于秩序的推崇;另一方面,作为模仿的艺术被视为美的,因为其中包含了人的创造力。

在西方,自然以独立的姿态出现在文学艺术中是古罗马时期,这时西方美学和艺术的第一个高峰期已经接近尾声。提奥克里塔斯、维吉尔的田园诗对自然风光进行了细腻的描绘,卢克莱修的诗篇中也有对自然之美的热烈赞颂。不过,美学中依然没有自然的位置。被视为经典美学文本的朗吉驽斯的《论崇高》虽然提及了自然的崇高之美,但他无意对此做进一步探讨,他要求诗人要有崇高的心灵,关注如何从修辞上营造一种崇高的文本风格,并没有真正提高自然在美学中的地位。

(二)中世纪

中世纪美学中自然的遭遇与古罗马类似甚至更糟。自然被视为令人恐惧的邪恶、野蛮、非理性之地。"格林的精灵传说,但丁的地域,以及数不清的民间故事告诉我们,森林在中世纪被视为令人恐惧和沮丧之地,因其寂静、晦暗、冰冷、令人窒息、充满未知之物,森林成为野兽和强盗们的出没之地,人们只在打猎时才会偶尔穿过。"③在人类的主体能力没有强大到一定程度,在自然仍然以其不可抵抗的强力威胁着人类安全的时候,人类是不可能把森林、荒野这样的自然物作为审美对象的,人类只能欣赏单个的自然物或被人

---

① [古希腊]荷马:《荷马史诗·奥德赛》,王焕生译,人民文学出版社,1997 年,第 35 页。
② [古希腊]柏拉图:《柏拉图全集》第四卷,王晓朝译,人民出版社,2003 年,第 12 页。
③ J. Douglas Porteous, *Environment Aesthetics: Ideas, Politics and Planning*, London and New York: Routledge, 1996, p.52.

类改造了的、有秩序的自然。基督教美学不否认自然中存在着美,但认为自然之美很低级、很微弱,远逊于灵魂的美、道德的美和秩序的美,而且,从根本上说,自然的美并不属于自然本身,而是属于上帝。

(三) 文艺复兴时期

文艺复兴时期,自然受到了艺术家们的重视,观察自然、研究自然被视为艺术成功的前提。不过,无论是雕塑还是绘画,都以人物或历史场景为题材,自然仅能作为背景和陪衬——甚至作为背景和陪衬也很少出现。支配这一时期的美学观念仍是被波兰美学家沃拉德斯拉维·塔塔科维兹称为"伟大的理论"的毕达哥拉斯学派的美学观念,即美在比例、秩序与和谐。达·芬奇研究数学、物理学、解剖学和植物学,一个重要的目的就是发现自然和人体的比例,也就是说,自然的意义仅在于它是艺术的素材库,自然美仍没有作为一种独立的美学范畴引起艺术家们的重视。稍后的新古典主义美学强调秩序、和谐与典雅,他们只欣赏修改过的、符合他们审美情趣的理想景观,虽然这时自然开始较为频繁地出现在绘画中,但也只是作为人物的背景出现,而且原初的自然基本被排除在审美关注之外。

(四)17—18 世纪的"如画性"美学

17 世纪起,自然开始受到越来越多的关注。法国画家克劳德·洛兰在其精致的油画和蚀刻画中,选择他认为跟往昔的梦幻美景中的场所相称的景色进行描绘,自然开始作为独立的题材进入绘画艺术中。"正是克劳德首先打开了人们的眼界,使人们看到自然的崇高之美,在他去世后几乎有一个世纪之久,旅行者习惯于按照他的标准去评价现实世界中的一片景色。"①与克劳德·洛兰喜欢描绘理想景致不同,同时期和稍后一段时期致力于风景画创作的荷兰画家们描绘了大量平凡的乡土景色,如倾圮的古堡、树木丛生的沙丘、简朴的风车和帆船等等。他们的工作把人们的目光引向身边的自然,"正是这些画家教导我们在一个简单的场面中看到'如画'的景象。许多在乡间漫游的人对眼前的景物油然而生喜悦之情,自己并不知道,他的快乐也许要归功于这些卑微的画家,他们首先打开了我们的眼界,使我们看到平实的自然美"②。

这种"如画性"美学影响深远,它实际上支配了当时人们的自然欣赏,直到现在,仍在很大程度上左右着人们的自然审美选择和评判。需要特别指出

---

① [英]E. H. 贡布里希:《艺术发展史》,范景中译,天津人民美术出版社,2006 年,第 220 页。
② 同上书,第 233 页。

的是,对如画性美学的批判也构成了环境美学家们发展新的自然鉴赏模式的起点。在"如画性"美学观念的形成中,艺术家们功不可没,他们的绘画塑造了人们的审美趣味,人们逐渐习惯了用观赏风景画的目光来打量自然,以风景画的标准来对自然景观进行评判。及至18世纪,人们开始对"如画性"进行理论阐述。

一种宽泛的表述来自威廉·吉尔平,他认为"如画性"景物就是那些适宜入画的景物。普莱斯认为这种界定过于宽泛,因为一些符合这种界定的事物并不被认为是"如画性"的,"如画性"在那个时期指的是一种特定的美学特征,需要一套比较精细的理论进行表述。普莱斯对照英国经验主义美学家埃德蒙德·博克的美的客观性质理论来说明"如画性"景观的特征。在博克看来,美的客体总是具有小巧、光滑、规则、精致、对称、优雅、悦目的颜色、柔和的多样性等特征。"如画性"景物与之相反,它关联着这样三个主要特征:粗糙、突然变化和不规则性。粗糙既指质地的粗糙,如被侵蚀得光泽脱落、苔痕斑斑的石块,也指景物粗犷、破败的整体特征;突然变化指线条、轮廓的不对称、缺乏平衡,各种成分的组合出人意料;不规则性指景物的复杂多样,最引人注目的是那些能显示出岁月流逝、破败不堪的景物。

"如画性"景物既包括自然景物,如奇形怪状的树木、崎岖不平的小路、蜿蜒参差的河岸,也包括一些建筑,如披着常春藤的神秘小屋、几乎坍塌的磨坊、古老破旧的庙宇等等。不同于宁静优美的田园景观,"如画性"总是位于有些野性、神秘、陌生因而不适合日常居住的地方,这一点和崇高类似;但崇高处于和优美相对的另一个极端,它过于狂野和令人畏惧,"如画性"则不那么令人紧张和畏惧,它使人好奇和着迷。

"如画性"在18世纪如此地为人们所推崇,以致围绕它展开了美学趣味和美学设计的运动。那时有人甚至使用一种被称为"克劳德玻璃"的措施来获取景物的"如画性"效果——即用一个浅色的凸面镜把景物"框"起来,以获得一种仿佛岁月磨洗过的审美效果。一些景观设计手册也针对"如画性"景观效果的营造给出了具体指导,如怎样分布动物,怎样设计水流,怎样营造废墟,等等。"如画性"审美趣味影响深远,如果从比较宽泛的意义上来对待它,即像欣赏风景画一样欣赏自然,那么我们会发现这一范畴直到今天仍在很大程度上左右我们对自然的鉴赏,不过我们不再是通过"克劳德玻璃",而是通过摄像机的镜头。

美国环境美学家埃米莉·布雷迪认为如画性审美理念在自然美的观念史上意义重大,之前的新古典主义只对那些符合理性观念的理想景观感兴趣,他们要用艺术来矫正自然的不完美,而"如画性"理念则朝向欣赏"原生态"的自然迈出了重要一步，自然开始因其自身的特征而受到欣赏。布雷迪对这一观点从三个方面进行了详细的阐发：首先，"如画性"认识到了自然的时间性，与新古典主义试图通过理想美将自然静态化不同，"如画性"展示了自然的演化和它的衰朽，在老橡树斑驳的树干、驾车老马的凸背以及如画般的废墟中我们看到了时间的流逝；其次，"如画性"揭示了自然并非是整洁、有序或有着完美的比例和对称关系的，但它的无秩序之处却给人更多的审美趣味；最后，自然不再仅以其作为理性秩序的承载者而受到欣赏，自然的表达性成为美学欣赏的一个重要部分——如画性的景观总是承载着某种情感和精神意蕴，这在随后的浪漫主义运动中达到高潮。

尽管"如画性"美学观念在拓展人的自然审美视野、提高人对自然的关注度上有着一定贡献，但美学上和伦理上的重大缺陷还是使它成为当代西方环境美学主要的批驳对象。美学上，"如画性"要求人超脱于自然之外，像打量一幅二维的风景画那样来欣赏自然，这是很狭隘的。我们身处自然之中，自然会在视觉、听觉、触觉、嗅觉等各个方面向我们施加影响，这些都构成我们审美体验的一部分，需要我们全身心的参与。而且，关于自然的认知和情感也会影响我们的审美体验，可"如画性"显然只关注自然的形式。来自伦理上的指责更为激烈，在艾伦·卡尔松和希拉·林托特主编的一部文集的导言中，他们总结了如画性美学传统面临的五个方面的批评。第一，人类中心主义立场。罗纳德·李认为，"如画性"通过"表明自然的存在是为了愉悦和服务我们而强化了我们的人类中心观念"[1]。从根本上说，"如画性"鉴赏体现为一种彻底的主客二分，而这种立场往往和人类中心主义相伴而行。"如画性"要求主体超脱于自然之外，仅根据自然形式和主体趣味对自然进行审美上的取舍和评判，的确难逃人类中心主义的指责。第二，仅着迷于风景而不是对自然整体进行关注。奥尔多·利奥波德抱怨说，按照"如画性"观念，只有那些拥有瀑布、悬崖和湖泊的壮丽山脉才能得到认可，肯萨斯平原只能是枯燥无味的，而环境伦理要求我们不能仅仅欣赏那些如画性的景观，还要去欣赏荒漠、湿地等不具有如画性特征的自然类型。第三，"如画性"欣赏是表面的、肤浅的，而非严肃的、深刻的。卡利科特指出，我们现在仍在遵循18世纪由吉尔平、普莱斯和他们的同时代人发展而来的趣味标准，主要赞赏和维护那些如画景观，这种流行的自然美学源自艺术鉴赏，因而不是"自治"的：它不是我们身处自然时的自然感受，不把欣赏的兴趣引向自然本身，也不受生态学和自然进化历史的影响，它是表面的、自恋的。概言之，它是肤浅

---

[1] Allen Carlson and Sheila lintott, ed., *Nature, Aesthetics, and Environmentalism: From Beauty to Duty*, New York: Columbia University Press, 2007, p.12.

的。第四，"如画性"是一种主观鉴赏而非客观鉴赏，这种来自艺术的审美趣味对于我们判断哪些自然值得保护，没有任何帮助。第五，"如画性"在道德上是中立的或者说是空洞的。安德鲁斯认为："问题出现在如画性美学运动的后期，它几乎完全专注于对象的视觉欣赏，导致对欣赏者的道德感的压制。"①

(五)卢梭和浪漫主义者

18 世纪，自然美学达到了一个高峰，除了"如画性"美学，德国古典主义美学和浪漫主义美学也很重视自然。我们首先要谈论的是卢梭。

按照环境美学家们的标准，在梭罗之前，可能只有让-雅克·卢梭对自然的欣赏是严肃的、深刻的、非人类中心主义的。卢梭超越了"如画性"美学局限，对一切自然事物和自然景观都非常欣赏。他喜爱壮观险峻的奇山峰岭：

> 这个僻静之处人迹罕至，十分荒凉，但却满是那种为重情之人所爱为其他的人所怕的美。一股由融雪化成的激流在二十步开外奔流，流水哗哗，卷带着污泥、沙石和石块。我们身后，是一溜儿的无法攀援的巨岩，把我们所在的高地与被称之为"冰川"的那段阿尔卑斯山隔开；那段阿尔卑斯山之所以获得这一称谓，是因为有一些自开天辟地时起便在不断增高增大的冰层覆盖着山顶。右首，一片片的浓密松林黑黢黢的，遮天蔽日；左首，激流对面，高大的橡树林呈现眼前；脚下，一片辽阔的湖水为阿尔卑斯山所环绕，把我们与沃州丰饶的土地隔开，沃州境内的巍峨雄壮的汝拉山峰构织成一幅美丽的图画。②

这是后来被康德称之为"崇高"的自然景观。这样的景观能够使人领略到自然的伟大、造化的神奇，从而彻底淘洗掉世俗的委琐庸凡，给人以人格的陶冶和精神境界的提升。自然的崇高之美带给人的，绝不仅仅是视觉上、形式上的愉悦，像如画性美学所追求的那样。卢梭对此有着明确、详尽的阐发：

> 在高高的山上，空气清新纯净，人们感到呼吸顺畅，身子轻健，头脑清醒，寻欢作乐的欲念消退，激情狂热的劲头减弱。在高山上沉思默想，有着一种说不出的崇高伟大，与眼前的所有物体一样雄伟壮观，让人心旌摇荡，但却无一丝一毫的邪念与肉欲。仿佛脱离尘俗尘世，缓缓飘开，

---

① Allen Carlson and Sheila lintott, ed., *Nature, Aesthetics, and Environmentalism: From Beauty to Duty*, New York: Columbia University Press, 2007, p.15.

② [法]让-雅克·卢梭:《新爱洛伊斯》，陈筱卿译，北京燕山出版社，2007 年，第362—363 页。

抛弃了一切低级庸俗的情感,越接近苍穹,灵魂便越是与某种永不变质的纯洁结合在一起。你待在那儿,神情严肃而不忧伤,平静而不慵懒,对你的人和思想感到满意:所有这些抹去了使之令人痛苦不堪的那种不满足、不甘心的劲头,在内心深处只留下一丝淡淡的微微激动,就这样,一种可人的气候把在别处折磨人的激情变得为人的幸福服务。我不相信任何的心浮气躁、任何的头晕气都能够在这里持续下去,而且我很惊讶,为什么高山上有益健康的空气浴竟然没被利用来治疗顽疾重症和道德沦丧。①

显然,这种审美鉴赏不是表面的、自恋的,不是超脱于自然之外、把主体趣味强加给自然,而是把自己投入自然,接受自然的净化和提升。中国古代哲人以更阔大的心胸和气度将这种体验描述为"上下与天地同流,浑然与万物同体"。作为应对环境危机而兴起的现代环境美学非常重视审美体验对于发展一种环境伦理的重要作用,托马斯·海德宣称:"自然审美体验越丰富越好,不仅是为了获得审美愉悦,而且在某种程度上也可以激发出一种意识,促使我们去保护当前世界上尚存的相对来说未被触动的自然。"②如果我们有机会获得卢梭那样的深层审美体验,没有理由不生发出对自然的深厚情感,并保护它免于狂热盲目的商业开发。

卢梭钟爱崇高的自然,也不排斥优美的自然。那些优美的乡间景色对他有着无可比拟的吸引力,给了他更多、更醇厚的乐趣,去乡间漫游始终让他梦绕魂牵。年轻时的卢梭,为了一次乡间漫游,可以放弃任何飞黄腾达的好机会。1728 年,16 岁的卢梭在去都灵的路上心中满溢着幸福:

> 我在想象着家家户户的乡村盛宴、草场上疯狂的戏耍、水边的沐浴、漫步和垂钓、树上的美果,树荫下的男女幽会偷情、山间的大桶牛奶和奶油。简直是一派悠然自得、平和、单纯、轻松的景象。总之,映入眼帘的任何东西都给我的心灵带来了一种陶醉。③

当他在都灵历经波折终于获得了古丰家族的器重,锦绣前程开始向他招手时,他却因贪恋来时路上的景色而选择了离开:

> 山峦、草地、树林、溪流、村庄,以其新的魅力没完没了地相继出现;这种幸福的旅程似乎应该吸引了我整个生命。我喜滋滋地回想起,我来

---

① [法]让-雅克·卢梭:《新爱洛伊斯》,陈筱卿译,北京燕山出版社,2007 年,第 36 页。
② Thomas Heyd, *Encountering Nature: Toward an Environmental Culture*, Burlington: Ashgate, 2007, p.92.
③ [法]让-雅克·卢梭:《忏悔录》,陈筱卿译,北京燕山出版社,2007 年,第 39 页。

时一路上的景色是多么的迷人。①

与"如画性"美学只是把自然作为主体审美趣味的载体不同,卢梭关注的是自然本身,是自然的生命状态。在乡野之中,生命以本然的面目绚烂绽放,自由自在,诗意盎然。相比之下,都市生活限制生命的自由,窒息生命的灵性。只要有条件,卢梭决不放弃任何去乡村隐居的可能。1732 年,他 24 岁时,便以养病为契机和华伦夫人住进了尚贝里近郊的沙尔麦特村,在那里度过了一生中最幸福的时光。卢梭声称,自己所有的努力都是为了有一天能够过上幸福恬静的乡间生活,这绝非故作姿态。1756 年埃皮奈夫人向他提供"退隐庐"时,他不顾百科全书派的劝阻,毅然告别了巴黎,此后他之于都市便成了"过客",把后半生的大部分时光和感情都给了乡村。

在卢梭的笔下,我们看不到沼泽和荒漠,因为卢梭毕生除了去过一趟都灵、一趟伦敦,足迹基本限于巴黎、尚贝里、日内瓦构成的一片地域之内,而这一带备受造物的恩宠,湖光山色,风光旖旎,土壤肥沃。但有理由推测,卢梭不会排斥荒野。1765 年,卢梭逃亡期间曾去位于伯尔尼的圣皮埃尔岛小住,他经常划船到旁边一个荒凉的小岛上,那儿只有各种野草和灌木。在卢梭眼中,是否"如画"并不是最重要的,最重要的是生命要以其本然的状态存在。只要生命不受任何扭曲和阻碍,自由地伸展,就能呈现出真正的美。如果为了追求如画的效果而对生命进行约束修饰,反而会伤害美。

卢梭对欧洲古典风格的园林和中国式园林都提出了批评。在《新爱洛伊丝》中,卢梭借圣普乐之口批评当时盛行的欧洲古典园林"把一切弄得整齐划一",用秩序掩盖生命本来的样子,只会让观赏者的心灵感到压抑。相比之下,中国的园林倒是比较艺术,可是人工性太强,建造和维护又要花不少钱,他们追求表现自然,却错过了真正的自然。为什么要在平坦的沙土地上而且是只有井水的地方,修建那些假山、假洞和人工瀑布。为什么要把生活在不同气候下的奇花异卉收集到一个园子里。这些做法迎合了人的某种审美情趣,却不符合自然,自然是不需要人的照料的,人类的自作聪明的匠心、创意反而破坏了真正的自然美。

卢梭心中的园子"爱丽舍"是一个人为制造的荒野。在这里,草木繁茂,但都是当地的品种,且不作任何修剪,任其自然伸长;在这里,鸟鸣清幽,但没有鸟栏,人不去惊扰它们,自由自在的它们是园子的主人。当然,既然是园子,就会有人工的因素:小路的形状,水流的分布,都是人精心设计的。爱丽舍的精妙之处在于所有设计都被小心翼翼地抹掉了,看上去一切自然天成。

---

① 　[法]让-雅克·卢梭:《忏悔录》,陈筱卿译,北京燕山出版社,2007 年,第67 页。

更重要的是,园子一旦修成,就不用再去照料,没有树木需要修剪,没有野草需要清除,覆满苔藓的小路也不需清扫。自然完全可以照顾自己,本真的自然是最美的,人的干扰往往会适得其反。

卢梭并不认为任何人类活动都会破坏自然之美,他经常兴致勃勃地描绘散落在山脉、湖畔周遭的村镇。人类本身也是自然的造物,是增添还是减损自然之美,关键是看人类的活动是不是符合自然的法则。在乡村,人们顺从自然的节律,按照自然允许的方式生产劳作,很好地保持了其自然天性,他们的活动增添了自然和造物的荣耀;而在城市,现代文明的一切几乎都远离了自然,人们把一切弄得面目全非并以此为乐,完全丧失了真正的美。卢梭在工业文明起步之日就展开了对它的尖锐批判,认为这种建立在贪婪和欲望上的文明毁掉了美好的自然。比如,他用愤恨无比的口吻指斥采矿业:

> 他们挖掘到大地的深处,冒着丧失生命和健康的危险去寻找他们想象中的宝物,认为它比大地向他们提供的真正财富更值得花力气去寻找。他们躲避阳光和白昼,把自己等于是活生生地埋在地里,而不痛痛快快地生活在灿烂的阳光中。田间耕作的美好图像消失了,取而代之的是矿坑、矿井、熔炉、锻炉、铁砧、铁锤、弥漫的煤烟和熊熊的炉火。可怜矿工们被有毒的气体折磨得面如纸色,而铁匠们则一脸黢黑;如今,再也见不到花草、树木和蓝天,再也见不到谈情说爱的牧羊人和牧羊女,再也见不到身体强壮的农夫。①

一切生命,一切自由的、蓬勃生长的生命,都是美的。而在大自然中,生命总是以这样的状态存在,不难由此推出,所有的自然都是美的。卢梭在《爱弥尔》的开篇写道:"出自造物主之手的东西,都是好的,而一到了人的手中,就全变坏了。"②这种"自然全美"论,后来为爱默生、缪尔、罗斯金、莫里斯、洛文塔尔等许多人所接受,在当代经由加拿大环境美学家艾伦·卡尔松以特别的方式阐发之后,成为环境美学中一个非常引人注目的命题。

卢梭是一个非常虔诚的自然主义者,他尊重和喜爱自然本身,反对人出于任何目的——无论是实践的还是审美的——对自然做任何修改。卢梭钟爱植物学研究,他的《植物学通信》文笔优美、深入浅出,现在依然是研究植物学的入门读物,深受读者喜爱。卢梭声称自己"纯粹是一个为了不断寻找

---

① [法]让-雅克·卢梭:《一个孤独的散步者的梦》,李平沤译,商务印书馆,2008 年,第 92 页。
② [法]让-雅克·卢梭:《爱弥尔》上卷,李平沤译,商务印书馆,2010 年,第 5 页。

热爱大自然的理由而去研究大自然的植物学家"①,通过观察植物那些精妙绝伦的构造和功能,卢梭深深地感受到了造物的神奇。严谨的科学态度从而奇特地通向了感性的审美态度和虔敬的宗教态度。②

在卢梭看来,神奇、美丽、秩序井然的大自然正是造物主存在的明证,"我要是不设想有一种智慧在安排万物的系统,就不可能想象它怎么会这样有条不紊,秩序井然。要我相信被动的和死的物质能产生活的和有感觉的生物,要我相信偶然的机会能产生有智慧的生物,要我相信没有思想的东西能产生有思想的生物,是不可能的"③。上帝是如此的智慧和伟大,远远超出我们的想象,"当我想就它本身来思考它的时候,当我想寻找它在什么地方,想知道它是什么样子,想知道它是什么东西构成的时候,它就逃避我,我迷迷茫茫的心灵便什么也看不到了"④。尽管无法感知或思索上帝本身,但卢梭心中的上帝无比仁慈。他不是天主教中的上帝,专横、冷酷、严厉,让人们战战兢兢地匍匐在他的脚下,而是慷慨地将他的仁爱施与每一个造物,完美的大自然便是明证——当然,只有像卢梭那样尚未被文明锢蔽的心灵才能感受到这一切。

我们无论如何高度评价卢梭的自然意识都不过分。在他那里,自然代表了最高的价值、最纯粹的美。因为祭出了"回归自然"的旗帜,卢梭被尊为"浪漫主义之父"。之后,浪漫主义者们继续对自然进行了热烈的歌颂。

浪漫主义者们继承并强化了卢梭思想中的自然神论色彩,他们反对牛顿的机械论世界观,把自然看作上帝或世界精神的象征,自然总是承载着他们形而上的玄思。雷内·韦勒克对浪漫主义自然观做了精彩的阐释:"在塞南库尔的《奥伯曼》(1804)中,我们见到浪漫主义的自然观的充分体现。'感觉到自然就存在于人的关系之中,万物的能言善辩只是人的能言善辩。肥沃的土地、无际的天空、潺潺的流水不过是我们心中产生和包含的各种关系的表现。'奥伯曼经常在外界事物当中找到一些类比,这使我们觉得存在一种普遍的秩序。甚至一朵花、一种音响、一种气味、一丝光亮都成了'受一种外在观念

---

① [法]让-雅克·卢梭:《一个孤独的散步者的梦》,李平沤译,商务印书馆,2008年,第94页。
② 关于植物学研究和自然审美之间关系的看法,卢梭在《新爱洛伊丝》中通过圣普乐对德·沃尔玛先生的反驳阐发出来。书信正文中,沃尔玛谈道:"种花的目的是让我们散步时边走边欣赏,而不是让我们充满好奇地去赏析。"在注释中,卢梭以圣普乐的口吻对这句话进行了评论:"聪明的沃尔玛未曾很好地研究这一问题。他是个极其善于观察了解的人,怎么对大自然的观察会如此之差呢? 他难道不知道,如果说大自然的创造者在大事上是伟大的,那它在小事上同样是伟大的?"([法]让-雅克·卢梭:《新爱洛伊丝》,陈筱卿译,北京燕山出版社,2007年,第337页。)
③ [法]让-雅克·卢梭:《爱弥尔》下卷,李平沤译,商务印书馆,2010年,第394页。
④ 同上书,第395页。

摆布的材料,看来好像就是一件看不见的事物的图形'。"①

还有威廉·布莱克那首脍炙人口的《一粒沙子》,最显明地体现了浪漫主义者们是怎样看待自然的:

> 在一颗沙粒中窥见一个世界,
> 在一朵野花中看到一个天堂,
> 将无限紧握在你的掌中,
> 在一小时中抓住永恒。

自然就是神圣的宇宙的象征,是"上帝说出的永恒的语言"。柯勒律治说,我们只能得到我们所给予的,大自然的生命存在于我们的生命之中。在浪漫主义者眼中,自然不是和我们无关的物质存在,它与我们是统一的、连续的、一种神秘的宇宙精神把自然和我们连接在一起。"所有伟大的浪漫主义诗人都是神话创造者和象征主义者。他们的实践必须通过他们试图给予世界的一种只有诗人才能领悟的神话解释来理解。"②当布莱克看似标新立异地谈论大自然到处都在堕落时,他和其他浪漫主义者也并无不同,因为在他眼中自然的堕落和人的堕落是同步的,人与自然互为象征,对堕落的失望恰恰表明了他对自然——以及人——原初所拥有的神圣性的信念和眷恋。

韦勒克认为:"浪漫主义的本质可以说就是在我们这个时代已经明显注定失败而且被人放弃的那种想通过作为'一切知识的起源和终结'的诗歌使主体与客体合一,并使人与自然、意识与无意识协调起来的努力。"③主体与客体、人与自然的统一,不仅是浪漫主义,也是当下生态哲学、环境哲学的目标。我们不能否认,浪漫主义的自然观可以转化为对自然的尊重与爱护,1844年,华兹华斯努力使湖泊地区不会因为在肯达尔和温得米尔地区修建铁路而遭到破坏,被尤金·哈格洛夫称为"第一流的现代自然保护主义者"④。不过,浪漫主义的自然观是无法推广普及的,因为民众不可能去领悟他们施加于自然之上的象征和神话。而且,从根本上来说,人与自然的关系在浪漫主义者眼中并不是平等的,无论对于积极的还是消极的浪漫主义,"自我"都具有优先地位,自然的价值在于它是主体抒发情感、表达精神的依托。尤其是到了后期浪漫主义,自然已不再像华兹华斯、济慈诗中那样鲜活,

---

① [美]雷内·韦勒克:《批评的概念》,张今言译,中国美术学院出版社,1999年,第164—165页。
② 同上书,第181—182页。
③ 同上书,第213页。
④ [美]尤金·哈格洛夫:《环境伦理学基础》,杨通进、江娅、郭辉译,重庆出版社,2007年,第129页。

它成为失去了生命力的符号,连接着那些无病呻吟的泛滥情感。主体和自然地位的不平等使我们不能过于高估浪漫主义自然观在提升对于自然的伦理关怀方面的作用。而且,浪漫主义的泛神论在现代科学的强大攻势下显得苍白无力,这也大大削弱了其积极影响。

(六)德国古典美学:康德和黑格尔

自然美在康德的美学体系乃至其整个先验哲学体系中的地位都非常重要,它不仅是康德美学的起点——康德的美的分析主要是针对自然美,也是康德构建其先验哲学体系的一个非常重要的环节。

康德认为,纯粹审美评判仅仅关乎对象的形式,一旦和对象的实存发生纠葛,功利性的考量就掺入进来,审美评判就不再纯粹了。纯粹的审美评判只有在自然中才有可能,因为自然不像艺术是人类创造的,总是关联着人的某种或隐或显的功利目的。当然,即便是自然审美,也并不都是纯粹的,木材商看到森林产生的愉悦就包含了强烈的功利性。一般来说,在那些我们毫无所知——无论是其价值、功用,还是生长习性、所属种类等等——的自然对象身上,我们比较容易获得纯粹的审美评判;对于熟悉的自然,要想获得纯粹的审美评判,我们必须努力排除功利性和科学认知的干扰,将审美注意力集中在对象的形式上。表面上看,康德这种非功利的美学主张可以避免功利主义、人类中心主义的遮蔽,有助于我们如其本然地欣赏自然,埃米莉·布雷迪就持这样一种观点。实际上并非如此。

康德指出,主体只有对客体做出某种合目的性判断之后,才能产生快感,美感作为一种快感也不例外。也就是说,我们要先对自然做出合目的性的判断,然后才能产生美感。由于事先已经排除了主体和自然客体的实存之间的关系,这种合目的性只能是“自然的形式的合目的性”。所谓的“合目的性”判断就是“完善”,比如,欣赏一朵花时,我们先做出这朵花的形式是“完善”的判断,然后美感就随着这种判断产生了。“完善”是德国理性主义传统的一个重要概念,是关于世界本体的言说,莱布尼茨认为世界存在着“预定的和谐”,就是说世界是完善的。众所周知,康德认识论的“哥白尼革命”摒弃了关于“物自体”即世界本体的言说,把人类的认识范围限定于“现象界”,那么,我们判断这朵花是完善的,就不是本体判断,而只是一种主观判断——不是说这朵花本身是完善的,而是说我们觉得它的形式是完善的。没有任何科学认知和本体论的依托,我们何以会觉得这朵花的形式是完善的呢?康德说,“自然的形式的合目的性”是判断力的先天法则,我们必然会做出这种判断,无须任何客观的依据。“若没有反思的判断力,哪怕是无意地将这些形式至少与判断力把直观联系到概念之上的能力相比较的话,它是永远也不会发生的。现在,如果在这种比较中想象力(作为先天直观的能力)通过一个给予的表象而无意中被置于与知性(作为概念的能力)相一致之中,并由此而唤起了愉悦的情感,那么这样一来,对象就必须看作对于反思的判断力是合目的性的。"①仔细揣摩上面一段话我们会发现,知性在审美判断中至关重要。"想象力"的作用是把握对象的形式,而"知性"则把"完善"的概念给予形式,"想象力"和"知性"和谐统一,就有了"合目的性"。康德宣称"想象力"在审美判断中起主导作用,"知性"为"想象力"服务,只是为了表明"知性"是在我们无意识的情况下起作用的,我们没有在审美判断中有意识地运用完善性概念,审美判断不同于认知判断。康德最终想表达的是:在主体之中,如同先天地存在着"良知"(即绝对律令)一样,也先天地存在着一种理想的秩序,当然,在没有与客体发生关系之前,我们意识不到这种秩序,也可以说,它们是模糊的、空洞的。当我们置身某个道德情境面临选择的时候,良知的声音就会出现,良知也因而被充实进了具体内容;同样,当我们面对某个自然的形式时,那种先天存在的理想秩序就会成为形式是否"完善"的参照。某种自然我们评判为美的,就是因为它的形式契合了主体中先天存在的理想秩序。进一步说,康德把德国理性主义的本体秩序转化成了存在于主体中的先验秩序:在德国理性主义那里,完善是世界本体的属性,而在康德这里,完善——不是一个明确的概念,而是一种无意识的"道德使命""终极目的"——先天地存在于主体的知性中。

如此,我们便能理解何以康德说"美是德性—善的象征"②。自然是美的,是完善的,是合目的的,只是因为具备德性的我们"愿意"做出这种评判,"它的目的既然我们在外面任何地方都找不到它,我们当然就在我们自身中寻求,确切地说,在构成我们存有的终极目的的东西中、亦即在道德使命中寻求"③。康德的自然美学并不会像布雷迪说的那样通向对自然"如其本然"的欣赏,相反,通向的是对人的价值、人的德性的赞美,它并不关注自然本身。仅仅关注自然的形式,不理会自然中的生命进程和生态关系,这无助于提高人对自然的尊重,推进人与自然之间关系的和谐,以及在此基础上建立一种平等的审美关系。

康德自然美学的另一个重要组成部分是他的崇高论。在中世纪和文艺复兴时期,人们只对细腻、优美的自然景色感兴趣,粗犷、苍凉的自然是令人

---

① [德]康德:《判断力批判》,邓晓芒译,人民出版社,2002年,第25页。
② 同上书,第200页。
③ 同上书,第143—144页。

畏惧的蛮荒之地,与人类价值格格不入。随着人们主体能力的增强,对于自然的审美范围逐渐扩展,审美趣味也有了转变,在康德之前的 18 世纪英国文艺理论界已经有了关于崇高的零星描述。

博克的崇高理论是朗吉弩斯之后、康德之前关于崇高的最重要的理论表述。朗吉弩斯的崇高论探讨的是文学风格及其成因,而博克的崇高论探讨的主要是自然的美学特征。博克持一种生物主义的立场,认为崇高同人类"自我保存"的生物本能有关。自然的永恒、无限、晦暗会使人感到恐惧,给人以痛感,但若可恐怖的自然对象与人之间有一定距离从而不会危及人的生存,那么这种痛感便会转化成为人得以"自我保存"的快感——一种"自豪感和胜利感"。欣赏崇高是对人的心理功能的一种锻炼,可以使人保持健康。博克对于崇高的解释可能受到亚里士多德的"净化"说的影响,我们很容易看到二者的相似之处。

康德对博克的崇高论进行了改造,使之成为其先验美学和哲学体系的一个环节。康德指出,我们可以称一个自然对象为美的,因为自然对象具有"形式的合目的性",虽然这种合目的性是主观的,但毕竟给我们以对象形式自身带有合目的性的假象;但我们称一个对象为崇高的时候却是有问题的,因为崇高的事物以其数量的无限大和力量的可恐惧感体现为一种"无形式",对我们想象力是强暴性的,用崇高这样一个赞许的词来称呼违反目的的事物是不合适的。崇高指向的不是自然对象,而是在人的内心中发现的崇高。"真正的崇高不能包含在任何感性的形式中,而只针对理性的理念:这些理念虽然不可能有与之相适合的任何表现,却正是通过这种可以在感性上表现出来的不适合性而被激发出来、并召唤到内心中来的。"①因而,崇高与美的根本区别在于,"美似乎被看作某个不确定的知性概念的表现,崇高却被看作某个不确定的理性概念的表现"②。在自然美的鉴赏中,围绕自然的形式的合目的性,想象力和知性处于自由游戏的协调状态;但在崇高的鉴赏中,对象不能纳入任何可把握的形式中,想象力不能同知性相协调,只能借助于理性。因而,崇高体现了理性对于感性的胜利,它可以使人获得提升。"对自然的美我们必须寻求一个我们之外的根据,对于崇高我们却只需在我们心中,在把崇高带入自然的表象里去的那种思想境界中寻求根据。"③康德反复强调,自然本身中并不拥有崇高,它只是以其极端的狂暴无序、极端的无规则唤起主体的崇高情感。

---

① 〔德〕康德:《判断力批判》,邓晓芒译,人民出版社,2002 年,第 83 页。
② 同上书,第 82 页。
③ 同上书,第 84 页。

　　无论是美还是崇高，康德都没有将它们归结为自然本身的特征，而是到主体先验领域去寻求根源。这种把客体和主体结合起来展开美学探讨的思路是对的，既然我们谈论美和崇高总是站在人的视角上。不过，康德谈论自然的美与崇高只是作为论证人的主体性的一个手段和环节，人是高踞于自然之上的，自然本身并没有独立的价值。这样的自然美学不会通向对自然的伦理关怀，只会导致人类自我中心意识的膨胀。如果循着康德继续追问，何以人会拥有"主观的合目的性"这样一种先天法则，"愿意"把自然的形式判断为"完善"的？何以人会先天地拥有道德情感即"良知"或"绝对律令"？如果不是去否定它们的存在，我们只能回答，人是自然的造物，人的德性是自然赋予的，如王阳明所说，人心即天地之心——"人者，天地万物之心也；心者，天地万物之主也。心即天，言心，则天地万物皆举之矣"（《传习录》）。如此，人与自然就不会再有高下之分，也不会有人类中心主义的言论。但是，康德拒绝这种追问，更不会做出这种回答，因为按照他的纯粹理性批判，那种追问和回答是在谈论"物自体"，是不合法的，他要将自己的言说严格限定在"现象界"。康德认识论的"哥白尼革命"的意义和影响无须多言，不过，他并没有一劳永逸地将形而上学抹掉。正如格拉切所说："我们之所以不能放弃它，恰恰是因为形而上学提出的问题是我们能追问的最基本的问题；它们所涉及的是作为我们经验中的一切事物的基础的东西。放弃它是无法想象的，即使我们从来没有得到过令人满意的回答。"①因为反对本体论形而上学，康德哲学追问到主体先天的范畴、形式和法则便止步了。这也意味着，在人与自然之间，康德只能把自然纳入人的畛域，而不会把人归合于自然。

　　尽管康德表现出对自然美的赞许，但由于自然美（和崇高）彰显的是人的主体性和价值，因而，从康德美学的内在逻辑上，自然美还是要低于体现了人的主体创造性力量的艺术美。康德之后，自然逐渐从美学领域中销声匿迹，美学也逐渐演变成艺术哲学，这并不难理解，康德美学正是这一趋势的开端。只要人的价值仍高踞于自然之上，那么自然就无法成为美学的主题，获得和艺术同等的地位。

　　康德之后，德国古典美学的又一巨擘黑格尔迎回了被康德放逐了的形而上学，做出了类似"人心即天地之心"的论说，不过，他也没有摆正自然在美学中的位置。黑格尔认为，绝对精神或理念是世界本体，世界的一切事物都是绝对精神的外化。和柏拉图把理念作为一种纯粹的超验性精神存在不同，黑格尔认为理念是不能脱离现实存在的，"理念如果没有现实存在而外在于

---

① ［美］格拉切：《形而上学及其任务——关于知识的范畴基础研究》，陶秀璈、朱红、杨东东译，山东人民出版社，2008年，"前言"，第6页。

现实存在,也就不是真正的理念"①。当理念在它的外在存在中是直接呈现于意识,而且它的概念是直接和它的外在现象处于统一体时,理念就不仅是真的,而且是美的了。"美就是理念的感性显现。"②由于理念并不是无差别地显现在一切事物之中,所以不同事物的美就有着等级上的差异。与之不同,中国古典哲学强调"道无分别""心无分别",拒绝对事物进行等级评判,这一点非常重要。在自然中,理念是以最浅近的状态存在的,自然美也因而是一种低级的美。在无生命的自然中,理念沉没在物质的客观存在里,见不出精神和生气,只是呈现为一种规律的、法则的外在美。有生命的自然作为有机整体而不是按照法则连接起来的机械整体,比无生命的自然要高一些,但"有生命的自然事物之所以美,既不是为它自身,也不是由它本身为着要显现美而创造出来的。自然美只是为其他对象而美,这就是说,为我们,为审美的意识而美"③。在有生命的自然的形体构造中,我们看到的不是灵魂,不是内在的生命,而是比真正生命低一级的那些构造,所以,自然生命的美是有缺陷的,因为灵魂和内在生活没有通过全部的外在形体显现出来。只有在艺术中,美才取得了它的理想存在。艺术是主体创造出来的,它的感性形式纯粹是为了表现心灵(理念或内在生活)而存在的,不受任何外在的限制和束缚,也就是说,艺术之于心灵是一种自为、自由的存在。艺术理想的本质就在于"使外在的事物还原到具有心灵性的事物,因而使外在的现象符合心灵,成为心灵的表现"④。

不难见出,黑格尔延续了西方哲学中根深蒂固的精神和物质、灵魂与肉体的等级区分,这一区分的旨归在于把人的地位和价值提高到自然之上。"只有心灵才是真实的,只有心灵才涵盖一切,所以一切美只有在涉及这较高境界而且由这较高境界产生出来时,才真正是美的。"⑤"从形式上看,任何一个无聊的幻想,它既然是经过了人的头脑,也就比任何一个自然产品要高些,因为这种幻想见出心灵活动和自由。"⑥如此,自然美就不是一种真正的美,没有任何价值。黑格尔毫不讳言,美学就是"艺术哲学",自然不在美学的范围之内。

---

① [德]黑格尔:《美学》第一卷,朱光潜译,商务印书馆,1996 年,第 184—185 页。
② 同上书,第 142 页。
③ 同上书,第 160 页。着重号为原文所加。
④ 同上书,第 201 页。
⑤ 同上书,第 5 页。
⑥ 同上书,第 4 页。

（七）分析美学

德国古典美学的影响是巨大的，此后一二百年的时间，西方美学都没有认真对待过自然。移情论美学、格式塔美学和表现主义美学都是康德美学思路的延续，他们关注的是主体的感知结构和情感表达，如果说自然是美的，那只是因为它们身上承载了主体的情感表达，它们自身不足以成为审美关怀的对象。而现实主义和现代主义美学把注意力集中在人的异化和解放上，他们有时也会提到自然的异化，但受制于19世纪后期到20世纪中期这一历史时段的社会现实——硝烟弥漫，极权主义横行，空前的被剥夺感、荒诞感、恐惧感困扰着人类——他们还没有精力表达对自然的关切。20世纪，随着语言学的转向，分析美学逐渐成为英美学界的主流，而它也成为环境美学兴起的背景和环境美学家们批判的主要对象。

分析美学源于路德维希·维特根斯坦的美学取消主义。维特根斯坦认为绝大多数哲学命题和问题都是语言误用的结果，是不能理解语言逻辑所致，因而是无意义的。对于不能说的事物，我们应该保持沉默，善和美就属于这类事物。按照这一逻辑，无论是自然美还是艺术美的研究，以及自然鉴赏和艺术鉴赏的研究，都是没有意义的。这样，自然美学根本就不可能成立，我们除了可以在感叹词的意义上把美这个字眼用于自然之外，便不能再说什么了，诸如如何鉴赏自然、自然何以为美等，皆不可说。而艺术美学也只剩下了很小的一点地盘，那就是清理过去的艺术观念，废除试图给艺术下定义的做法，对艺术这一概念的实际用途以及正确使用这一概念的条件做出逻辑上的说明。莫里斯·韦兹的美学言论始终围绕着一个主题：艺术是开放的，是不可定义的。

尽管不是所有的分析美学家都这么极端，像阿瑟·丹托和乔治·迪基，就试图从艺术的生产和评价机制上给艺术重新下定义。但有一点是共同的，他们的目光都盯在艺术上。20世纪上半期，西方现代艺术花样翻新，层出不穷。从表现主义、立体主义到超现实主义，再到更为新潮的装置艺术、概念艺术、波普艺术等，不断刷新着人们的眼球，很多作品的新异程度让人瞠目结舌，如何对它们进行认定、描述和评判让美学家们大费脑力，对艺术概念的调整也因而成了美学的中心课题。迪基反对离开艺术单独给审美经验下定义，认为审美经验的对象只能是艺术。"迪基要人们记住，关于审美对象的正当的看法就是应当把它'限制在艺术作品的范围之内。''自然对象虽然也可以是审美对象,但它们并不需要在这里进行讨论。'"①用"不需要讨论"这样不是理由的理由,迪基粗暴地把自然排除在美学的关注之外。

美学无关自然是分析美学家们的共识。门罗·比厄斯利的著作《美学》以"批评哲学中的问题"为副标题;约瑟夫·马戈利斯和威廉·肯尼克编选的两本重要美学论文集分别以《艺术的哲学分析》和《艺术与哲学》作为书名。在三本共计1572页的书中,自然美学根本没有被提到。在很多分析美学家看来,自然欣赏基本上是主观的,和艺术相比缺乏哲学意味。唐·曼尼逊与罗伯特·艾略特就认为,对于自然世界的欣赏不是美学的,因为美学欣赏需要参照诸如创作意图、艺术史传统、艺术批评实践等,而自然缺少这些特性。②把艺术的特征作为评判事物是否能够成为美学对象的标准,那么就只有艺术才符合这些标准。自然不是人类的创造物,没有"创作意图",因而被排挤出美学领域,它所带给人的审美体验也被置之不顾。关于"传统"和"批评实践",他们完全认同黑格尔的说法,"把美学局限于美的艺术也是很自然的,因为尽管人们常谈到各种自然美——古代人比现代人谈得少些——从来却没有人想到要把自然事物的美单提出来看,就它来成立一种科学,或做出有系统的说明"③。自然在西方美学史上一直是处于边缘甚至被遗忘的状态,但这不应该成为否定自然美学的理由。

第二节　北美19世纪以来的自然书写和环境保护运动

与欧洲把"艺术哲学"作为主流美学不同,19世纪以来的北美,自然受到了人们的喜爱和欣赏,这也是环境美学之所以在北美得到长足发展的重要原因——声名最为卓著的两个环境美学家艾伦·卡尔松和阿诺德·伯林特分别是加拿大和美国人。

自然客体在欧洲哲学中一直没有什么地位,古希腊重视的是客体背后永恒不变的始基——"逻各斯""形式""理念"等,基督教重视的是灵魂和神性,近代以来人们又将视线聚焦到了人的主体性上。美学中也是如此,无论是康德的自然美理论,还是如画性美学以及浪漫主义美学,自然客体本身都不受人关注,人们感兴趣的仅仅是自然的视觉外观,或将其作为承载主体理念的

---

① 朱狄:《当代西方美学》,人民出版社,1984年,第312页。
② Allen Carlson and Arnold Berleant, ed., *The Aesthetics of Nature Environments*, New York: Broadview press, 2004, pp. 13-14.
③ [德]黑格尔:《美学》第一卷,朱光潜译,商务印书馆,1996年,第5页。

一个媒介。然而,在美国这个新兴的民族国家中,人们却对自然客体有着浓厚的兴趣和喜爱。1855 年的一本美术杂志就给了年轻艺术家这样的忠告:"要记住,图画的主题——物质客体或物质客体的构成要素——是绘画的本质的部分。如果你不热爱它们,那么你对表现它们的图画就不会有真正的感觉。你可能对大师的处理方法和高超技巧深表敬佩,但那不是对艺术的热爱——它只是对力量的精神赏识。我们热爱自然和美,我们崇拜那些把它们融入其中的艺术家。"①人们偏爱那些表现真实场景的绘画,尤其是描述荒野的风景画,这种审美趣味甚至迫使托马斯·科勒放弃表达思想的绘画去画事物,并因此获得巨大声誉,成为哈德森河学派的创建者。欧洲印象派绘画在美国流传的速度非常慢,这也是由于美国人难以接受印象派将光作为绘画主体,将完整的客体逐出画面。即使印象派最终在美国取得了胜利,完整的客体也被保留下来了。

同样的态度也在美国的超验哲学中有着鲜明体现。美国超验哲学受欧洲大陆的浪漫主义运动以及正在兴起的象征主义的影响,主张人与自然之间存在精神上的超验关系。不过,不像浪漫主义者以高扬的主体性统摄自然、驱遣自然,使得自然失去了自身的独立性成为自我表达的符号,超验主义者眼中的自然是坚实的、生机勃勃的,以其实存与人进行生命的交流。人只能接受自然的启示,不能随意将主观意义强加于自然。爱默生指出:"星空唤起一种敬畏感,因为尽管它们始终在那儿,但却无法接近。所有的自然客体都是这样,如果我们敞开心胸接受它们的影响。自然从不裹着意义的外衣……它绝不会变成某个理性精神的玩具。"②梭罗写道:"谈到神奇,请想想我们在自然(它表现为物质,我们天天与之相遇)中的生命,还有岩石、树木、我们脸颊上的风! 坚硬的地球! 真实的世界! 共同的感觉! 联系! 我们是谁? 我们在哪里?"③美国人对自然客体的重视和热爱一方面可能受到将自身生命和自然融为一体的土著人的影响;另一方面可能同这个民族的历史短暂有关。由于不像欧洲承受着深厚的传统思想的重压,人的天性中对自然的喜爱得以毫无阻碍的释放,加之国家成立不久,到处是一片乐观向上、生机勃勃的景象,西部开发又使得人在与自然的斗争中结下了深厚的感情,种种原因使得人们对自然的态度与欧洲哲学、美学的表现截然不同。浪漫主义传入美国后,那种或激昂或消沉的格调不见了,代之以明朗纯净。爱默生的一段话可

---

① 转引自 [美]尤金·哈格洛夫:《环境伦理学基础》,杨通进、江娅、郭辉译,重庆出版社,2007 年,第 124 页。

② 同上书,第 129 页。

③ 同上书,第 128—129 页。

以使我们感受到美国那个时代的精神,"在我们心目中美国就是一首诗;它幅员广大,想象力沐浴着它的灿烂光辉,缺乏韵律不会使它无所作为"①。

关注自然客体而非仅仅是形式的思维,随着博物学、地质学、生态学等自然科学的兴起又得到了加强。尤金·哈格洛夫对早期自然科学特别是博物学在发展一种以客体为导向的审美和伦理意识方面的作用给予了高度评价,"我认为,现代生态学家和环境主义者的世界观与早期的植物学家、生态学家和地质学家的美学观念没有太大的区别,而且可以直接追溯到这些美学观念"②。和早期的物理学家基本上只关注"第一属性"(像广延、形状、运动和数量这类可测量和定量的属性)不同,博物学家所研究的学科性质决定他们必须重视客体的"第二属性"(像颜色、滋味、气味和声音这类难以量化的属性),这种对"第二属性"的关注导致了博物学与审美和艺术之间的密切关联。在撰写田野笔记时,大部分博物学家在描述事实时都会顺带做出一些审美判断。而对视觉资料的需要,也鼓励和加速了从纯粹的科学视野到在科学中注重审美趣味和在艺术中强调科学意蕴的转变。由于缺乏照相机,科学家们或者发展了他们的艺术才能,或者携艺术家与他们一同前往田野。科学和艺术从而紧密结合起来。哈格洛夫举了一些有趣的例子,其中一个是威廉姆·霍尔姆斯,他放弃了作为一位前途无量的画家的身份,变成了海顿地址调查队的科学插图画家。在海顿工作一年以后,霍尔姆斯又变成了一个地质学家,这是他的众多身份(包括建筑师、人类学家和文化人类学家)中居于首位的身份。然后,他又回到了艺术领域,成为华盛顿国家艺术博物馆的馆长。在19世纪的美国,大部分旅行札记同时又是科学笔记,艺术、审美和科学相伴而行。哈格洛夫指出,"兴趣"在19世纪成为一个独特的美学范畴正是来自科学的影响。

18世纪最常用的两个美学范畴是"如画性"和"崇高",而在19世纪,"兴趣"频繁地出现在旅行札记和田野笔记中,这是由于如画性和崇高两个着眼于自然形式的审美范畴已经不能表达人们对复杂多样的自然景观的欣赏。威廉姆·布里瓦关于塔霍湖的描写是对兴趣这一范畴的最好阐释:

> 景观是一律的灰褐色,没有森林、没有草原、没有绿色,除了少量的水,没有任何东西能愉悦眼球,也没有什么东西能使一个过客精神亢奋。除了日出和日落是山冈上最美丽的景色之外,似乎我们只能说这里的景

---

① 转引自[美]雷纳·韦勒克:《近代文学批评史》第三卷(中文修订版),杨自伍译,上海译文出版社,2009年,第220页。

② [美]尤金·哈格洛夫:《环境伦理学基础》,杨通进、江娅、郭辉译,重庆出版社,2007年,第98页。

观具有它自身独特的美,或许具有一种独特的兴趣而非美。①

塔霍湖的景色既非如画般优美,也谈不上崇高,但布里瓦却对它产生一种独特的审美兴趣,这在 18 世纪之前是难以想象的,其中的缘由正是科学对审美的介入。地质学的发展使人们意识到,呈现在我们面前的古老的自然客体经过了漫长的地质年代的演化,他们是独特的、不可替代的。地质时间的漫长和自然演化的神奇激发了我们的想象力,也唤起了我们对自然客体的敬畏之情。这样,科学和审美上的兴趣催生出了环境思想,为美国的环境保护运动奠定了思想基础。著名景观设计师奥姆斯特德就约塞米蒂公园价值评估写给当局的报告中强调,它已经吸引了来自大西洋沿岸各州研究科学的学生和艺术家,而且许多艺术家每年在夏天都花费巨资来这里写生,它应当作为"科学和艺术的研究基地"。19 世纪著名的自然保护主义者约翰·缪尔,既是一个超验主义者,又对地质学、植物学和某些生物学研究有着浓厚的兴趣,我们刚谈到的威廉姆·布里瓦也频繁地参与了自然保护主义者的活动,并积极促成在纽黑文建立东落基山公园。通过这些环境主义者和科学家的生平,我们也可以清楚地看到科学、艺术、审美以及自然保护之间的密切联系。

哈格洛夫关于 19 世纪的自然科学极大地推动了美学和自然保护运动的论断是非常具有说服力的,我们可以在梭罗、缪尔以及利奥波德等环境美学的先驱们身上看到美学家、自然学家和自然保护主义者的多重身份,也可以在他们那儿寻到当代环境美学的一些重要主题。鉴于这一思想源头对于当代环境美学的重要意义,下面我们对爱默生、梭罗、缪尔和利奥波德这几位先驱的相关美学思想做一扼要述评。

(一)爱默生

爱默生是美学超验主义运动的领袖,他的宇宙论基本是新柏拉图主义的,相信存在一种宇宙精神贯穿于芸芸众生之中。"世界就是猝然显形的精神……上帝是一切公正的。真、善、美只是同一个大全的不同面貌。"②自然作为普遍精神的产物,在人与上帝的沟通中起着中介作用,人的精神在自然体验中可以升华,以至与上帝为一。

爱默生和柯勒律治、华兹华斯、卡莱尔等浪漫主义者有过交往,受他们影

---

① 转引自[美]尤金·哈格洛夫:《环境伦理学基础》,杨通进、江娅、郭辉译,重庆出版社,2007 年,第 116 页。

② [美]雷纳·韦勒克:《近代文学批评史》第三卷(中文修订版),杨自伍译,上海译文出版社,2009 年,第 222 页。

响颇深,也认为自然是人类精神的象征,它的价值依赖于人的精神的投射。虽然是从精神性出发来关注自然,但爱默生表现出了对自然深沉的爱,这点远甚于浪漫主义者。他认为神性最完美地存在于自然之中,远离自然的现代人受功利主义的毒害,变得麻木苟且。因而,"对于人的心灵来说,朴实的乡野生活比人际关系复杂、苟且偷生的城市生活更有意义。大自然给我们的感悟比城市中的沙龙要有意义得多"①。

爱默生对自然的欣赏受如画性审美趣味的影响,他更喜欢树林、晚霞、晨曦等优美的自然景色而非粗犷、苍凉的荒野,但他并不否认后者。爱默生关于自然美的一个很重要的见解就是"自然全美"。在他看来,既然神性之光普照自然万物,那么就没有不美的事物,"甚至连尸体都有自身的美"②。自然全美的命题后来经卡尔松的重新阐释成为当代西方环境美学的重要命题。

爱默生强调自然的精神性,但也关注自然客体本身,认为自然美是一种有机的美。"所有的美必须是有机的组成,外在的虚饰不过是一种扭曲。正是骨骼的健美才会体现出面如桃红的可爱面庞;机体的健康才能使得双目炯炯有神。"③这种表述已经预示了科学对审美的介入,这一点在他之后美国的自然主义者身上有着鲜明的体现。

(二)梭罗

大卫·梭罗是美国历史上最伟大的文学家、政论家和哲学家之一,也被劳伦斯·布依尔誉为美国文学史上第一位主要的自然阐释者,是美国环境主义的第一位圣徒。④

梭罗接受了爱默生的超验主义哲学,认为自然有着超出感官把握的精神意义,是科学不能穷尽的。"我脚下所踩的大地并非死的、惰性的物质;它是一个身体,有着精神,是有机的,随着精神的影响而流动。"⑤在《瓦尔登湖》中,我们随处可见梭罗将鸟兽、植物甚至无生命的湖水、冰块当作伙伴、邻居和对话的对象。"自然,在永恒中是有着真理和崇高的。"⑥

与爱默生的人类中心主义倾向不同,梭罗表达了一种显著的"生态中心

---

① [美]爱默生:《心灵的感悟》,李磊、刘勇译,当代世界出版社,2002年,第18页。
② Allen Carlson and Sheila lintott, ed. , *Nature, Aesthetics, and Environmentalism: From Beauty to Duty*, New York: Columbia University Press, 2007, p. 51.
③ [美]爱默生:《爱默生随笔选》,黄立波编译,陕西人民出版社,2004年,第167页。
④ [美]尤金·哈格洛夫:《环境伦理学基础》,杨通进、江娅、郭辉译,重庆出版社,2007年,第58页。
⑤ 转引自苏贤贵:《梭罗的自然思想及其生态伦理意蕴》,《北京大学学报(哲学社会科学版)》,2002年第2期。
⑥ [美]大卫·梭罗:《瓦尔登湖》,徐迟译,上海译文出版社,2006年,第84页。

论"的思想:自然是自足的,它的存在不需要人类旁观者的欣赏。"大自然极其寂寞地繁茂生长着,远离着他们居住的乡镇。"①自然的存在不依赖于人,但人却离不开自然,在伟大的自然面前,人应该谦恭和敬畏。自然不仅提供了构成人的机体的物质,还给人以精神上的慰藉和陶冶,"太阳,风雨,夏天,冬天,——大自然的不可描写的纯洁和恩惠,他们永远提供这么多的健康,这么多的快乐!对我们人类这样地同情,如果有人为了正当的原因悲痛,那大自然也会受到感动,太阳黯淡了,风像活人一样悲叹,云端里落下泪雨,树木到仲夏脱下叶子,披上丧服。难道我不该与土地息息相通吗?我自己不也是一部分绿叶与青菜的泥土吗?"②自然中包藏着深奥的哲理和思想,只有接近自然,从自然中汲取智慧,人性才能完善。走向自然就是走上朝圣之路,唯有遵从自然和天性生活的人才是完美的。"在爱默生看来,完美的自然是和人的精神最相符的自然,而在梭罗看来,不如说最完美的人是最符合自然的人。"③

梭罗丰富的自然知识推进了他的"生态中心论"思想。在《瓦尔登湖》中,我们看到梭罗熟知动植物的名称和生活习性,并且对天气和物候的变化有着细心的观察、记录和思考。在缅因的森林中,梭罗震慑于原始林区的雄浑荒芜,进一步认识到自然之于人的独立性,从而彻底摆脱了爱默生的人类中心论,更坚定地站在了生态中心论的立场上。19世纪50年代后梭罗进一步将思想和研究的重点转移到自然研究上,并在去世之前发表了《森林树木的更替》(1860)和《种子的扩散》(1860—1861)这两篇奠定梭罗在生态学史上地位的论文;而他在森林更替以及湖沼学方面的成果至今仍为科学界所引用,被人称为"生态学创立之前的生态学家"。

丰富的自然知识无疑磨砺了梭罗敏锐、精细的审美鉴赏力。在《瓦尔登湖》中,梭罗不仅向我们描述了一幅幅如画的景致,以及爱默生式的自然与精神的融合,他还向我们展示了大自然活生生的生命演化过程:春去秋来,草木荣枯,循环往复而又生机勃勃。自然的每一个点滴和细节在梭罗的笔下都拥有难以言尽的审美趣味,这既来自于梭罗对自然的深厚情感,也得益于梭罗丰富的自然知识。哈格洛夫指出的科学和审美相互激发的观点在梭罗这里找到了极好的例证。

梭罗对自然与文明的关系的论述也是非常有价值的,他有一句名言:

① [美]大卫·梭罗:《瓦尔登湖》,徐迟译,上海译文出版社,2006年,第177页。
② 同上书,第121—122页。
③ 转引自苏贤贵:《梭罗的自然思想及其生态伦理意蕴》,《北京大学学报(哲学社会科学版)》,2002年第2期。

"世界保全在野性之中。"后来这句话成为著名环保组织塞拉俱乐部（Sierra Club）的座右铭。文明要想健康发展，必须扎根于自然，脱离自然的文明失去了活力之源，是没有前途的文明。为此梭罗提出了建立公园的设想，"每个城镇都应该有一个公园，或者说是一处原始森林，要有 500 到 1000 英亩大小，这里哪怕一根树枝都不能砍了做柴火，而应永远作为一块公地，用做教育和娱乐"①。梭罗认为野性是人的生命本性，而荒野体验有助于保持和激活人的这一本性，这是对人的生态本性的初步认识。梭罗对荒野与文明的关系的论述成了后来美国兴起的荒野保护运动建立国家公园的重要思想基础，并在当代环境哲学家罗尔斯顿的"荒野哲学"中得到充分发展。

在梭罗的时代，人类对自然的破坏尚未严重到危及人类自身生存的地步，因而梭罗谴责人类破坏自然的主要理由是这种行为导致了自然的美感、诗意和灵性的丧失。自然和人类是平等的，梭罗呼吁我们应当将伦理关怀由人类自身扩展到自然，"如果有人因为虐待孩子而被控告，那么，其他人也应该因为虐待交给他们照看的自然的面孔而被控告"，"故意和无必要地对任何生物施加哪怕最小的伤害，在某种程度上都是自杀"。②

梭罗的自然思想非常丰富，当代环境哲学、环境伦理学以及环境美学中的许多命题我们都可以在他那里看到。自然因何而美？自然全美的依据是什么？我们应该怎样进行自然审美？对于这些在环境美学家们中引起很大争议的问题，如果我们用心研究梭罗的《瓦尔登湖》，都能找到答案。就此而言，梭罗这一宝贵的精神矿藏仍然有待挖掘。

（三）缪尔

约翰·缪尔是美国最为知名的自然主义者，是美国早期环境保护运动的发起人，他帮助保护了约塞米蒂山谷等荒原，并创建了美国最重要的环保组织——塞拉俱乐部。他的著作以及思想，很大程度上影响了现代环境保护运动的形成，被誉为"美国国家公园之父""荒野先知""宇宙的公民"等。

缪尔也受到超验主义哲学的影响，他喜欢沉浸于对自然的沉思中，寻求人与自然之间生命的交流与默契。他这样描写塞拉山：

> 大自然的一切与我们是如此的契合，好像是我们的部分和母体。阳光不再盘旋于我们头上，而是在我们心中照耀。河流不再从我们身边流过，而是在我们的身体里流过，让我们身体的每一根纤维、每一个细胞都

---

① 转引自苏贤贵：《梭罗的自然思想及其生态伦理意蕴》，《北京大学学报（哲学社会科学版）》，2002 年第 2 期。

② 同上。

兴奋颤抖,让它们流泻、歌唱。绿树在我们的肉体和心灵里茁壮,花儿在
身躯和灵魂中开放,鸟的歌唱、风的欢吟、大山里岩石的隆隆,都是我们
自己的歌,唱出了我们心中的爱。①

上帝之歌回响在自然的每一个角落,只有宁静的灵魂才能聆听到并沉醉
其中。

和梭罗一样,缪尔厌恶工业文明和物质贪欲对人性的异化,试图遁入自
然以寻求心灵的宁静和人性的完满。不过,和梭罗只是在短时间内隐居风景
秀美的瓦尔登湖不同,缪尔向往的是粗犷的高山和荒原,他爬过加利福尼亚
的内华达山,走过阿拉斯加的冰河,为了追求自然之美走过世界上的无数角
落,并以这些令人激动的探险和清新纯朴的文字而名扬天下。

缪尔深深着迷和沉醉于自然之美,这种沉迷不同于"如画性"美学对自
然形式和色彩的着迷,也不是浪漫主义式的通过歌唱自然表达对自我的迷
恋。缪尔对自然所有的事情都有着浓厚的兴趣,他是一个杰出的自然观察
者,自然的每个细节都能引起他的兴趣和关注。缪尔还是一个杰出的植物学
家、地质学家和冰河学家,广博的自然科学知识进一步磨砺了他精细的鉴赏
能力,使他能够发现常人难以捕捉到的自然之美。在《加利福尼亚的山》一
书中,缪尔叙述了这样一件事:在内华达高地探险的时候,两个年轻的艺术家
找到他,请他做向导指引一些可以入画的景观。旅途中,缪尔和他们在审美
上的差异形成了鲜明的对比,缪尔喜爱这里的一切,而艺术家们总体上是失
望的,认为这里虽然壮观但不适宜入画,直到在图奥勒米河源头上找到了他
们认为适宜入画的景色。之后,他们分道扬镳,缪尔继续兴致高昂地进行自
己的探险和考察,艺术家们则留下做素描。三天后再见面时,缪尔收获了前
所未有的登山体验并领略到了辉煌的荒野景观,而艺术家们已经迫不及待地
要带素描离开。这段插曲生动地表明了"如画性"美学在自然审美中的局
限:一方面,它只适用于特定类型的自然美,不能引导我们充分欣赏整个自然
的美;另一方面,这是一种仅仅关注自然形式的肤浅的自然欣赏,不能使我们
长久地保持对自然的审美兴趣。缪尔没有关于如何鉴赏自然的系统阐述,但
他不断返归荒野的行动和那些蕴含了丰富知识和情趣并使人心情宁静的文
字告诉我们:充分的、真正的自然鉴赏应该建立在对自然的爱以及对自然本
身的深入了解之上。

缪尔为自然保护投入了巨大的精力,为保存美国的自然景观做出了杰出
贡献,是环保主义者的精神领袖,他创办的塞拉俱乐部至今仍在为环保做着

---

① [美]约翰·缪尔:《在上帝的荒野中》,毛佳玲译,哈尔滨出版社,2005年,第2页。

不懈的努力。在缪尔身上,热爱自然的超验主义者、勇敢的探险者、出色的自然鉴赏者和书写者、杰出的自然科学家以及伟大的环保主义者几个身份完美协调起来,这对我们认识审美与知识、伦理之间关系无疑是有启示价值的。

(四) 利奥波德

奥尔多·利奥波德在美国的环境保护运动和环境理论史上具有重要地位,被誉为"美国新环境理论的创始者",其著作《沙乡的沉思》(又译为《沙乡年鉴》)被后世奉为"自然保护运动的圣经"。利奥波德的突出贡献在于发展了现代生态学观念,并在此基础上提出了一种新的伦理学——"大地伦理学",要求人类在自然面前保持谦卑的态度。利奥波德还要求我们将生态学知识和生态伦理贯彻到审美之中,从而发展了一种不同于传统如画性美学的新的自然美学观念,并对当代西方环境美学和生态美学产生了重要影响。

利奥波德是生态思想史上的一个"先知",虽然生态学一词在1866年就已提出,生态系统的概念也在20世纪30年代发展起来,但这个理论主要停留在论述上,少为人知并没有什么实际效用。利奥波德在早期任联邦林业官员的工作中,就认识到人对土地的错误使用是导致土壤侵蚀的重要原因,并因这一观点和林业局的指导思想发生分歧而离开。在任威斯康星大学农业管理系的野生动物管理教授期间,他的生态观念日趋成熟,最终形成了系统的生态哲学和生态伦理思想。在《沙乡的沉思》一书的最后,他指出历史上最初的伦理限于人与人之间,后来扩展到人与社会之间,现在则需要扩展到人与土地以及人与土地上的动物和植物之间。之所以需要这样一种扩展了的伦理学,是因为人与土壤、水、植物和动物共处于一个共同体之中,而人并没有意识到自身的义务,正在以自己的行动破坏和毁灭着整个共同体。"土地道德就是要把人类在共同体中以征服者的面目出现的角色,变成这个共同体中的平等的一员和公民。它暗含着对每个成员的尊敬,也包括对这个共同体本身的尊敬。"①大地伦理学是一种规范性的伦理学,它要求我们按照生态原则来指导自己的生活方式和行为,"当一个事物有助于保护生物共同体的和谐、稳定和美丽的时候,它就是正确的,当它走向反面时,就是错误的"②。既然美丽是生命共同体的重要特征,那么保护自然之美就是人们应尽的伦理义务之一。另外,和谐、稳定、美丽是不可分割的三位一体,离开生命共同体的和谐和稳定,也就谈不上美丽,因而利奥波德的上述伦理学原则还关联着一个美学原则:一个自然物是否美丽要看它是否有助于生态共同体的和谐和稳定。

---

① [美]奥尔多·利奥波德:《沙乡的沉思》,侯文蕙译,经济科学出版社,1992年,第201页。
② 同上书,第223页。

　　既然美丽是生命共同体的重要特征之一,那么一切生命共同体——而非单单那些如画景观——都应该是美丽的。利奥波德批判了如画性美学,指出将景色定位为松树和湖泊是美学上不成熟的表现。不仅那些理想的、优美的"如画性"景观,包括湿地、沼泽在内的一切自然物都应该成为我们的审美对象。为了对这些自然进行鉴赏,必须培养对自然的审美敏感性和纯净的美学趣味,这就需要借助于生态学、生物学、自然史等自然科学知识。这类知识会帮助我们正确、深刻地对自然进行鉴赏,发现隐藏在自然表面下的美。这样,利奥波德极大地扩展了自然审美的范围,从普通平凡的乡野到人迹罕至的荒原,从热带雨林到极地冰川,都可以纳入我们的审美视野。自然美不在于传统美学所关注的色彩和形式,而在于生态关系的健康、和谐。"知识参与审美",这一命题意义重大,它是梭罗以来的北美自然鉴赏传统的一个总结和提升,并对后来的环境美学理论家如卡尔松、瑟帕玛、罗尔斯顿等人产生了重要影响。

　　利奥波德的美学在西方被概括为"大地美学"或"生态美学",和之前的自然美学最大的区别在于从生态整体和生物多样性的角度来规范人们的审美感知。美国著名环境哲学家卡利科特评论道:"大地美学是一种新的自然美学,是第一个建立在生态和自然演化史知识上的自然美学,或许是西方哲学文献中唯一的原创性自然美学。"①在利奥波德的思想中,大地美学、生态学知识和大地伦理是一体的,相互激发。"我不能想象,在没有对土地的热爱、尊敬和赞美,以及高度认识它的价值的情况下,能有一种对土地的道德关系。"②对自然的爱和生态学视野是大地伦理的必要条件,而这三者又构成生态审美的必要条件。反过来,对自然的审美也会加深我们对于自然的爱和尊敬,并推进我们对自然的伦理关怀。

　　和梭罗、缪尔一样,利奥波德对人类破坏环境的行径给予了辛辣的批判,并把矛头更多地对准了和商业系在一起的娱乐业。为了物质利益或嗜杀欲望的满足,捕猎者们使用先进的装备滥捕滥杀,致使许多野生动物毁灭或濒临毁灭;娱乐业则推波助澜,将大量的人群引向更广的区域,致使荒野失去了宁谧,被道路和拥挤的人流糟蹋得面目全非。人"是一只机动化的蚂蚁,在他知道要看看他的后院之前,他已经爬满了整个大陆。他在消费,但从来不为履行户外的义务而做任何建树。为了他,娱乐系统正在抹去荒野的色彩,并使它的各种产品人工化,而且还天真地认为,他正在为公众服务"③。人类

---

① 转引自程相占:《美国生态美学的思想基础与理论进展》,《文学评论》,2009 年第 1 期。
② [美]奥尔多·利奥波德:《沙乡的沉思》,侯文蕙译,经济科学出版社,1992 年,第 221 页。
③ 同上书,第 172 页。

毁灭自然的同时,也在加速自己的毁灭。对生态共同体的破坏必将危及自身,对自然的侵害也在剥夺人类自身的权利和抹杀自身的天性。"对我们少数人来说,能有机会看到大雁要比看电视更为重要,能有机会看到一朵白头翁花就如同自由地谈话一样,是一种不可剥夺的权利。"①利奥波德的这一言论包涵了极为丰富的哲学、美学和伦理意蕴,他引导我们在生命的层面上重新思考人与自然之间的关联,以及人的本性、人的存在,并反思我们对于自然的态度和行为——由于大多数人没有意识到大雁和白头翁花对于我们的重要,这一"不可剥夺的权利"正在离我们远去。

第三节　赫伯恩:环境美学的开端与自然鉴赏的"形而上学想象模式"

20 世纪 60 年代,受蕾切尔·卡逊的《寂静的春天》所开启的当代环境运动和"环境转向"的影响,环境美学蓬勃兴起。在很多环境美学家看来,自然美问题是环境美学的中心问题。20 世纪以来,现代化进程的加快、全球市场的形成以及不断升温的国际竞争使得人类加大了对自然的掠夺和压榨力度,致使自然褪去了绚丽的色泽,被工业文明侵蚀得伤痕累累。环境美学的首要使命是建立一种新的自然美学,从审美的层面上培育对于自然的伦理情感,以促进对自然的保护。

1966 年,伦纳德·赫伯恩发表论文《当代美学及自然美的遗忘》,标志着环境美学的开端。该文从历史角度指出了当代美学中自然美被遗忘的原因,反驳了分析美学对于自然美的偏见,分析了自然鉴赏和艺术鉴赏的不同,并对自然鉴赏模式进行了探究,提出了建立一种新的自然美学的设想。该文还预见了之后几十年环境美学发展中的一些主要问题和分歧,受到环境美学家们的高度重视,也是我们研究西方环境美学不可忽略的重要文献。下面我们首先对这篇论文的自然美学思想做一番梳理和探讨。

(一)当代美学中自然美的遗忘及其原因

赫伯恩指出,在 18 世纪美学中,美学家们首要关心的是自然而非艺术,自然美、崇高、如画性等范畴充分体现了这一点。即使到了 19 世纪,自然在美学中仍然有着重要地位,约翰·罗斯金的《现代画家》的一个主题就是如

---

①　[美]奥尔多·利奥波德:《沙乡的沉思》,侯文蕙译,经济科学出版社,1992 年,第 19 页。

何看待自然并审美地享受自然。然而，今天的美学已经被等同于艺术哲学，自然几乎被完全逐出了美学领域。赫伯恩认为美学重心从自然到艺术的转变有这样几个原因：

（1）浪漫主义自然观的衰落。18世纪的浪漫主义自然观带有浓重的宗教意味，但当代宗教的影响力大大削弱，使得华兹华斯式的自然视野不再可能。

（2）自然不再是人类的导师。当代人已不再属于或没有能力与自然进行交流，人只是被自然包围的"陌生人"，对他而言，自然是冷漠的、无意义的、荒诞的。

（3）科学的发展让我们在阐释自然审美时倍感迷惑。显微镜和望远镜下的自然同我们眼中的自然有很大的区别，这使得自然审美似乎成为基于不同视角的主观选择，正如分析美学所说，自然审美是主观的、琐碎的。

（4）在美学理论的层面上，人们认为是艺术而非自然代表了美学体验中最鲜明和最突出的特质。自然本身的难以界定以及自然之美的难以言说，都使得人们将注意力转移到艺术身上，无论是人们广为接受的表现主义理论还是语言和分析美学家，都只关注艺术。

其实，自然美被美学遗忘的根源在于西方思想中的人类中心主义，赫伯恩所指出的是这一根源的部分表现。从古希腊就开始萌芽、在笛卡尔手中得以发展为西方主导思维范式的主客二分思维方式将人与自然分离并对立起来，美感被视为人类特有的情感，自然只有符合人类秩序或与主体产生某种智性上的关联才被视为美的。浪漫主义试图在泛神论和想象的基础上将人与自然在精神上统一起来，但随着以还原论和机械论为主要特征的现代科学的发展导致的自然的"祛魅"，建立在泛神论基础上浪漫主义自然观不再可能，自然也就失去了迷人的诗意和光辉，成为仅仅可资利用的资源。艺术的情况则截然不同，作为主体创造力的彰显，它一直是美学的宠儿。然而，和艺术相比，自然是人们审美经验的更为根本的源泉，尽管人们可能没有认识到这一点。当代美学应该重新关注和研究自然，首要应该做的是区分开自然鉴赏和艺术鉴赏的不同，避免以艺术的标准来衡量自然进而排斥自然。

（二）自然鉴赏与艺术鉴赏的区别

赫伯恩认为，艺术鉴赏和自然鉴赏是不同的两种鉴赏方式，前者主体和鉴赏对象是分离（detachment）的，而后者是融合（involvement）的。所有的艺术客体都有某种"边框""基座"或其他的辅助措施将其同周围的环境区分开来——如绘画的边框、诗行的排列、戏剧的舞台等,这既是为了划出艺术的物理界限,也是为了保证观者以一种审美态度和持续的审美兴趣对艺术客体进行关注。尽管所处环境有时会强化或削弱艺术品的审美效果,但这并不影响中心问题——艺术作品作为有边界的客体,其美学品质来自其内部结构,来自其各种成分的相互作用。

自然鉴赏则完全不同,尽管偶尔主体可能会以静止、疏离的态度面对自然,但更为典型的是主体被自然客体所环绕,如果鉴赏者处于运动中,那么他的运动也可能成为审美体验中的重要成分。"我们在自然之中并且是自然的一部分,我们不是像站在墙上的一幅画前面那样站在自然的对面。"①

赫伯恩认为上述不同不能成为否定自然美的依据,自然客体的"无边框"虽在某些方面具有美学上的劣势,但同样也有一些显著的补偿性优势。一声外来的汽笛不会成为弦乐四重奏的组成部分,只会干扰听众的欣赏;但自然由于没有边框,超出我们原来注意范围的外来的视觉或听觉上的侵入有可能被整合进我们的体验,而这对我们的想象力是一个扩展和挑战。不像艺术鉴赏那样基本上是确定的,由艺术的感知品质限定在一定范围内,自然鉴赏是开放的、流动的,拥有从微观到宏观、从静止到运动的无限多的鉴赏视角。"在肯定的意义上,自然客体的这种暂时的、捉摸不定的美学品质导致了对新的视角以及新的'格式塔'式理解的追寻——无休止的、机敏的追寻。"②这是艺术所不能提供的美学经验,是自由开放的,为想象力的游戏提供了契机。

(三)自然审美的整体性

赫伯恩区分了当时自然鉴赏的两种方式:一种是对于孤立的自然客体进行静观,以感知其个别性和独特性;另一种指向一种整体的自然审美品质,想象在其中发挥重要作用。分析美学支持前一种鉴赏方式,赫伯恩则认同后一种。为了详尽准确地说明这种自然鉴赏的整体性,他区分出了整体性自然鉴赏的四种模式:

(1)所有相关于自然的感知要素都应该被整合为一个整体。自然鉴赏不是定型化的,而是扩展的、开放的,那些我们熟悉或不熟悉的自然特征,与自然特征相关联的情感,以及各种主观因素,都应该成为自然鉴赏的组成部分并被整合为一个包容性的整体。

---

① Allen Carlson and Arnold Berleant, ed., *The Aesthetics of Nature Environments*, New York: Broadview press, 2004, p.45.

② Ibid., p.47.

（2）自然的"人文化"和"精神化"，这种自然鉴赏以浪漫主义自然观为代表。通过想象，自然成为主体理念的载体，主体与客体、自然与精神从而被调和为一个整体。

（3）人与自然在情感上的融为一体。有些情感用语言无法表达，但却可以在自然中找到对应物，在这种意义上自然被"人化"了。反过来的情况也可能发生，自然能给人以在人类世界中无法获得的自由感受，从而使人融入自然，成为景观的一部分。两种情况都将不断疏远的人与自然重新融为一体。

（4）所有与自然客体相关的个体体验都参与到自然鉴赏中。由于自然客体是自然环境的一部分，我们在这一环境中产生的情感、态度都成为鉴赏的背景而关联到鉴赏。

赫伯恩观点类似于伯林特，认为一切主客体因素都可以参与到审美中，审美体验是一个开放的整体。区别在于伯林特更自觉地指出了这种整体性的深层原因：人与自然在根本上是一体，自然构成了人的生命存在的一个基本维度，正是因为自然不是外在于人、与人相分离的客体，我们才需要一种"融合"和"整体"的态度来欣赏自然。

（四）客观的、严肃的自然鉴赏

赫伯恩认为，在艺术鉴赏中使用的一些评价性术语，如"表面""肤浅""严肃""重大"等，也可以运用于自然鉴赏。"我从地图上看到这是一片荒漠，但直到站立于其中我才认识到它的荒凉。"①在这个例子中，"认识到"不仅意味着增添了感知的鲜明和丰富程度，还意味着这种对荒漠的体验建立在真实、客观的基础上。我们的自然鉴赏应该是严肃的、客观的，而不应是肤浅的、主观的，"如果我们想要我们的美学体验可以重复并具有持续性，我们就应该努力保证新的信息或随后的实验不会表明我们关于对象的知觉是一种幻象，那样的话对我们的最初体验将是一个嘲弄"②。我们不知道一棵大树的树干已经腐朽，还要欣赏它的力量和强壮，这显然是一种肤浅、虚假的审美体验；如果我们了解它已腐朽这一事实，便不会再去欣赏它的力量，尽管我们可能去欣赏它的"欺骗性的强壮表象"，但这种欣赏同前者不同，它将对树干腐朽这一事实的了解整合进了审美鉴赏之中。

为了自然鉴赏的客观、严肃，自然科学知识是必不可少的。赫伯恩举了这样一个例子："假如积雨云的轮廓同一篮子洗涤物很相似，在感受这种相

---

① Allen Carlson and Arnold Berleant, ed. , *The Aesthetics of Nature Environments*, New York: Broadview press, 2004, p.56

② Ibid. , p.57.

似时我们会感到愉悦。假如在另外的场合，我们不驻足于这种异想天开，而是努力去认识积雨云内部的紊乱以及在云中和云周围的风的作用，从而确定它的结构和形式显现。难道我们不应该说后一种对自然的体验和其他体验相比更少肤浅、更真实、更值得我们拥有吗？"①

不过，赫伯恩并没能对科学知识参与鉴赏何以较之其他鉴赏方式具有优越性做出完满的解释。冬天的满月挂在树梢，如果我们简单地将其视为挂在离树梢不远的天际线上的一轮圆盘，我们会感到这种景象非常优美。为什么要去认识月球的实际形状、尺寸和距离来破坏这种美感呢？对此，赫伯恩承认第一种体验是美的，知识的参与不可能获得同样意义上的美。不过，赫伯恩认为后一种体验同样是令人激动的，它带给我们的是另一种美。至于后者是否必须，是否优于前者，赫伯恩语焉未详。

《当代美学及自然美的遗忘》中存在一个很大的矛盾：一方面，赫伯恩指出自然鉴赏是一个开放的整体，情感、想象、知识等因素都可以参与到审美中；另一方面，他又认为自然鉴赏应该是严肃的、客观的，科学知识在鉴赏中有着突出的作用。情感和想象通常被认为是主观因素，而科学知识则是客观的，它们之间是如何调和在一起，赫伯恩并没有做出回答。这一矛盾本质上是认知与审美之间的矛盾，贯穿于环境美学之后几十年的发展中，而预见到这一问题本身就是赫伯恩理论的意义所在。

在后来发表的《景观和形而上学的想象》一文中，赫伯恩的立场发生了一些变化，他削减了自然科学知识在审美中的重要性，推崇想象在重建人与自然的亲密关系中的作用，被卡尔松称为"形而上学的想象模式"。

赫伯恩指出，在自然鉴赏中我们并不纯粹地对感官成分如形状、颜色、声音味道等进行体验，我们还通过概念化、添加语境和背景、寻求形式之间的联系等活动对其进行反思性的体验。比如，我们会把远在地平线上的黑云看作风暴的预兆；我们还会在极地冰川的体验中感受到自然的某种本质——隐藏在我们所熟知的温和、驯顺的乡村景观后的真实；再或者，在某些场合我们会被自然的美深深打动，从而获得无法用言辞和概念表达的超越之感。对于这些例子体现出的鉴赏方式，赫伯恩称之为"形而上学的想象"，自然景观被看作宇宙的征象，"一句话，自然审美体验的多层结构可以包括多种成分：从最具体的事物——暗礁、石头、树叶、云彩、阴影——到我们把世界理解为一个整体的最抽象和普遍的方式"②。

---

① Allen Carlson and Arnold Berleant, ed., *The Aesthetics of Nature Environments*, New York: Broadview press, 2004, p.57.

② Ibid., p.127.

在《当代美学及自然美的遗忘》中,赫伯恩强调科学知识对自然鉴赏意义重大,是严肃的、正确的鉴赏的保证;但在《景观和形而上学的想象》中,他的立场发生了转变,反对卡尔松将科学置于权威地位甚至排挤掉其他的体验方式。他指出,科学对我们来说是正确的和必需的,它通过选择和抽象揭示出我们不能够知觉到的事物的内在性质,但在科学抽象的过程中,世界的感知特征被排除掉了,而这些对美学来说是非常重要的。赫伯恩认为美学体验到的世界和物理学揭示出的世界一样有权利声称自己是现实的,尽管一些地理学、生态学知识可以参与并提升我们的自然审美体验,但并没有理性上的充分理由要求我们将科学置于美学的中心地位。

其实,赫伯恩主张的形而上学的想象主要是继承了浪漫主义的自然观念。浪漫主义者从不单纯地就自然的外观进行观照,他们总是在自然书写中注入自身的情感和对世界的思考。不过,浪漫主义的自然观中主观成分过于浓重,自然往往失去自身的独立意义成为理念和情感的载体,赫伯恩意识到了这一点,因而对想象施加了限制,要求想象要内在于欣赏体验自身,围绕景观特定的形式特征展开。这样,想象就能够和他早期强调的严肃的、客观的鉴赏协调起来。

形而上学的想象模式最终是为了获得一种人与自然合一的体验(oneness with nature)。"当我们说与自然合一时我们不过是在冥思我们与我们所凝视的自然所共享的种种特征:我们就是我们的身体,我们的身体与自然是相连的整体。自然的生命就是我们的生命:我们呼吸着它们的空气;并在同一个太阳的温暖和支撑下生存。"①获得这种体验的方式便是在我们的生命形式和面前的景观之间进行类推式的感知和沉思:枝条的分叉、叶脉的图案之于我们血管分布形状;海浪拍打海岸的轻微节奏之于我们平静的呼吸。"与自然的合一是对这种和谐、共鸣、协调的节奏形式的美学享受,而非对这种状态的一种智性认识。"②通过这种体验,我们会使我们有限的生命获得扩展和提升,产生和天地万物息息相通之感。

赫伯恩提倡的这种形而上学的想象模式和卡尔松的自然环境模式一样,有着深厚的历史传统。最符合赫伯恩要求的当属美国超验主义的自然审美观,其次便是浪漫主义中以华兹华斯、济慈为代表的比较尊重自然本身的一派(像拜伦、雪莱等人过多地将主观性灌注于自然中,赫伯恩不会赞同)。正如我们对浪漫主义和超验主义的自然审美观进行评论时所说,这种审美观有

---

① Allen Carlson and Arnold Berleant, ed., *The Aesthetics of Nature Environments*, New York: Broadview press, 2004, p.133.

② Ibid.

助于拉近人与自然之间的距离,唤起人对自然的热爱与尊重,因而有助于通向一种环境伦理。不过,赫伯恩的工作是不充分的,他只是在标举一种自然审美的历史形式,并没能结合当代语境对其进行发展,也没能解决这种形而上学的想象同科学之间的关系。现代科学已经改变了我们的世界观,从而影响到我们对自然的审美态度,我们大多数人很难再像浪漫主义者和超验主义者那样对自然进行冥思,这种形而上学的想象在普通人的自然审美中还有多大市场值得怀疑。卡尔松一针见血地指出,"形而上学的想象模式预示自然美学的新议题,这个议题指出需要解决自然世界本质以及我们在自然界中的位置的基本问题",并进而指出,"在西方世界,正是科学最为成功地解决根本的关系到自然世界的真实特征以及人类在其中的位置的问题"。① 如果我们把卡尔松的科学理解为建立在生态范式上的后现代科学而非以机械论、还原论为特征的现代科学,那么,卡尔松的对科学的强调无疑占得了先机。总之,审美中想象当然必不可少,但赫伯恩的做法至少是不充分的,环境美学是当代语境下的产物,理论的构建不能脱离当代语境,其中科学是必须考虑的因素——这不是说科学可以代替审美,而是说科学极大地改变了我们的世界和世界观,任何有价值的理论都不能无视这一基本事实。

第四节　卡尔松:科学认知主义与自然全美

艾伦·卡尔松是加拿大阿尔伯达大学哲学系教授,声名卓著的环境美学家,当代西方环境美学理论的奠基人之一。他的环境美学因强调科学知识在自然鉴赏中的作用和地位被称为"科学认知理论"。卡尔松在西方环境美学界影响巨大,他的科学认知理论构成了人们探讨自然审美的基础和出发点,无论是赞成他还是反对他的人都在一定程度上受到他的思路的影响。我国学者薛富兴的评价是,"直到卡尔松的科学认知主义出现,当代西方美学才有了一套独特的自然美学理论系统,在很大程度上改变了此前自然审美研究不足之情形"②。

(一)伦理中心主义与对形式主义的批判

在卡尔松的环境美学理论的构建中,伦理上的考虑始终处于中心地位,

---

① ［加］艾伦·卡尔松:《环境美学——自然、艺术与建筑的鉴赏》,杨平译,四川人民出版社,2006 年,第 27 页。
② 薛富兴:《艾伦·卡尔松的科学认知主义理论》,《文艺研究》,2009 年第 7 期。

我们可以将他的这种价值取向称之为"伦理中心主义"。

在西方思想史上,长期占据统治地位的是人类中心主义的伦理观。这种伦理观认为只有人类自身才是价值的主体,才有资格接受伦理关怀,人类以外的其他物种和整个自然界都不具有内在价值,只是人类发展自身的工具和手段,因而和伦理关怀无涉。进入 20 世纪以来,随着人类赖以生存的生态系统遭到越来越严重的破坏,人们开始认识到,必须重新认识人类在大自然中的位置,在人与自然之间建立一种新型伦理关系,才能从根本上解决人类面临的危及整个地球和自身存在的生态危机。在罗尔斯顿看来,发展环境伦理的关键在于抛弃自然工具观,树立自然价值观,即认识到自然不是作为人类的工具而存在,她有其自身内在的价值,由此才能推出人类对于自然的伦理义务。

卡尔松的观点与罗尔斯顿相似,在他看来,对于自然持一种伦理态度意味着将自然看作自然本身,而非按照主观喜好肆意对其进行歪曲。在卡尔松的环境美学中,欣赏必须由我们对环境的客观本质的理解所指引始终是一个根本原则。这也意味着,卡尔松仍立足主客二分的哲学立场上,因为"客观本质"这样的概念只存在于主客二分的思想体系中。不过,主体与客体之间的关系在卡尔松的眼中同现代早期哲学有了根本的不同,在他看来,客体自身有其独立的价值,主体在客体面前应该保持一种谦卑的态度,而不是作为唯一的价值承担者高高在上。简言之,出于对伦理责任的承担,卡尔松坚持自然鉴赏的客观主义立场,反对主观主义。

卡尔松指出,在当前应用领域的环境美学中,有大量的工作是依据环境的形式特征进行的,很多研究者试图对环境的视觉特征如线条、色彩、亮度、结构等进行定量分析,由此来确定其审美价值。比如,美国国家森林公园管理局将景观特征定义为:由诸多视觉特征(比如陆地、植物、水体和结构)的独特组合创造的整体感受,正如根据形式、线条、色彩和结构所见到的一样。他们通过对这些视觉特征的定量测量和计算对景观进行评估,以此对森林进行管理。卡尔松对这种注重环境形式审美特征的做法颇不以为然,他指出对形式特征的强调是受到艺术理论中的形式主义的影响,然而形式主义本身就存在着很大问题,用来指导环境鉴赏就更不适合。

卡尔松不遗余力地对形式主义展开批判,他首先将矛头指向克莱夫·贝尔的形式主义理论。贝尔认为艺术的本质特征是一种"有意味的形式",是充满审美动感的"线条和色彩的关联和组合";审美情感的产生有赖于艺术形式的激发,同生活中的情感完全无关,也同艺术的表达内容无关,"鉴赏艺术作品,我们不需要从生活中带来任何东西,不需要它的观念和事件的知识,也不需要熟悉其中的诸多情感。艺术将我们从人类实践的世界摆渡到审美狂喜的世界。一瞬间我们与人类的利害孤立绝缘;我们的预见和记忆被禁锢;我们升腾在生活的溪流之上"①。贝尔进一步将形式主义鉴赏理论移植到环境鉴赏中:为了对一处景观进行审美鉴赏,必须将其看作线条和颜色的纯粹的形式组合,而非将其看作田园和村庄。

卡尔松指出,贝尔试图做出的形式/内容之分是不能持久的,艺术作品的全部形式特征不仅仅取决于形式因素和关系,而且也取决于内容因素和关系。对于绘画的鉴赏,若只着眼于形式,只能看到一些线条和色块;只有结合内容,我们才能对线条的组合、色块的搭配做出审美评价。根本不存在一种脱离内容的纯粹的审美经验,消除意义理解中的知识因素是没有依据的。至于自然和环境的鉴赏,贝尔的观点就更经不起反驳,我们没有人会在贝尔的意义上欣赏自然和环境,知道对象是什么是欣赏它的基本前提。

贝尔的继承者们,以赞格威尔、马修斯和纽曼为代表,修改了他的极端形式主义,提出了一种"适度的形式主义":形式被视为美学鉴赏的一个重要维度,而非唯一维度;他们对形式的理解也较为宽泛,将一切呈现于感官知觉的特征都视为形式特征,不再坚持贝尔的"意味"。不过,卡尔松认为这种适度形式主义和贝尔的极端形式主义一样不适用于环境鉴赏,因为形式主义排除了一切认知上的观照。赞格威尔声称:"反形式主义者想让我们以行家的眼光打量自然,但我认为孩子一样的好奇目光才是合适的。"②但卡尔松认为,形式只是自然鉴赏中的一个并不重要的方面,最重要的是我们要知道自然是什么,它的真实本性是怎样的,在此基础上才能正确而全面地展开鉴赏活动,行家的眼光毫无疑问要比孩子的好奇目光能看到更多的东西,他们的鉴赏显然也更加丰富和深刻。

卡尔松的形式主义批判的另一个靶子是18世纪的如画性美学,这一鉴赏模式影响巨大,实际上支配了人们的自然鉴赏活动,至今仍为人们广泛运用。如画性美学关注的是自然"如画"的形式特征,要求人们像欣赏一幅画那样欣赏自然。卡尔松指出,像欣赏一幅画那样欣赏自然意味着将自然作为静止的、本质上是二维的再现。然而,环境不是景观画,可以从一个外在的角度,仅仅运用视觉这一种感官进行鉴赏,我们必定处于自然环境之中,从每一个地点和距离对其进行感知,不仅看,还要嗅、听、触和感受。而且,一种结构

---

① [加]艾伦·卡尔松:《环境美学——自然、艺术与建筑的鉴赏》,杨平译,四川人民出版社,2006年,第37页。

② Glenn Parsons and Allen Carlson, *New Formalism and the Aesthetic Appreciation of Nature*, The Journal of Aesthetics and Art Criticism, 2004, 62(4), p.365.

的存在或缺席对于形式特征具有重要意义,传统艺术作品总是具有一个稳定、平衡的结构,像欣赏一幅画那样欣赏环境要求我们对环境进行"框定"以形成一个均衡的结构以便对其进行鉴赏,可是,环境中的任何部分都有近乎无限多的框架和位置,在不同的观察中,这些结构和位置会逐步产生出近乎无限多的形式特征。由此卡尔松断定,"自然环境具有某种开放性和不确定性,这使其成为一个不可能发现形式特征的空间"[1],"自然环境的形式特征相对来说几乎没有地位和重要性"[2]。

不仅在审美上如画性美学观是不充分的,在伦理上它也存在重大缺陷。一方面,如画性美学要求主体超脱于自然之外,仅根据对象形式和主观趣味对自然进行审美上的取舍和评判,对于自然事物实际上是什么毫不关心,自然的存在意义仅仅在于以其优美的外表愉悦主体,这种自然鉴赏显然是主观性的、人类中心主义的。另一方面,如画性美学排除了那些不具有"如画"形式特征的自然类型,认为它们在美学上是贫乏的、枯燥的,这是从艺术理论和趣味出发导致的偏见,在伦理上是不负责任的。如果我们知道湿地和沼泽对于维护生态系统的健康运行所起的重要作用,我们就会改变我们的审美眼光和审美评判。就此而言,仅仅关注自然形式特征的鉴赏是主观的、肤浅的,我们应该发展一种新的鉴赏模式,能够在揭示自然对象和环境的真实特征的基础上如其本然地对其进行审美鉴赏。

(二)建立在科学认知之上的自然环境模式

环境美学家们反对分析美学对自然的无视,但一些环境美学家构建环境美学的灵感和思路却源自分析美学,卡尔松就是其中之一。分析美学家保罗·兹夫曾指出,不同艺术流派的作品需要运用不同的观看方式,正如品白兰地与喝啤酒不能用同样的方式,我们应该在洛兰的作品中寻找光线,在勃纳尔的作品中感觉色彩,在西纽雷利的作品中寻找轮廓的张力。兹夫的这种观点在沃尔顿的艺术鉴赏理论中得到系统表达,后者坚持一件艺术作品只有在正确的艺术范畴中感知才能得出正确的审美判断,对于《格尔尼卡》,我们必须将其放在立体主义的范畴中进行感知,否则就有可能得出错误的审美评判——《格尔尼卡》是丑陋的。

卡尔松认为,我们能形成一种类似的原理,运用于自然的审美判断。比如,对于感知一头象,不管其大小,象的范畴而非老鼠的范畴是正确的范畴。

---

[1]　[加]艾伦·卡尔松:《环境美学——自然、艺术与建筑的鉴赏》,杨平译,四川人民出版社,2006年,第63页。

[2]　同上书,第64页。

艺术鉴赏的正确范畴由艺术史和艺术批评的知识所给定,自然鉴赏的正确范畴只能由自然史和自然科学知识所给定,因而,自然科学知识在自然鉴赏中是必不可少的,事实上,它是正确的自然鉴赏的保证。卡尔松将自己这种强调科学知识的自然鉴赏模式称之为"自然环境模式"。对于科学范畴支配鉴赏的合法性,他给出了两个理由:第一,单凭一些事物的知觉特征我们无法对其做出正确的判断,比如单从知觉上我们无法确定海葵是动物还是植物,鲸是鱼类还是哺乳动物,离开科学知识,我们可能会做出错误的审美判断。第二,科学知识有助于我们的自然鉴赏与环境伦理保持一致。卡尔松正确地指出:"我们在审美上鉴赏并不仅仅用我们的五官而是用我们整个情感和心理本身的一个重要部分。"①科学认知会帮助我们对自然进行全面深入的鉴赏,得出正确的审美评判。比如,漫山遍野盛开的罂粟花艳丽无比,单单着眼于视觉特征显然会做出肯定的审美评价,但如果了解到它主要是用来制造毒品的,将会夺取无数人的健康和生命,那么我们的审美评判很难再是肯定的。相反的一个例子是对于拾粪虫(俗名"屎壳郎")的鉴赏,这种草原上的与垃圾为伍的小生命看上去是那样的卑微、肮脏和丑陋,但当我们了解到它在分解垃圾、维持草原生态平衡方面所起的巨大作用后,可能会改变对它的审美态度。由于审美评判作为一种价值评判是塑造和形成我们的伦理观念的一个重要因素,我们要保证审美鉴赏的客观性和正确性,自然科学知识就是必不可少的。

卡尔松并不否认我们可以在缺少科学知识的前提下对自然进行鉴赏,但他质疑这种鉴赏的恰当性,"就恰当的自然审美鉴赏而言,科学知识是根本的;没有它,我们不会懂得如何恰当地鉴赏它以及可能错过它的审美特征和价值"②。科学知识不只是确保我们对于自然鉴赏的恰当性,还是深化和丰富自然审美鉴赏的有效途径,它使我们的鉴赏超越自然表层,触及自然的内部结构和生命特性。需要特别说明的是,卡尔松的美学不只是着眼于审美愉悦——也许如画性鉴赏带给我们的审美愉悦并不比科学知识支配下的鉴赏带给我们的少,他更看重的是自然鉴赏的严肃性、深刻性,旨在培育一种环境伦理意识,为推动自然和环境的可持续性做出贡献。

卡尔松的科学认知主义有深厚的自然鉴赏传统作为支撑。在本章第二节我们已经指出,19 世纪以来随着地理学、地质学、生物学以及晚近的生态学的发展,北美逐渐形成了一种与欧洲的如画性美学不同的自然鉴赏传统,

---

① [加]艾伦·卡尔松:《环境美学——自然、艺术与建筑的鉴赏》,杨平译,四川人民出版社,2006 年,第 105 页。
② 同上书,第 141 页。

知识参与到自然审美中并发挥着巨大的作用。利奥波德明确要求将生态学知识和生态伦理观念贯彻到自然审美中,发展一种"大地美学"。卡尔松的科学认知主义很大程度上可以看作是对利奥波德开创的自然美学传统的接续。就强调自然科学知识在审美中的积极作用而言,卡尔松毫无疑问是正确的。

不过,卡尔松对科学知识的强调受到不少质疑。如,科学知识对所有的自然审美都是必不可少的吗?乡下老太婆欣赏落日余晖显然并不需要任何科学知识。又如,如何解释某些自然审美中科学知识阻碍审美体验的现象?阿波罗登月使我们了解了月球,但也涤荡了我们千百年来关于月球的美好想象。再如,自然审美到底需要多少科学知识?需要哪些科学知识?知晓水的分子式对于我们欣赏瀑布似乎并无助益。对于这些质疑,卡尔松做出了补充性说明。他承认并非所有的自然审美都需要科学知识,但拥有科学知识能够使欣赏更加丰富和深刻;也并不是任何科学知识都和审美相关,对于自然鉴赏来说,地质学、生物学和生态学是最密切相关的。卡尔松还对科学知识与常识观念的区别和联系进行了说明,指出科学知识只是常识的一种拓展,二者本质上并无不同,常识支配下的鉴赏和科学知识支配下的鉴赏都是一种审美鉴赏,区别在于前者是表面化的,而后者是丰富的、深入的。这些补充说明对科学知识在审美中的作用做出了更为明确的阐述。

笔者以为,上述质疑无法构成对自然环境模式的威胁。卡尔松并不否认缺少科学知识也可以进行审美,不然在现代科学产生之前人们岂不是无法对自然进行审美了?不过,正如利奥波德早就指出的,缺少自然科学知识的审美是不充分、不成熟的,它使我们仅仅关注田园和瀑布,而忽略了沼泽和湿地。卡尔松发展环境美学的指导思想是规范我们的环境鉴赏和评判,使之同环境伦理保持一致,而不是对人们的审美体验进行描述。我们应该谨记,通过自然审美培育一种环境伦理意识以应对日益严重的环境危机是发展环境美学的一个重要目的,这就意味着要对人们的审美感知进行引导和重塑。就此而言,卡尔松的规范性美学立场是正确的。自然科学知识揭示了自然的形成、演变和运行规律,可以帮我们发现自然的内在之美,辨别景观是否具有可持续性,进而做出正确的审美判断。我们不否认有些审美鉴赏可以没有科学知识,但决不能以此来否定科学知识在当代自然和环境鉴赏中的作用和意义。

一些环境美学家对科学知识作为一种正确的范畴提出了质疑。伽德洛维奇认为,"科学通过给自然分类、量化和纳入模型将其祛魅化","和其他人类活动相比,科学的人类中心主义倾向一点也不弱"。① 的确,由于近代以来

---

① Stan Godlovitch, *Icebreakers: Enviromentalism and Nature Aesthetics*, in *Nature*, *Aesthetics*, *and Nvionmentalism: From Beauty to Duty*, New York: Columbia University Press, 2007, p.142.

科学和工具理性的结合给自然带来了巨大灾难,科学的口碑并不好。不过,如大卫·格里芬所说,科学和祛魅之间并不具有必然的联系,在以相对论、量子力学和各种生态科学为代表的后现代科学中,有机论取代了还原论,生态学范式取代了机械论范式,科学和世界都开始"返魅"。"后现代科学的发展使得我们再一次感到在宇宙中有一种在家的感觉。"①卡尔松所推崇的自然科学——19 世纪以来发展起来的地质学、生物学、生态学——恰恰是以生态论而非机械论作为思维范式的,这些自然科学知识揭示给我们的是一个普遍联系、不断演化和变动的生命世界,而非僵死的物质世界,显然对于深化我们的审美鉴赏和培育环境伦理意识都有着非常重要的作用。

当然,卡尔松的自然鉴赏理论远非完善,他的问题不在于对科学知识的强调,而在于他没有在对人的审美感知的结构、机制进行研究的基础上对科学知识参与审美的方式做出阐释。科学知识在审美中发挥作用的方式与在认知活动中发挥作用的方式是不同的,卡尔松没有对之做出区分,也就意味着他是"以认知代审美"。对于卡尔松的这一重大缺陷我们可以从两个角度做出解释:一种可能是薛富兴所指出的,这样的问题不是卡尔松的科学认知主义理论的主题,科学知识在自然审美中的作用才是其合法主题;②另一种可能则是卡尔松坚决的客观主义立场使他不愿或不能涉足人的审美感知结构的研究,因为那样一来必然会涉及情感、想象、个体经验等范畴,从而削弱其客观主义立场。无论如何,卡尔松的科学认知主义充分强调了认知而忽略了审美的特性,他的理论只能算是"一种相当初级的'科学认知主义'"③。

(三)"自然全美论"

卡尔松有一个在环境美学界引起很大争议的观点——"自然全美"。他从沃尔顿的艺术鉴赏理论出发,指出既然艺术品的审美鉴赏由相应的艺术范畴决定,便存在这样的假设:如果范畴可以由欣赏者自由发现和规定,对每一件艺术品都找出与其相应的正确范畴进行鉴赏,那么就没有一件艺术品是失败的。很明显,这种理想情况在艺术世界中是不可能的,因为艺术范畴的形成总是社会性的,优先于同时独立于对具体艺术作品的审美考察。可是,这种理想情况在自然的审美鉴赏中却是存在的,因为自然对象、景观不同于艺术品,不是被创作的,而是由人们"发现的",我们理解它们是何物并了解有

---

① 　[美]大卫·格里芬编:《后现代科学——科学魅力的再现》,马季方译,中央编译出版社,2004 年,第 44 页。
② 　薛富兴:《艾伦·卡尔松的科学认知主义理论》,《文艺研究》,2009 年第 7 期。
③ 　同上。

关它们的知识后,才能正确地感知它们。也就是说,每一个自然物被感知时都有相应的正确范畴,而这种正确范畴来自它们自身。我们面对一个尚不了解的自然物,可能暂时不能对其进行审美鉴赏,但当我们获得了有关它的知识,便可以运用这些知识对其做出肯定的审美判断。因而,"自然界必定在审美上是美的,当它在范畴由自然科学给予与告知的正确范畴中被理解时"①。

自然全美并不是卡尔松的原创,前文我们对自然美学观念进行历史梳理的时候曾经提到,卢梭、狄德罗、爱默生、缪尔都有过关于自然全美的表达。卡尔松还指出康斯坦布尔、罗斯金、马什、莫里斯、洛文塔尔、斯默森等人也持同样的观点。肯努恩准确地概括了这一立场:"自然中所有未触及的部分是美的。能够审美地享受自然与判断是相区别的。自然的美学是肯定的,仅当人类影响自然的部分被考虑到时,否定的批评才发生作用。"②

不过,自然全美引起人们的普遍关注却要归功于卡尔松,他从理论上对这一命题进行了论证,引发人们思考应该怎样从审美上评判自然。通常我们判断一件事物的美丑是根据我们对其感知的好恶,这种感知既是生理上的,也受到文化的渗透。如果以对自然的这种普通感知为依据进行审美评判,显然不能得出自然全美的结论,对于毒蛇、蜘蛛、老鼠等自然物我们往往给出否定的审美评价。卡尔松要求我们抛开感知的偏见、好恶,将自然放在科学范畴下进行审视并做出肯定的审美评判。要想否定卡尔松的论证并不困难:虽然审美并不排除科学认知,但审美毕竟不同于认知,感知品质和情感反应是审美发生的标志,任何美的事物都会带给我们某种愉悦的情感和感官上的享受。卡尔松闭口不提感知品质和情感反应,仅仅根据"范畴影响感知"和"科学知识是正确的感知范畴"这两条原则推导出自然全美,显然是以认知代替审美,无法让人信服。

那么,自然全美的命题是否是一个毫无意义的伪命题? 也不是。卡尔松的论证虽然有问题,但自然全美这个命题本身的价值却是不能轻易否定的。显而易见,自然全美有助于培养我们对于自然的伦理情感和伦理关怀,也为自然保护运动提供了美学上的支持,它启示我们:对于自然的审美感知和审美评判,必须抛开个体和文化的偏见,寻找新的原则和依据。另一位环境美学家罗尔斯顿对自然全美给出了更有说服力的论证。

罗尔斯顿是美国科罗拉多州立大学哲学教授,国际环境伦理学会与该会会刊《环境伦理学》的创始人,美国国会和总统顾问委员会环境事务顾问,世

---

① [加]艾伦·卡尔松:《环境美学——自然、艺术与建筑的鉴赏》,杨平译,四川人民出版社,2006年,第142页。

② 同上书,第116—117页。

界著名的生态哲学的开拓者和奠基者,对环境美学也有着卓越的研究。

罗尔斯顿指出,自然中有我们的生命之根,我们的生命是自然在漫长的年代进化而来的,我们有着自然赋予的脑和手、基因和血液,有着在自然中获得的抵御寒冷、炎热和动物侵袭的能力。皮肤并没有把我们和环境完全分开,通过它机体和自然保持着交流,因而我们的生命有着和自然一致的节奏和韵律。即使是现在,"我们生命的百分之九十仍是自然的,而只有百分之十是人为的"①。文明使我们一步步远离了自然,将我们囚禁在钢筋水泥的丛林中,阻断了我们和自然的交流,麻木了我们生命的感觉,使我们忘记了自然中有着我们的根。荒野体验会使我们重新意识到这一点,它剥去我们文化的修饰,激活了我们的本能,使我们的动物属性呈示出来了。我们可以重新唤醒鲜活的生命体验,寻回失落的生命之根。面对一块前寒武纪的巨石,罗尔斯顿充满深情地写道:"一种像是重返故里时的怀旧的情绪无可阻拦地向我袭来,似乎我从前曾来过这里。……我是这块岩石有感觉的后代。这次短暂的遭遇,是一些尘土归来,在追溯中与它所由来的尘土相会。"②进入荒野实际上是回归我们的故乡,在一种最本源的意义上体会与大地的重聚。

我们人类的童年期是在荒野中度过的,我们是荒野之子,我们的生命中潜沉着万千生命的神秘回声,我们流淌着和它们来自同一源头的血液。听到月夜狼群那神秘的嗥叫,我们会感受到灵魂深处的颤动;看到春天漫山开放的野花,我们会感受到血管中生命之流的涌动;南飞的大雁总让我们莫名地怅惘,飘落的黄叶也能带给我们细腻深沉的生命感触。华兹华斯写道:

> 最卑微的花,也能给人以
> 深沉得不能用眼泪表达的思绪

面对每一个平凡而自在的生命,我们总能获得深深的感动,甚至有时希望自己化作一株野草、一只飞鸟。自然的一切都能唤起我们的生命意识,在自然中,我们能感觉到是在自己真实的生命中。所以,利奥波德认为:"能有机会看到大雁要比看电视更为重要,能有机会看到一朵白头翁花就如同自由地谈话一样,是一种不可剥夺的权利。"③自然美的根源就在于人与自然的同源同性,在于人与自然在生命层面的交流和应和,自然的魅力来自生命的魅力。"在严冬将近时怒放的白头翁花,同样也象征着生命历尽苦难而存活,而且象征着生命是如此的繁盛,激起人们对天国乐园的向往。在洪水或严冬之

① [美]霍尔姆斯·罗尔斯顿:《哲学走向荒野》,刘耳、叶平译,吉林人民出版社,2000年,第473页。

② 同上书,第428—429页。

③ [美]奥尔多·利奥波德:《沙乡的沉思》,侯文蕙译,经济科学出版社,1992年,第19页。

后,大地总会又进入一个繁花似锦的季节,让我们更好地理解到自然终极的意义,让我们从在生命斗争中展现出来的美,理解到它的神圣。"①在中国古典美学中,人与自然万物之间的生命交流与应和被视为审美的最高境界,也是人生的最高境界,所谓"乘物游心""与物为春"。获得这一境界的途径是抛开主体性,向自然敞开自身,使全部感知机能处于最佳状态,以捕捉生命萌动与绽放的美丽,感受生命的自由、充盈与绚烂。

对于自然中蓬勃生长的生命,我们不可能做出否定的审美评价,它们是我们的"邻居",完美地体现了自然的创造性和生命的完整性,不管是怒放的白头翁花,还是翱翔的鹰、蜿蜒滑行的蛇、奔跑中的郊狼、蕨类植物的卷芽。如果我们耐心阅读梭罗和利奥波德的作品,我们会看到自然的一切事物都在他们善于捕捉美的眼睛中散发着迷人的魅力,都在他们敏于思考的心灵中引发深深的感触。

那么,自然有没有失败的作品?对于这些事物,我们应怎样进行审美评价?比如,正在腐烂的麋鹿的尸体,一片破败的景色。罗尔斯顿一方面承认这些事物并不好看,另一方面又指出我们应该把观察的视野扩大到整个自然过程,以便认识自然中"丑"的转化。麋鹿的腐尸会消融到腐殖土壤中去,它身上的营养物质将得到循环;蛆虫将变成鸟类的食物;自然选择也将会使麋鹿的后代更能适应环境。"所有的事物都不能当作孤立的画面,而只能放在其环境中加以理解。这些画面只是我们所欣赏的更大的场景的一部分——重要的不是画面,而只是由画面构成的精彩的生命故事。在这个漫长的故事中,瞬间的丑只是一闪而过的短暂现象。"②

罗尔斯顿表达了与利奥波德相似的美学立场,他要求我们学会去欣赏那些不是一目了然的自然事件。在枯死的树上,在地下,在暗夜里,有许多奇迹正在发生。它们构不成美丽的风景,但对它们的观察却能为我们带来美感。腐烂和捕食对个体来说是负价值,但对系统来说却具有正价值。一个没有腐烂的系统很快会停滞和衰竭,没有残酷的捕食现象系统也进化不出高级的生命。大自然是生生不息的,它们一定能从丑中创造出美来。可以肯定,某些自然过程和事物——如腐尸、粪便,自然灾害后满目疮痍的景象——会令人不快和躲避,没有人愿意将它们拍入照片中;但从生态系统的整体来看,它们却不是丑陋的。"环境伦理已把我们从个体主义的、自我中心的狭隘视野中

① [美]霍尔姆斯·罗尔斯顿:《哲学走向荒野》,刘耳、叶平译,吉林人民出版社,2000年,第479页。

② [美]霍尔姆斯·罗尔斯顿:《环境伦理学》,杨通进译,中国社会科学出版社,2000年,第325页。

解救出来,使我们关心生态系统的大美。"①罗尔斯顿认为哪怕是对生命具有毁灭力量的熔岩和海啸,也不能说不具有美感特征,因为灾难过后动植物都会尽力再繁荣起来,在这种重生的努力中就存在着一种重要的美。生命的死亡,只要把它看作生命再生的序曲,就不再是丑的了。

罗尔斯顿承认他谈论的自然之美不限于通常意义上带给我们感官愉悦的形式之美,也包括了生命个体和生态系统向生命奔跑中展现出的崇高之美。和卡尔松一样,他也强调自然科学知识在自然审美中的重要性,唯有建立在对自然演进和自然系统运行的深刻认识上,我们才能感知到生态之大美。不过,他和卡尔松也有一个很重要的区别,卡尔松要求我们站在自然之外用客观、科学的眼光打量自然,而罗尔斯顿认为人是自然的一部分,不仅要从科学的角度去观察自然,还要去体验自然、与自然进行生命交流。也就是说,罗尔斯顿对于人与自然的关系有比卡尔松更深刻的认识。人与自然的最本质、最深层的关联就是生命层面上的关联,自然之美本质上是生命之美。我们推崇自然美,从孕育生命、促进生命的角度对自然系统做出高度评价,最终依据便是我们与自然万物同处一个生命共同体中,自然属性和生态属性是我们最本质的属性。

彭锋认为自然全美的观念在中国文化尤其是在庄子的思想中有着更为全面、彻底的表现。庄子的"齐物"论认为,从"道"的角度看,宇宙间的万事万物都是等齐划一的,没有是非、贵贱、美丑的区别,"以道观之,物无贵贱"(《庄子·秋水》),"举莛与楹,厉与西施,恢恑憰怪,道通为一"(《庄子·齐物论》)。道无所不在,贯通于万事万物之中,《庄子·知北游》中东郭子问庄子道在哪里,庄子给出了蝼蚁、稊稗、瓦甓、屎溺这些在常人眼中的卑贱之物。如果我们悟到了道之所在,就会肯定宇宙万物,作为道的载体它们都有各自的美。我们认为很多事物不美,如庄子给出的蝼蚁等物,是我们的观看方式有问题,是"以物观物"而非"以道观物"。

那么有丑的事物和现象存在吗?有,当事物违背其本然的状态存在时,就是丑的。在《山木》中,庄子讲述了这样的故事:

> 阳子之宋,宿于逆旅。逆旅人有妾二人,其一人美,其一人恶,恶者贵而美者贱。阳子问其故,逆旅小子对曰:"其美者自美,吾不知其美也;其恶者自恶,吾不知其恶也。"

当"美者自美",将自身的美视为一种凌驾于别人之上的资本加以炫耀时,美

①　[美]霍尔姆斯·罗尔斯顿:《环境伦理学》,杨通进译,中国社会科学出版社,2000 年,第327 页。

就消失了;当"恶者自恶",不以自己的丑陋相貌介怀,坦然面对,也就无所谓丑了。世间万物各有其独特性,没有统一的美丑标准,决定其美丑的是其存在状态是否"自然"。庄子笔下的逆旅人的丑妾、兀者、支离者等,皆能正视自己的丑,安之若命,丑便不再成其为丑,受到大家的喜爱;相反,东施效颦,只会倍添其丑。因而,世间万物各有其性,只要以本然状态存在,便都具有自己独特的审美价值,然而,世俗之人认识不到这一点,一方面,"皆喜人之同乎己而恶人之异乎己",以自身的喜好、偏见作为评判他者美丑的标准,另一方面,通过自己的行为改变他者的存在状态,使其变得不自然。真正的丑只存在于世俗之人的观念和行为中。

显然,庄子的主张是支持自然全美的,因为自然物不受人的观念和行为的污染,充分地如其所是地存在着。彭锋将庄子的思想称为"存有性的多元论","庄子存有性多元论不仅赋予宇宙万物平等的存在权利,而且赋予包括人生在内的所有事物在其发展过程中的每个阶段、甚至每个片刻以平等的价值","如果从存有性多元论的立场来看,某个事物之所以具有不可比较、不可分级的审美价值,刚好是因为它完全是独立不依的'一',完全是它本身。正确地欣赏自然物的美,不是将它与别的事物联系起来,相反,是从纷繁复杂的关系中将事物于'现在''这里'的存在孤立取来,彻底割断与过往来今与四方上下的关系,使之充分呈现自身。在所有的事物中,自然物最能抵制我们从概念、功利和目的的角度所赋予它们的各种联系,从而最倾向于呈现其自身,正是在这种意义上,我们说自然物具有全面的审美价值"。①

庄子和卡尔松的自然审美观有一定的相似之处,都认为对自然的欣赏应该如其本然地展开。区别在于卡尔松要求将自然放在适当的范畴下进行观察,而庄子从根本上反对范畴观察,因为范畴观察所得到的结果只是事物在范畴中显现的样子,而不是事物本身,事物本身是未经任何中介描述或再现的呈现,是事物如其所是的在场。概念是对事物的强暴,要想真正达到自然全美的境界,就要彻底抛弃用范畴来观看事物的习惯。相对来说,自然物比人工物更容易进入呈现状态,因为它不是依据范畴创造出来的,无论用哪种范畴去观看它,它都不会与之完全吻合;而人工物是依据范畴创造出来的,它的存在就已经包含了范畴,总是会诱导范畴观看,从而不能得到彻底的呈现。从这个意义上,我们可以理解何以是自然全美,而非万物皆美。

彭锋认为,庄子的自然全美比当代环境美学的主张更为彻底,它涉及的不仅是环境美学的问题,而且涉及基本的人生观和宇宙观问题。其实,任何

---

① 彭锋:《完美的自然:当代环境美学的哲学基础》,北京大学出版社,2005年,第28页。

自然全美的证明都有一个共同之处,那就是要求我们破除人类中心主义价值观的偏见,承认自然界的万事万物都有其独特的内在价值,在此基础上对自然做出肯定的审美评判。卡尔松明确表明运用科学范畴对自然物进行鉴赏是为了防止主观性因素对自然的歪曲,认为建立在科学认知基础上的鉴赏是一种客观主义的鉴赏,能有效防止人类中心主义的偏见。利奥波德的"大地伦理"和罗尔斯顿的"荒野哲学"从生态整体的角度承认自然事物都有其独特的价值,要求我们破除人类中心主义价值观,将伦理关怀从人类自身扩展到整个生命共同体,包括植物、动物等一切生命形式和土壤、水分、大气等支撑生命的物质。尤其是罗尔斯顿,雄辩地论证了自然的价值就是一种生命价值,任何卑贱而平凡的生命都有其完整性和独特性,都应受到尊重和爱护。人具有自然和生态本性,只有在复归自然、融入自然时才能真正感受到生命的自由和完整。这里面显然包含了人生观和宇宙观的变革,包含了对客体论自然观的超越。

彭锋指出,环境美学家们多从生态学的角度强调将自然物放在系统和关系中进行审美评判,而庄子要求割断自然物与它物之间的关联,使其成为自身、充分地呈现自身。他认为后者才是一种真正的美学方式,前者对于揭示自然物的价值非常必要,但无助于我们理解自然美。① 笔者以为环境美学家们和庄子之间的区分并没有这样绝对。一方面,我们不能否认环境美学家们的审美主张是一种美学方式。的确,关系属于认知对象,不能成为美学的对象,美学欣赏的是样态。不过,我们应该认识到"基于生态观念的审美"和"以生态关系的认知代替审美"是不同的,生态观会改变我们的感知结构,会潜移默化地影响我们的审美直觉。我们不能否认利奥波德是以审美的态度面对沙乡,罗尔斯顿是以审美的态度面对索利图德湖的荒野,尽管他们都自觉地从生态观念看待各种自然事物。"一个自然物单独看不美,但放在生态系统中看就是美的",这一表述并不像有人认为的那样大谬不然:我们当前囿于传统和文化的偏见,还没有将生态观念融入我们的审美感知中,所以会断定一个自然物是不美的,但这种审美评判应该得到修改。如果我们发展了一种成熟的生态文化,生态知识得到普及,生态伦理深入人心,那么就不会存在这样矛盾的审美评判,也不会再有这样的表述了,我们会本能地对和生态原则相悖的事物产生厌恶,对有助于生态整体的事物产生好感。在下面的这个例子中,罗尔斯顿的鉴赏虽然涉及知识和关系,但我们不能否认这是一种美学鉴赏:

---

① 彭锋:《完美的自然:当代环境美学的哲学基础》,北京大学出版社,2005 年,"前言",第 4 页。

我一定得看到我们县长出两种草,才敢确信春天已经来了,而这肯定是在3月。这两种草是春葶苈与苦水芹,它们是最寒酸的野草,却也是最炫耀的报春草。在我居住了好几年的那间屋子对面的一个草场上,3月是属于这两种草的。受到较大的草与其他植物的排挤,它们不能享受春天最好的时光,因而早早地长了出来。除了它们自己和我,它们没给任何东西带来什么好处。在3月的风与阳光里,它们以自己那卑微的方式茂盛地长着,表现着自己与生俱来的价值,也年复一年地提醒我:春天是不能被否定的。①

另一方面,庄子的方式也并未完全取消事物与其他事物的联系,毕竟"齐物"的前提是"道",按照蒙培元的说法,道是整体,是大全,必须在整体的观照下,事物才能获得其存在的地位和价值。自然的存在是多样的,也是统一的,"通天下一气"(《庄子·知北游》)表明人与自然万物有着内在的联系。气之动静变化生出万物,这一过程也是"道"的体现。人只有回到那个源泉涌动、一气贯通、大化流行的泰初之道,才能做到"人与天一""万物齐一"。

总而言之,自然全美论表达的是一种规范性美学立场,它要求我们改变我们的自然观、世界观和文化态度,承认一切自然物都有其内在价值,并以此改变我们的审美感知、审美评判以及我们对于自然的行为。这一命题本身不是建立在我们当下对于自然感知的好恶之上,也并不真地要求我们去欣赏腐尸和细菌,它更多地表达了一种尊重自然的态度,因而,试图找出一些特例去否定自然全美是没有什么意义的。不过,自然全美多少隐含了生态中心主义和反人文主义的倾向,认为人类的行为只会削减和破坏自然之美,这是需要我们警醒的。人类并不注定就是自然的反面,我们曾经试图"控制自然",但我们也可以"照看自然",使人与自然"共美",而不仅是"自然全美"。

(四)卡尔松的科学认知主义理论的价值与缺陷

卡尔松在国际环境美学界享有巨大的声誉,不过出于文化和美学传统的不同,他的科学认知主义很难为我国学界所接受,谈到卡尔松时我们的褒扬多集中他对于环境美学的开创之功,对其理论则很少认可。我们的民族科学思维向来不算发达,但在审美文化方面却积淀深厚,尤其是遗留下来的关于自然欣赏的卷帙浩繁的诗书绘画,可令任何一个民族相形见绌。只有在科学知识的支配下谈论正确深刻的自然鉴赏才是可能的,这显然会引起我们的反

---

① [美]霍尔姆斯·罗尔斯顿:《哲学走向荒野》,刘耳、叶平译,吉林人民出版社,2000年,第452—453页。

感。不过,通过对卡尔松的深入研究和思考,笔者以为我们对于卡尔松可能过于苛刻了。他的环境美学理论体现了强烈的环境伦理意识,虽不"宽容",却值得我们尊敬。

伦理上的考虑始终居于卡尔松构建环境美学理论的首位。卡尔松坦言:"对于我们所发现的那些美丽的事物,如果自然美学没有相应的理论进行支持,那么这样的自然美学根本就不值得我们去考虑。"①卡尔松要求我们采取一种客观主义的审美态度,以体现对自然客体的尊重和伦理关怀。卡尔松关注的不是"我们的审美体验是怎样的",而是"我们应该怎样审美",更准确地说是"我们怎样审美才能有助于自然的保存"。虽然主观性鉴赏也可能会激发出一种环境伦理,比如我们欣赏到一处如画般的自然美景后,会产生保护它免于开发的愿望,但在卡尔松看来这远远不够。第一,主观性鉴赏具有选择性,它只欣赏少量具有如画性特征的自然,对于沼泽、湿地、荒野等自然类型漠不关心。第二,主观性鉴赏和评价因人而异、因时而异,不具有普遍性,而且由于审美情感不是建立在对自然本身价值的认可之上,因而不具有持久性和稳定性。只有围绕自然本身(而不是主观趣味)进行鉴赏,将审美评判建立在对自然内在价值的认可上,才能够最大范围地将自然纳入我们的审美视野,才能够超越形式层面对自然进行全面深刻的鉴赏,才是一种真正符合环境伦理的审美鉴赏。立足这种客观主义的立场,强调自然科学知识在审美中的作用和地位是顺理成章的,地质学、生物学和生态学等自然科学知识揭示了自然的形成、习性、演变以及生态关系,极大地增进了我们对自然的了解。在当代语境中,很难想象能够发展一种不涉及自然科学知识而又符合环境伦理的自然美学。②

当然,卡尔松的科学认知主义理论存在很大的缺陷:以认知代审美是其中之一,我们前文已对此作了论说;另一个便是"生态中心主义"。卡尔松的自然环境模式和自然全美论都将人与自然严格区分开来,认为自然只有在保持与人的"距离"的前提下才能持有其美,这种立场将生态主义同人文主义对立起来。其实,谈论生态不一定要反人文,相反,生态学会促成一种真正的

① [加]艾伦·卡尔松:《自然与景观》,陈李波译,湖南科学技术出版社,2006年,第48页。
② 在2009年10月山东大学文艺美学中心举办的"全球视野中的生态美学与环境美学国际学术研讨会"上,美国米德伯里学院汉语教授、东亚研究系主任托马斯·莫兰指出,有些中国学者认为科学认知是西方对待自然的一种途径与方式,并将之定位为不恰当的与无效的,而拒绝将其与中国传统文化的语境相关联,这是一种极端的立场。她发现,在中国作家徐刚的报告文学《伐木者,醒来!》中,徐刚并没有转向中国传统生态智慧即天人合一思想影响下的虚构的过去,他的作品也包含了科学认知话语。理解和包容对于生态批评和生态文明的建设是非常重要的。

人文主义——"生态人文主义"。人是自然的一部分,与自然血脉相连,自然属性或生态属性是人的根本属性。人的存在只有作为一种生态性的存在,才是一种本真的存在,才能获得人性的完满。用海德格尔的话说,只有爱护大地、眷顾大地,保持"天地神人"的平等相处、交互融合,才能达到诗意的栖居。一种真正贯彻了生态思想的自然美学必须建立在人与自然的这种生态、生命关联上,而不是将二者割裂开来,以置身自然之外的、纯客观的眼光来打量自然。卡尔松的科学认知主义虽然自觉地在自然审美中引入生态视角,但却对生态学思想做了片面的理解,没有将其真正贯彻到美学之中。

第五节　伯林特:万物一体与参与模式

阿诺德·伯林特,美国长岛大学教授,国际美学协会前主席兼秘书长,与卡尔松齐名的环境美学家。在伯林特看来,自然美学是环境美学的同义词,①这不仅指环境美学是以自然美学为开端,更主要的是,在伯林特看来,自然和环境都是普遍联系、包容一切的概念,二者有着大致相同的内涵和外延。这种自然观同卡尔松迥然不同,后者认为自然是外在于人的客体,而伯林特认为人与自然是一个不可分割、浑然合一的整体,一切存在物都是自然。相应地,在发展自然美学的思路上,卡尔松认为应该发展一种正确的自然鉴赏模式以规范人们的审美感知,这种自然鉴赏模式必须建立在对自然本质的认知之上,那就要发挥科学知识在审美中的支配作用;而在伯林特看来,既然自然没有所谓独立于人的客观本质,它是一个涵盖万物(包括人)、不断演变着的动态整体,那么自然美学的起点就不是根据"自然本质"发展一种正确的自然审美模式以规范人们的审美感知,而是对人们的审美体验进行描述,进而研究审美感知的结构和生发机制。

(一)伯林特的自然观

通常,我们将自然视为人类领域外的一切,或未被人工修改过的自然。我们谈论"保护自然""走向自然"时正是把自然看作在我们之外的事物或区域。毫无疑问,在当代语境中,我们在这个意义上谈及自然时带有褒扬色彩,自然被视为具有独立于人的、自足的内在价值。我们前文谈到的卢梭、梭罗、缪尔、利奥波德等环境美学的先驱们,以及很多环境美学家如卡尔松和罗尔

---

① 程相占、[美]阿诺德·伯林特:《从环境美学到城市美学》,《学术研究》,2009 年第 5 期。

斯顿,都持这样一种自然观。然而,伯林特却认为这种自然观是有问题的,从根本上它基于一种主客二分的思维模式。"这种想法把自然当作一个异域空间,一个与人疏离并且与人的目的、利益相抵触的区域。自然是最庞大的敌人,是违背人类意愿的一切敌对力量的终极根源,它强加于人类疾病、灾害,最终是屈辱的死亡。因此,自然必须被征服,必须控制它、驾驭它来服务人类。文明,根本上与自然相对立,且文明的程度,也由人类征服自然、控制自然力量的能力大小来衡量。于是,人类的生活进程与自然进程绝对冲突。……这种思想发端于远古的中东地区宗教,经过古希腊哲学的发展,以及普罗丁主义、新柏拉图主义的发挥,最后由中世纪基督教神学加以体系化,一直到早期现代哲学中遂成为不可磨灭的法典。"①不过,这种思想并不是对人与自然关系正确、全面的认识,而且,也不具有普遍性。像中华文明很早就发展了一种"天人合一"的思维方式和世界观,在我们先人眼中,自然是仁慈的、有德性的,"天地之大德曰生",它创生万物,佑护万物,并格外恩泽于人类。面对自然,人类要有一颗敬畏之心,要"赞天地之化育",把增进大自然的繁荣昌盛作为自身的使命和义务。

在伯林特看来,如同人类无法脱离自然一样,自然也不能将人类排除在外。尤其是在工业文明时代,那种未被人类触动的自然根本就不存在。"大部分野生地带其实都不是原始的自然,都打上了从古至今一直持续的人类活动的烙印,诸如清理、侵蚀、采矿、造林、酸雨以及改装地表。此外,城区大规模地铺设地面,进口动植物新物种,这些活动都会影响水资源的分布和气候变迁。现在臭氧空洞的出现又导致全球气候变暖以及太阳辐射增强,可以说,地球上没有一处地方能对人类免疫。"②即便是那些未被开发过的自然,也很难说是原始的,因为"人类一旦踏上土地,就会随时随地留下自己的记号"③。这种"记号"可以是有形的,也可以是无形的;对自然改造可以是实践层面上的改造,也可以是主观观念和情感上的改造。伯林特并不是攻击人类对于自然的侵扰,而是要提倡一种浑然一体的大自然观。既然未被人触动的自然并不存在,如果我们不放弃自然这个概念,就必须扩展自然概念的外延,将人类也纳入其中。"自然就是一切存在物,它自成整体,包容一切,不可分割且持续发展。"④也就是说,自然之外并无一物,包括人在内的一切存在物

①　[美]阿诺德·伯林特:《环境美学》,张敏、周雨译,湖南科学技术出版社,2006年,第8—9页。

②　同上书,第5页。

③　同上书,第8页。

④　同上书,第10页。

都是自然,一切都是发展着的自然过程。

伯林特提出的这种"万物一体"的自然观来自斯宾诺莎,在后者看来,自然就是一切存在物,它自成整体,包容一切。这种自然观我们其实非常熟悉,庄子的"齐物论"讲的也是这个意思,人与万物表面上看迥然不同,但道通为一,都是自然的一部分,所谓"天地与我并生,而万物与我为一"。既然如此,伯林特声称自然保护区的设立完全没有必要,它人为地将部分自然同更大范围内的自然隔离起来,反而走向了不自然。没有人之外的自然,也没有自然之外的人,通过取消自然与文明之间的分界线,伯林特意在改变我们的价值观,使我们认识到世间万物是一个普遍联系的整体,我们应该承认和尊重它们全部,不能重此轻彼。人类世界应该得到重塑,成为和谐运转的自然整体的一个有机部分,而非一个日渐扩大的毒瘤。

伯林特要消解人与自然的二元对立,但他的一些言论显然有些偏激,和当时的很多解构主义者一样。人是自然之子,无法脱离自然,人类社会的进程始终和自然的进程纠缠在一起,这毫无疑问。人类的行为也可以是自然的,前现代社会人们在顺天敬时、善待万物的观念指导下的生存实践活动,就是自然的,人类在获取利益、繁荣自身的同时也没有侵犯自然生态。然而,工业革命以来,人类的行为的确走向了自然的反面,如果我们依然坚持说人类及其行为和创造物是自然的,自然就变成了一个纯物理概念,就不再有价值评判的意味了。就像人这个概念,不单纯是一个生物学上的类属名称,还是一个评判的尺度,对于一个丧尽天伦、罪恶满盈的家伙,我们会说他"不是人",如果像伯林特那样坚持说不能把他排除在"人"的概念之外——他也具有人的身体构造,也在一直与人交往和相互影响,也是人类社会的产物和一元——显然是无意义的。"万物一体"是一种本然的,也是一种理想的人与自然的关系,但在人类肆意为了自身利益而压榨和毁灭其他自然物的当下语境中,声称人类一切也都是自然的,显然无助于人类对自身行为的反思和批判。关于设立自然保护区的问题,伯林特的立场从逻辑上来说没有错,人为地把一个地方圈起来,的确不是自然的做法。但如果不这样做,四处寻找猎物的资本会迅速将一切自然区域纳入自己的版图,一切非人类的价值都会被毁灭殆尽。而且,建立自然保护区也不是为了隔断人和自然,人类依然可以进入保护区,怀着一种敬畏的心态,目的是接受教育和心灵上的启迪——这就是梭罗提议保留荒野的理由。如果说大自然设计了自己的进程,那么人类是有能力改变和毁掉这一进程的物种,除非坚持说人类毁灭自然的行为也是大自然的设计——它要通过人类来终结自身,那样我们就真地不需要区分人和自然了,也不需要发展环境美学了,否则的话,我们就要思考自然本身的设计、目的和价值是什么,我们就需要自然保护区,以提醒自身反思自己的行为在多大程度上背离了自然。

(二)"美学身体化"与"参与美学"

以卡尔松为代表的客观主义取向的环境美学家认为"我们应该怎样鉴赏自然"是环境美学面临的首要问题,相应地他们将发展适当的鉴赏模式视为环境美学的中心任务。伯林特对此很不以为然,他认为这种下定义式的讨论是徒劳的,其引导和规范人们的审美鉴赏的目的将沦为空想。

伯林特认为,卡尔松的美学主张是一种"规范美学",也是一种精英主义美学,他居高临下地指导和规范人们用正确的范畴来面对审美对象。如果说在艺术鉴赏中尚有一定的合理性,有时我们的确需要艺术批评的帮助来更好地领略艺术的魅力,那么,在自然欣赏中,这种规范美学就完全没有了用武之地,人们都能感受自然之美,不需要专家们的指手画脚。人们完全有能力自己去感受一个地方,他们和专家们的区别只是在于后者可以对审美感受的性质(正面的还是负面的)及其原因做出精妙入微的阐说,并提出改进的建议——这就是环境批评的价值,它的存在主要不是为了指导人们怎样去感受。伯林特坚持环境美学是一种"描述美学",把探讨美感发生的机制作为环境美学的奠基性工作。

伯林特指出,传统意义上的感官系统通常被分为两类:远感受器和近感受器。远感受器包括视觉和听觉,近感受器包括触觉、嗅觉、味觉等。自柏拉图的《大希庇阿斯篇》以来,视觉和听觉就被视为专属的审美感官,因为它们能够不受干扰地反映理想美。这种观念后来又同康德美学的无功利和静观原则以及区分美感和快感的做法相契合,因而一直延续到现在。但这种强行分裂感官的做法是不合适的,尤其不适合环境的感知,近感受器的感官是人体感觉中枢的一部分,在自然(环境)体验中扮演着积极的角色。"我们熟悉一个地方,不光靠色彩、质地和形状,而且靠呼吸、气味、皮肤、肌肉运动和关节姿势,靠风中、水中和路上的各种声音。环境的方位、体量、容积、深度等属性,不光主要靠眼睛,而且被运动中的身体来感知。"①

与引进视觉和听觉以外的感官参与审美同等重要的是认识到各种感觉间的通感,我们所分辨出的不同的感知来源实际上仅仅存在于逻辑分析和实验状态,事实并非如此。我们的身体作为一个整体发挥作用,各种感官是相互融合的。按照梅洛-庞蒂的说法,我们的全部肢体都包含在"身体图示"

---

① 　[美]阿诺德·伯林特:《环境美学》,张敏、周雨译,湖南科学技术出版社,2006 年,第 19 页。

中,"身体图示不再是在体验过程中建立的联合的单纯结果,而是在感觉间的世界中对我的身体姿态的整体觉悟,是格式塔心理学意义上的一种'完形'"①。我们在环境体验中投入了全部的感官,它们相互作用,使我们获得丰富多样的审美感知。通感并非仅是一种修辞手法,本质上它是我们身体感官的一种运作机制。

当然,作为审美主体的身体,还与自然客体存在着生命层面上的呼应和交流。我们的身体不是封闭的,也不是机械的、毫无精神蕴含的物质存在,它始终向自然敞开着,渴望回到自然的怀抱。尼采用"酒神冲动"描述了植根于人类身体的一种本能的、生理性的回归自然的冲动,在酒神冲动的支配下,人们挣脱了理性的限制和束缚,进入一种纵浪大化、物我浑然的境界。"在春日熠熠照临万物欣欣向荣的季节,酒神的激情就苏醒了。随着这激情的高涨,主观逐渐化入浑然忘我止境。"②这种浑然忘我之境就是一种审美的境界,它根本上源于我们的生命与大自然的生命之间的相互吸引和召唤,无须我们智性上的努力,无须有意识地用什么范畴来面对自然。苏联思想家巴赫金则从民间狂欢文化的角度指出,我们现在的狭隘的身体观念——作为封闭的、庸俗的、生理的、物质性的身体——是19世纪以后才形成的,在之前的民间文化观念中,身体是开放的,与永远不断生成的世界的物质和肉体整体密切相连。"全民性的、生成中的和永远得意洋洋的人体,在宇宙中如在自己家里这么自在。它从血到肉都属于宇宙,它身上同样蕴含着宇宙的元素和力量……人体,是宇宙最后也是最好的话语,也是一种居主导地位的宇宙力量。"③如此,我们可以理解,何以面对一块前寒武纪的巨石,罗尔斯顿会有那种重返故里时的怀旧情绪④——在自然中,存在着我们的生命之根,我们的身体会响应家园的召唤。

伯林特进一步指出,我们的感知不仅是生理的,也渗透了文化的影响。"作为社会性的存在者,我们透过文化模式来认知一切。对于雪、雨、距离、质量、混乱还是有序的感知,都经由根植于文化传统中的典范模式来予以分类和确认,绝不是单有视网膜或触觉接受的刺激来形成。"⑤文化模式与感官

---

① [法]莫里斯·梅洛-庞蒂:《知觉现象学》,姜志辉译,商务印书馆,2001年,第137页。

② [德]尼采:《悲剧的诞生——尼采美学文选》,周国平译,上海人民出版社,2009年,第91页。

③ [苏]巴赫金:《巴赫金全集》第六卷,李兆林等译,河北教育出版社,1998年,第395页。

④ [美]霍尔姆斯·罗尔斯顿:《哲学走向荒野》,刘耳、叶平译,吉林人民出版社,2000年,第428—429页。

⑤ [美]阿诺德·伯林特:《环境美学》,张敏、周雨译,湖南科学技术出版社,2006年,第20页。

感知紧密结合，成为感知系统的一部分，使得任何蕴涵文化意味的感知都呈现为一种直觉，并不存在表面感觉和深层意蕴的微妙区分。由于我们总是要生活在一定的文化环境中，因而我们的审美感知不可避免地成为文化的美感，环境美学因而也是一种"文化美学"。"文化美学是一个巨大的感知母体（matrix），它真正构成每个社会中的环境。"①

伯林特关于环境美学是一种文化美学的命题不同于卡尔松、瑟帕玛所说的将文化范畴运用于自然鉴赏。后者是一种理性的行为，是主体有意识地为感知涂上一层文化色彩；在伯林特的文化美学的概念中，文化因素可以为我们直接感知和体验到，它们是一种"身体化"（embodiment）的存在，是与审美感知无法分开的整体。"在身体化中，意义是体验到的而非认识到的。也就是说，我们通过身体把握意义，并将其吸收使之成为我们血肉的一部分。"②

"美学身体化"（Aesthetic Embodiment）是伯林特美学的一个核心概念，认为审美就是一种综合了各种意义和经验的身体的直接感知。这一概念有20世纪以来发展起来的关于身体的各种洞见作为支撑。美国实用主义思想家杜威的哲学和美学起点是"经验"，他指出要理解经验就要求助于动物的生活，也就是说要返回生命之根。这表明经验不是存在于思想中，而是存在于活力充盈的身体中。身体不是一架机器，它可以思想（the body-mind）；身体也不是封闭的实体，它为经验所塑造从而不断超越自身。可以说，经验就是身体的经验，在漫长的历史演化中，身体发展出复杂而精致的感性。另一位实用主义者威廉·詹姆斯甚至认为逻辑、概念也是源于经验和身体，并与之保持着连续性的人类活动方式，指出抽象概念的意义总要在具体的感知语境中才能获得澄清，即使最抽象的概念离开和感知经验的联系也没有意义。"……'自由'意味着'没有受限制的感觉'，'必须'意味着'你的道路只有一条没有被堵住'，'上帝'意味着'你可以祛除一定类别的恐惧'，'根据'意味着'你可以期盼一定的秩序'，等等。"③逻辑联系也不仅仅是思考的产物，它们同样是被感知到的，"我们应该说对'并且'的感觉，对'如果'的感觉，对'但是'的感觉，对'根据'的感觉，就像我们准备说对'蓝色'的感觉或对'冷'的感觉一样"④。思维的跨越带给我们的是不同的力和运动模式，我们思考，并且在思考时我们感觉到身体化的自我在思考的中心。

---

① ［美］阿诺德·伯林特：《环境美学》，张敏、周雨译，湖南科学技术出版社，2006年，第21页。

② Arnold Berleant, *Re-thinking Aesthetics*, Burlington：Ashgate, 2004, p. 86.

③ Willian James, *Some Problems of Psychology*, Cambridge, MA：Harvard University, 1979, p. 38.

④ Willian James, *The Principles of Psychology*, New York：Dover, 1950, p. 46.

在关于身体的认识上,对伯林特影响最大和最为直接的是梅洛-庞蒂,后者的身体现象学研究更深刻、更全面地探讨了身体与存在之间的联系,提出了"身体—主体"观,清除了精神哲学对身体意义的遮蔽。梅洛-庞蒂指出,空间、时间不是客观的范畴,而是身体把握世界的能力和方式;对世界的知觉不是某种特殊感官起作用的结果,而是依赖于"身体图式"的把握与综合,"身体的感受器随时准备通过协同作用使关于物体的知觉成为可能"①;语言不是单纯的符号系统,它存在于身体的言语动作中;思维也不是和身体无关的理性能力,"我思"被纳入"我在",而"我在"从根本上是一种身体的存在。总而言之,通过身体,我们进入世界并理解世界,主体性的本质就在于身体及与身体相关联的世界,身体是我们存在的前提,也是一切意义的根本来源。梅洛-庞蒂强调身体是存在的主体,伯林特很容易将其转化为身体是审美的主体。

因强调身体对于审美的参与,伯林特的美学被称为"参与美学"。基于身体参与的审美感知不是纯粹生理性的,它破除了传统美学在美感与快感、形式与实存、主观与客观之间的种种区分,涵括了文化、知识、信仰等多种丰富微妙的意义,具有极大的包容性。参与美学不排除知识在自然审美中的作用,但和卡尔松的科学认知主义不同,参与美学认为知识参与审美必须符合审美的逻辑,即通过"身体化"呈现为一种审美的直觉,而非以推理、判断等知识形态出现在意识中。显然,参与美学真正立足在美学的领地上,既反对美学的孤立主义,又对审美与认知、伦理的关系做出了令人信服的解答。

有人认为,卡尔松的鉴赏模式针对的是单个的自然,而伯林特更关注作为整体的自然,这是二人之所以产生分歧的原因所在。其实并非如此。自然本身就是一个整体性的概念,不会以孤立的、单个的形式存在。当然,我们可以把注意力集中在某个自然物上,但其关联到的其他自然作为背景仍然会作用于我们的审美感知。如果我们一定要斩断某一自然物同其环境之间的关联——视觉层面上和生态、生命层面上的关联,像对待画框中的画作那样来对待它,那我们也就不需要发展自然美学和环境美学了。伯林特认为,卡尔松的观点本质上仍然囿于传统美学的种种教条中,他强调智性能力在审美中的作用,忽略了作为审美主体的身体。

在此我们需要澄清一个误解,卡尔松和伯林特都声称自己的审美模式是积极的,二人对"积极"的使用是不同的。卡尔松说的"积极"指的是积极主动地利用科学知识对自然进行鉴赏和评判;而伯林特说的"积极"是相对于

---

① ［法］莫里斯·梅洛-庞蒂:《知觉现象学》,姜志辉译,商务印书馆,2001 年,第 297 页。

传统的"静观"而言的,意在突出身体在审美中的积极作用,并非指主体意愿上的积极主动。埃米莉·布雷迪认为在康德美学中,主体也处于一种活跃的状态,特别是在对崇高的把握中主体需要付出巨大的努力,以此来反驳伯林特对于静观美学的批判,这其实是误解了伯林特的意思。

卡尔松从两个方面对参与美学展开批评。第一,参与模式取消人与自然之间的距离,这将使审美经验成为不可能,在西方传统中,审美经验与无功利概念和审美距离紧密相关。第二,取消主客二分将导致审美主观性和琐碎肤浅,因为严肃客观的审美鉴赏必须考虑到鉴赏对象及其真正本质。这两种批评都站不住脚。自然鉴赏中,物理距离是显然不需要的也是不可能的,我们身处自然之中,与自然亲密接触,审美的丰富性正源于这种亲密性。审美也并不需要完全排除功利性,卡尔松本人也强调"功能性"在鉴赏建筑中的意义。伯林特指出,我们对一切事物的感知都具有审美意味,当这种感知被强化和集中,呈现于意识的前台时,审美就发生了。也就是说,有意识地关注于知觉品质是审美发生的重要标志,与无功利性和审美距离没有必然联系。审美主观性的指责更是无法真正形成对参与美学的批评,因为主观性或客观性的概念建立在主客二分和本质主义的思维方式上,而伯林特一再声称美学要抛弃这种陈旧的思维方式,他也从根本上反对用主观性或客观性的字眼来对环境体验进行判定。梅洛-庞蒂指出:"我们首先有了对世界的体验,我们才能对世界进行思考。"①知觉在人类的一切意识及活动中占据首要地位,包括科学知识在内的人的一切意识和行为都建立在知觉之上,这也就意味着没有脱离知觉的所谓的客观本质,更不能以客观本质作为裁量和规范知觉的标准。

(三)参与美学与环境伦理

环境美学是作为美学对环境问题的应对而发展起来的,来自环境伦理的挑战是环境美学必须面对的。无可否认,参与美学对审美体验和审美发生的机制做出了令人信服的阐释,但其是否有助于培育一种环境伦理意识却受到其他一些美学家的质疑。卡尔松对伯林特的批评主要是来自伦理上的考虑,认为"感官的沉浸"是肤浅、琐碎而非严肃、客观的,伦理上的诉求和效用很是薄弱。埃米莉·布雷迪承认伯林特的观点对于发展一种真正的环境审美是非常重要的,但又认为假设人与自然的一体会导致我们不尊重自然整体和生态系统。

布雷迪指出:"我并不同意在深层的整体意义上,人与自然环境是潜在

---

① [法]莫里斯·梅洛-庞蒂:《知觉的首要地位及其哲学结论》,王东亮译,生活·读书·新知三联书店,2002年,第14页。

一体的(或者,用深层生态学的术语,是'一')。特别是,人类主体并没有消失在审美对象/环境中,审美对象/环境也没有消失在主体中。更确切地说,当审美主体积极地融合于自然或文化环境之中时,他们也还保留着其身份,保留着他们作为欣赏者的人类特性。同样重要的是,自然整体有其自身的生命,按照不同于人类生命和人类价值的方式发挥着功能、展示着生命样式。否则,上述理论假设将导致将自然被人类主体据为己有。"①布雷迪的质疑主要是针对伯林特的自然观,认为将人与自然视为一体会抹煞人与自然之间的差异,导致人将自身价值强加于自然之上,从而忽略了自然本身的价值。伽德洛维奇也提出相似的批评:伯林特的自然观不保护正在消失的自然,漠视其神圣的意义;若一切都被驯化,有些价值将永远消失。②

　　布雷迪和伽德洛维奇的担心是有一定道理的,我们前文在谈到伯林特的自然观时也做过了类似的质疑。人类拥有文化,掌握科技,在一定程度上脱离了作为其发源地的自然,这是一个不争的事实,如果我们将自己创造的一切也视为自然,那么我们可能会迷失在自己创造的世界里,遗忘了自己的根。不过,伯林特并没有将人类的所有创造物和原生态的自然等同看待,更没有对它们不加鉴别地肯定,相反,他在谈论城市美学时提倡一种"否定美学",即以批判的眼光看待人类建造的城市环境。伯林特也没有声称要驯化一切自然,相反,他认为关于自然的美学描述"展示了平凡、微小、土生土长世界的丰富性,展示了门外荒凉天地的价值。它运用感觉的集合体来分享体验,告诉我们这些'文明人'保持荒野的重要性,而且在走向文明的过程中,我们曾经那么地目光短浅"③。显然伯林特的自然观主要是为了对传统的客体论自然观进行矫正,力图重建人与自然的亲密关系。人是生态大系统中的一个非常重要的部分,就影响和改变生态运行来说也许是最重要的部分,任何试图将人排除在生态系统之外的观点都是有局限的。正如曾繁仁所说,我们需要的是一种"生态整体主义",而非"生态中心主义"。

　　人与自然之间既存在连续性也存在差异性,传统哲学强调差异性而忽略同质性,推崇人的特性和价值,导致了人类中心主义的价值观和伦理观,给自然带来巨大的灾难。要想破除人类中心主义伦理观,将伦理关怀扩展到自然界的万事万物,就要重新认识到人与自然的同质性——伯林特的自然观便是

---

① [英]埃米莉·布雷迪:《走向真正的环境审美:化解景观审美中的边界和对立》,程相占译,《江苏大学学报》(社会科学版),2008 年第 4 期。

② Stan Godlovitch, *Review: The Aesthetics of Environment by Arnold Berleant*, The Journal of Aesthetics and Art Criticism, 1994, 52(4), pp.477-480.

③ [美]阿诺德·伯林特:《环境美学》,张敏、周雨译,湖南科学技术出版社,2006 年,第 36 页。

缘于这样一种关切。人的生命源于自然并始终保持着和自然的连续性,人的命运与自然状况息息相关。只有保持生态大系统的和谐运转,人类才能持续生存和发展下去;也只有保持和自然的生命关联,人性才能克服文明带来的异化而获得完满。伯林特评价斯宾诺莎万物一体的自然观时指出:"它认识到了世间万物在根本上无不相互影响,人类和其他一切事物都处于普遍联系的整体中,正如斯宾诺莎所指出的,我们要想获得最终的自由、解放,就必须改变通过否定或消灭其中一方来照顾另一方的做法,必须承认和理解它们全部。……一旦承认自然的整体性,我们就能在一个规则下行事来影响和重塑人类世界。这个系统若想和谐运转,我们需要被正确引导,不仅是对全体的尊重,更要时刻保持顺从和谦卑的心态。"[1]显然,人与自然一体的大自然观有助于一种环境伦理意识的培育。在这一点上,伯林特和深层生态学的立场是一致的,后者认为应该将伦理关怀从作为人类自我的"小我"扩展到作为生态整体的"大我",这种扩展的依据便是人与自然是一个生态整体,其命运息息相关。

伯林特指出,美学应该以美学自身的方式实现伦理学的目的,不能将伦理学的观念强加于美学之上。他赞同约瑟夫·布罗茨基"美学是伦理学之母"的隐喻,认为美学理解往往先于伦理学原则和阐述,"通过某种行为和情境的美学体验我们可以发展一种意识和感性,而这将导致伦理上的关怀"[2]。当我们在自然体验中为自然之美所深深打动,感受到只有在自然中才能获得的那种自由、平静和完满时,我们会产生保护它使其免于被开发的愿望。如托马斯·海德所说:"自然审美体验越丰富越好,不仅是为了获得审美愉悦,而且在某种程度上也可以激发出一种意识,促使我们去保护当前世界上尚存的相对来说未被触动的自然。"[3]

任何一种非人类中心主义的自然审美都有助于培养对于自然的伦理情感和伦理意识,参与美学自然也不例外,全身心地投入自然必然会产生与自然合一的深刻体验,从而使我们认识到人与自然的亲密关系。尽管我们也可以从书本上认识到这一点,但来自亲身体验的直接认识显然要比间接认识更为深刻和强烈。参与美学绝非和环境伦理没有干系,更不是一种人类中心主义的自然审美,不过,伯林特对审美与伦理之间关系表达得不够充分也是事

---

[1]　[美]阿诺德·伯林特:《环境美学》,张敏、周雨译,湖南科学技术出版社,2006 年,第10 页。

[2]　Arnold Berleant, *Mother and Metaphor*, The Journal of Aesthetics and Art Criticism, 1999, 57 (3), p.364.

[3]　Thomas Heyd, *Encountering Nature: Toward an Environmental Culture*, Burlington: Ashgate, 2007, p.92.

实。"美学是伦理学之母"是一个有问题的隐喻。伊顿指出,美学在逻辑上并不先于伦理学,二者是相互影响和塑造的,无论坚持哪一个具有优先性都是错误的。① 的确,自然审美体验可以催生对自然的伦理关怀,而对自然的敬畏同样会启发我们在更深的层面上体验自然。作为一种文化美学,伯林特的环境美学承认审美体验受到各种文化观念的影响,其中也包括伦理观念。在环境危机日益严重的今天,环境美学不仅要重视通过审美体验激发伦理情感,还应该主动接受环境伦理的塑造。因而,参与美学应该进一步吸收卡尔松的视野,重视自然审美中的科学和伦理因素,更好地发挥审美在促使人们自觉去尊重自然、保护自然中的作用。当然,不是像卡尔松那样以认知代审美,而是努力使环境伦理观念深入人心,将伦理关怀注入人们的审美直觉,用伯林特的话说,就是将环境伦理"身体化"。

第六节　在卡尔松和伯林特之间
——其他的自然鉴赏模式

卡尔松的"自然环境模式"和伯林特的"参与模式"是自然鉴赏模式研究中的两个"极端",前者将伦理上的考虑放在首位,推崇一种严格的客观主义和科学认知立场;后者则牢牢立足于美学领域之上,强调对审美体验进行描述和阐释。更多的环境美学家采取了折中的态度,既认同卡尔松的客观主义立场,又认为鉴赏模式应该体现审美自身的逻辑,他们试图在卡尔松和伯林特之间寻找一个适当的位置,发展一种既立足美学领域又体现伦理意识的自然鉴赏模式。自然鉴赏模式的问题实质上是如何处理自然审美与自然伦理之间关系的问题,通过对各种自然鉴赏模式及其论争的探究,我们可以对二者之间的关系产生更深层的认识。

(一)卡罗尔:激发模式

诺埃尔·卡罗尔,当代著名艺术哲学家,美国威斯康星大学麦迪逊分校门罗·比厄斯利艺术哲学讲座教授。他不满卡尔松将自然环境模式视为唯一正确的自然鉴赏方式,认为卡尔松严格的科学主义立场排除了不需要太多知识、更多是基于人之本能的自然欣赏,而这种对自然的欣赏不仅是合理的,也是普遍存在的。"例如,我们可能发现自己站在巨大的瀑布底下,

---

① Marcia Muelder Eaton, *The Mother Metaphor*, The Journal of Aesthetics and Art Criticism, 1999, 57(3), p.365.

并因为它的壮观而感到兴奋；或者赤足站在一片寂静的树荫下，脚下一层层的落叶像一张柔软的地毯，我们心中可能有一种平静和安适的感觉油然而生。这样一些对自然的反应常常出现，甚至那些不是自然主义者的人们也可以产生这样的反应。他们是在情感上为自然所感动。"①这种因处于自然触发的特定情感状态中而对自然产生肯定性审美体验的自然鉴赏模式被卡罗尔称为"激发模式"，与伯林特的参与模式一样，它是基于对审美体验的一种描述。

　　卡罗尔无意于以激发模式来代替自然环境模式，他认为两种鉴赏方式都是合理的，"以某种方式为自然所感动是一种欣赏自然的方式；卡尔松的环境模式则是另外一种。我认为它们是并存的"②。卡罗尔声称，虽然鉴于传统的审美观念，为自然所感动，相对于自然环境模式更有理由声称自己是一种审美欣赏，而后者作为一种审美模式受到有些人的质疑，但自己还是愿意接受卡尔松的自然环境模式。不过，由于卡尔松严格的科学主义立场将激发模式排除在合理的自然鉴赏之外，而 T. J. 迪菲又将自然唤起的情感视为一种宗教情感，卡罗尔需要在科学和宗教之间为其做出辩护。

　　卡罗尔回顾了卡尔松对景观模式和对象模式的批评，认为卡尔松批判的靶子是主观性——这两种模式不是如其本然地欣赏自然，而是将人类自身的主观框架强加于自然。卡罗尔指出，激发模式不同于景观模式，既不需要保持与自然的距离，也不需要将欣赏局限于视觉，人与自然之间的关系是全面的、亲密的。虽然对自然的情感反应来自对自然的某些特征的注意，但并不意味着这种"选择"是"强加"于自然的，因为这种情感反应基于人的天性并与自然客观特征的刺激有关。"我们的知觉天性从一开始就使我们的注意力集中于自然的伸展的某些特征，这种注意力产生了一种情感觉醒的状态，这种状态相应地导致了反馈的增强，而这种反馈巩固了情感唤醒经验的起初的有选择的完形。欣赏自然的唤醒模式说明了我们怎样突出自然的某些方面，以及为什么这些是集中注意力的恰当方面；也就是说，它们在情感上是恰当的。"③这样，卡罗尔将情感反应归结为人的天性或本能，也就避开了卡尔松主观性或人类中心主义的指责。

　　卡罗尔反驳了对自然的情感反应是一种主观反应后，进一步论证它也能够解决客观性的问题。卡罗尔认为，情感总是指向一定的对象，可以依据与对象之间的关系将其评估为恰当和不恰当。对坦克的恐惧是恰当的，因为坦

①　[美]诺埃尔·卡罗尔：《超越美学》，李媛媛译，商务印书馆，2006 年，第 592 页。

②　同上书，第 593 页。

③　同上书，第 600—601 页。

克是危险的;而对鸡汤的恐惧显然就是不恰当的。既然情感可以根据恰当或不恰当来断定,那么它们就可以受到认知性的评价。这种情感的认知性虽然不是建立在科学的基础上,但仍然是客观的,例如对飞流直下的瀑布感到兴奋的情感反应就是恰当的,其中包含了对瀑布是规模宏大的这一特征的客观认知。这样,激发模式就符合了卡尔松预先设定的正确的自然鉴赏模式所应该符合的认识论标准。卡罗尔顺便指出类似激发模式的鉴赏在艺术中也存在,"人们可能感到一段音乐中的号角声激动人心,从而不需要任何音乐史及其范畴的知识就能客观地断定它激动人心"①。卡尔松对科学知识、以及沃尔顿对艺术史知识的强调显然都过头了。

卡罗尔还引入了杰伊·阿普尔顿的"瞭望—庇护"理论来说明自然激发的情感并非是一种宗教情感,而是一种世俗的、植根于人的本能的自然情感。阿普尔顿认为我们对自然景观的欣赏有着潜在的生物学基础:草原景观比热带雨林景观受人欢迎在于它开阔的视野给人一种安全感,符合人"瞭望"的生物需求;拥有一个小木屋的荒野景观在审美吸引力上远超缺少这一小木屋的景观,则在于小木屋在心理上给人提供了"庇护"场所。借用阿普尔顿的理论,卡罗尔很容易地反驳了将自然激发的情感视为一种宗教情感的观点,也表明了这种情感的普遍性、非主观性,从而为激发模式作为一种普遍、适当的自然鉴赏模式提供了更坚实的证明。

卡罗尔的激发模式其实是人与自然交流的一个普遍形式,毫无疑问它是美学的,可以给我们带来审美愉悦。不过,卡罗尔试图通过证明自然激发的情感具有非主观性和认知的品格来迎合卡尔松设定的正确的自然鉴赏标准的努力并不成功。第一,审美的人并不是一个纯粹的人,他处于生活之流中,会受到某种情绪状态和个人经验的影响,所以面对同样的自然,会有"泪眼问花花不语,乱红飞过秋千去"与"落红不是无情物,化作春泥更护花"的区别。第二,情感总是受到文化的支配,在不同的文化影响下对于同一自然的情感反应可能会有质的区别,比如中世纪和 20 世纪人们对荒原的情感就截然不同。因而,虽然主体与自然的关系是被激发而非强加,但激发模式仍不能摆脱主观性的批评。第三,虽然情感的认知在某种程度上可以揭示自然的特征,有时也可以相当深刻,比如我们对一片生态紊乱、污染严重的地区会产生本能的情感上的厌恶。但情感反应并不在所有的情况下都是适当的,对于人工栽培的罂粟花,在缺乏相关知识(知道这种花的名称以及它是用来制造毒品的)的情况下我们恐怕很难产生情感上的否定。卡尔松对科学认知的

---

① [美]诺埃尔·卡罗尔:《超越美学》,李媛媛译,商务印书馆,2006 年,第 610 页。

强调着眼点在于环境伦理,而情感的认知维度显然不能满足环境伦理的需要,卡罗尔似乎没有意识到这一点,他对情感的认知维度的阐述也就不可能得到卡尔松的认可。总之,若着眼于美学评判和伦理评判的一致,激发模式是不充分的。

(二)齐藤百合子:多元模式

不少环境美学家出于对自然客体的尊重支持卡尔松的客观主义立场,但除了伊顿以外很少有人支持他那种严格的科学认知主义。齐藤百合子是其中的一个代表,她要求削弱科学在自然鉴赏中的重要性,提倡一种自然鉴赏的"多元模式"。

齐藤百合子,美国威斯康星大学麦迪逊分校哲学博士,罗德岛设计学院(Rhode Island School of Design)哲学教授。她的环境美学理论深受卡尔松影响,和后者一样,她也是以艺术鉴赏作为理论构建的起点。在她看来,我们对艺术的正确欣赏必须围绕艺术客体本身进行,除了感官体验必须和客体相关,我们还要把客体放在其自身的文化历史语境中进行考察。如其本然地对艺术进行鉴赏不仅是出于认知上的目的,还是我们道德上的一种义务,这不仅体现了我们对艺术创造者的尊重,也可以使我们超越自我的阈限进入艺术家们的世界。与艺术相似,自然的鉴赏同样也要围绕客体本身进行,这体现了我们对自然的道德态度。

齐藤百合子认为如画性美学和联系主义者(associationist)的美学理论都是有问题的。如画性美学只注重视觉享受和娱乐性,缺乏生态学的视野,虽然沉浸于自然的优美本身并没有问题,但若仅限于此就有问题了,我们还需要倾听自然通过形式之外的维度讲述的故事。联系主义者把自然同人类需要——包括实际的或想象的、物质的或文化的——联系起来对其进行评价,他们虽然重视自然的历史、文化维度,但只是把自然附属于人类价值,而非就自然自身对其进行鉴赏评价。在联系主义者眼中,荒野是贫瘠的、乏味的,也是缺乏审美价值的,只有那些打下人类活动烙印"人文化了"的景观才是值得鉴赏的。齐藤百合子指出,如其本然地欣赏自然,必须认识到自然具有独立于人类的历史和运行规律,必须倾听自然通过其所有的感知特征讲述的自己的故事。有时自然的声音是微妙、秘奥甚至是晦暗的,这就需要我们培养自己区分和鉴赏自然的各种声音的能力。

站在道德的立场上,齐藤百合子基本上赞同卡尔松的科学认知途径。她认识到科学本身也在受到人类中心主义的质疑:一方面,建立在培根、笛卡尔机械的方法论和世界观基础上的现代科学具有鲜明的人类中心主义特征,对今天的环境危机负有不可推卸的责任;另一方面,如伽德洛维奇所说,科学归根结底是运用人类的词汇和概念框架来言说自然,它讲述的是人类自身而非自然的故事。对此,齐藤百合子指出,科学并不必然地同人类中心主义立场相联系,生态科学就是这样一种科学。至于伽德洛维奇的质疑,她说虽然无法脱离人类的视角,但科学在最大程度上做出了讲述自然自身故事的努力,因而将人类中心主义的标签贴在科学上面是不合适的。除人类中心主义外,科学面临的另一个质疑是科学有时会削弱甚至阻碍审美体验。齐藤百合子从两个方面改造了卡尔松的自然环境模式,以应对这种质疑。

改造之一是将科学划分为两类,一类科学体现了早期现代科学的思维范式,如物理学、化学,它们的确有时会使我们的自然鉴赏偏离审美轨道,如了解水的分子结构并无助于我们对瀑布和海洋的欣赏;另一类是地理学、生物学、生态学等自然历史科学,它们有助于扩展和提升我们的自然鉴赏,梭罗、缪尔、利奥波德等人为代表的北美自然鉴赏传统充分表明了这一点。改造之二是削弱自然科学知识在审美中的必要性和重要性,提高其他类型的叙述如地方传统、民间传说、神话在审美中的地位。虽然齐藤百合子承认这类叙述在一定程度上是将自然人化以便我们理解,但她坚持人类的这种介入是必不可少的,否则自然只能保持沉默。与联系主义者将人类价值视为评价自然的依据不同,"科学解释和民间叙述都是我们试图帮助自然向我们讲述自己故事的方式——通过感性外表了解其历史和运行"[1]。

齐藤百合子这种由自然环境模式改造而来的"多元模式"在一定程度上体现了自然鉴赏的多元性和灵活性,而且没有背离客观主义立场。不过,她没有深入论证:既然也是立足于人类视角,科学和民间叙述何以讲述的就是自然本身的故事? 这个问题是客观主义者无法回答的。客观主义的另一种表述是本质主义,但20世纪哲学的一个主题就是否定本质主义,认为对客观本质的寻求是徒劳无功的。这也就意味着客观主义立场本身是有问题的,齐藤百合子对卡尔松的自然环境模式的改造并不能使其完善,反而会导致新的问题出现,恐怕她很难回答下面这个问题:文学和民间叙述之间界限非常模糊,文学讲述的是否也是自然本身的故事?

(三)海德:后现代模式

托马斯·海德,加拿大维多利亚大学哲学系教授。他提出了另一种多元模式,认为一切有助于丰富审美鉴赏的因素和范畴都是适当的和重要的。他

---

① Allen Carlson and Arnold Berleant, ed., *The Aesthetics of Nature Environments*, New York: Broadview press, 2004, p.150.

取消了客观性,注重功能性,认为自然鉴赏需要"多种故事"(many stories)。这种模式更多地着眼于美学本身,较之齐藤百合子的模式更具有包容性和符合人们的审美实践,卡尔松称之为"后现代模式",意思是"什么都行"的鉴赏模式。

海德对卡尔松的自然环境模式提出了尖锐的批评,首先,卡尔松的理论前提——沃尔顿的艺术鉴赏理论——就不成立,决定艺术鉴赏的不是艺术分类和艺术史,而是我们对于艺术的审美知觉,"担心它们(艺术品)怎样来的就像是关注酒瓶上标明其来源的标签,或艺术博物馆里一幅绘画旁边的传记性提示:它把事物放在其背景中,但是对于适当地体验这个事物确是第二位的"①。其次,科学知识并不总是有助于审美鉴赏,它将我们的注意力转移到理论的、抽象的层面,而美学欣赏是对于事物的具体特征的欣赏。最后,科学也并非像卡尔松认为的那样是绝对客观的,它也是文化的建构,"毕竟,它们产生于特定的文化背景(如现代欧洲提供的文化状况),并且服从于非常明确的文化目标(通过将其运用于实际问题和发展科技使世界可以理解以及便于控制)。一旦我们认识到并非所有的社会都像我们认为的那样致力于或曾经致力于发展科学事业,这种科学的文化特性就变得显而易见了"②。这意味着科学提供的并不是对于自然的终极客观的解释,科学之于自然鉴赏的支配性作用也就失去了依据。由此,海德为发展一种功能性的、多元的鉴赏模式扫清了道路。

海德强调,和自然的审美鉴赏唯一有关的问题是功能性问题,即怎样丰富我们的感知经验和激发我们的想象力。一个有效的途径就是认识到自然故事的多样性,他区分并讨论了三种故事:一种是付诸语言的艺术故事,典型代表是关于自然的诗歌、散文、游记等文学作品。这类故事会为我们提供新的感知角度,扩展我们的感知视野,丰富欣赏对象的意义和美学特征,而且,可以使我们进入一个跨越时空的美学共同体与其他的鉴赏者进行交流。另一种是非艺术的故事,指没有经过有意识的文学加工的民间传说、神话、信仰等地方性知识。澳洲土著人的神话中,在外人看来相似的每一座山和每一条河都拥有不同的神圣意味和名称,他们眼中的自然具有外人无法察知的独特的知觉特征。与抽象的科学知识相比,这些地方性知识对于人们的审美鉴赏更有价值,因为它们将我们引向具体的自然客体、场所或事件。第三种是不付诸语言表达的故事,指各种非语言形式的文化资源,如绘画、雕刻、音乐、舞

---

① Thomas Heyd, *Encountering Nature: Toward an Environmental Culture*, Burlington: Ashgate, 2007, p.82.

② Ibid., p.90.

蹈、精致的食物和酒、墓穴、仪式性建筑等一切有助于审美鉴赏的事物。上述关于自然的多种故事都来自文化,的确如此,我们不可能用纯粹的目光去打量纯粹的自然,我们与自然的遭遇总是在文化的中介下进行的,即使卡尔松推崇的科学知识也是一种文化的建构。海德的自然鉴赏理论由此触及到了一些基本的、重大的哲学问题:自然和文化的关系是怎样的,客观和本质这两个概念究竟应怎样界定。这些问题超出了卡尔松的视野——他基本上是独断地给出了"科学知识揭示了自然本质"这样的命题,但最终他无法回避这些问题。

海德并不否认环境美学需要通向一种环境伦理,虽然他不像卡尔松和齐藤百合子那样认为客观主义是伦理态度的保证。"在我看来,自然审美鉴赏达到的范围越宽越好,这既是为了审美鉴赏本身——既然这是一种令人愉悦的活动,同时也作为一种途径激发出这样一种兴趣:去保护当前世界上尚存的少量相对来说还未被触动的自然。"①

(四)伽德洛维奇:神秘模式

和卡尔松、伊顿、齐藤百合子等人一样,斯坦·伽德洛维奇②认为环境伦理要求一种立足自然本身、非人类中心主义的自然美学。不过,伽德洛维奇不认为科学或地方性知识可以提供关于自然本身的叙述,因为科学和地方性知识在他看来从根本上讲述的还是人类自身的故事,他主张一种彻底超越人类视角的鉴赏模式——"神秘模式"。

伽德洛维奇区分了两种不同的环境理论:中心主义的和无中心主义的。他的这种区分同我们熟悉的人类中心主义和非人类中心主义的区分是不同的。通常我们依据在处理人与自然关系时是着眼于人类自身利益还是着眼于整个生态共同体的利益来区分人类中心主义和非人类中心主义。而按照伽德洛维奇的标准,这两种立场都是中心主义的,因为无论是人类中心主义还是非人类中心主义,都立足于人类视角,"任何旨在为了自身的栖息而保护地球的环境理论都是中心主义的"③。伽德洛维奇所说的"中心主义环境论"指的是某一意识和知觉(可能是人类的,也可能是其他动物)从自己的视角和价值观出发来看待环境。而在无中心的立场上,价值的表达不能反映出

---

① Thomas Heyd, *Encountering Nature: Toward an Environmental Culture*, Burlington: Ashgate, 2007, p.92.

② 斯坦·伽德洛维奇,加拿大卡尔加里大学(University of Calgary)芒特皇家学院(mount royal college)教授,在音乐理论、环境美学等领域颇有影响。

③ Allen Carlson and Sheila lintott, ed., *Nature, Aesthetics, and Environmentalism: From Beauty to Duty*, New York: Columbia University Press, 2007, p.135.

接受者的视角,因为没有这样的视角存在。在无中心主义的环境视野中,任何在生命形式和非生命形式之间做出的道德相关性的区分都消失了,在月球上开矿同在海洋中捕鲸涉及的道德问题是一样的,金星上的陨石坑和亚马孙雨林之间也没有什么区别。伽德洛维奇认为,任何中心主义环境论都存在局限,他们从自己的视角出发有分别地、偏袒地对待自然。自然保护主义者的环境观也是中心主义的,他们要挽救和恢复自然,却恰恰违背了自然的本性:任何事物都是要消逝的。"自然的内在流动性同保护主义是相矛盾的。保护主义者的冲动首先是一种文化价值而非自然价值的表达。保护、储存、维护、使不变和不朽——这些是传统的遗存、文化的特征。但自然不是传统和历史的部件,中心主义环境论者不能将自然作为一个整体来考虑,自然被他们分割得支离破碎。"①因而,自然保护主义者并不像他们认为的那样是以道德的态度对待自然,真正的道德态度是将自然当作自然——采取一种无中心主义的立场,这意味着人类要保持完全外在于自然,不以自己的利益、行动和观念对自然做任何的触动。

为了说明无中心的审美模式的特征,伽德洛维奇首先探讨了三种通常被认为是非人类中心主义的对待自然的审美态度:

第一种将自然看作和人相似的机体,从而赋予其和人一样的内在价值和权利,典型的例子是大家熟知的"盖亚"思想。伽德洛维奇认为:"盖亚看上去或者是一种毫无助益的生物形态的甚至人类形态的隐喻,或者是一种对我们的人类特性——迷恋于秩序、经济、组织、系统、功能、等级、合作、服从、相互作用等——的无意识的高扬。"②盖亚思想不过是将世界看作我们自身的图像,一种我们可以理解、欣赏和控制的图像,是通过所谓的地球智慧这样的隐喻来讲述我们自己的故事。

第二种是卡尔松的科学认知主义美学。伽德洛维奇指出,科学的历史总是伴随着对错误的观念、自负的幻想的不断扬弃,我们无法确知哪些科学观念和知识是终极正确的,也就无法确知我们欣赏自然所依赖的科学知识是否正确。更重要的是,科学理解的客体已经不再是原初的自然本身,"科学通过分类、量化和定型将自然祛魅化。在科学框架下,自然被从理论上划分、征服、创造从而变得可以理解。因此,客体在某种程度上是我们从神秘的沼泽中塑造出来的人工物"③。因而,"科学最终会使无中心主义者感到失望,因

---

① Allen Carlson and Sheila lintott, ed., *Nature, Aesthetics, and Environmentalism: From Beauty to Duty*, New York: Columbia University Press, 2007, p.135.

② Ibid., p.139.

③ Ibid., p.142.

为它提供给我们的只是一系列我们自己创造的图像","和其他人类事业相比,科学的人类中心主义倾向一点也不弱。如果我们指望科学给我们提供自然鉴赏建立其上的分类,我们不过是用一种形式的人类中心的认知代替了另一种"①。

第三种将地球看作与人类血脉相连的大地母球,要求我们尊敬和爱戴它。伽德洛维奇指出这种态度同样面临许多问题:首先,这种情感态度需要一个依据,如果这个依据同人类存在相关,就会不可避免地通向人类中心主义,那么这个依据是什么? 其次,这种情感态度是否可能? 我们能否说服人们以尊敬和爱来对待所有的自然物,包括那些让人厌恶和恐惧的事物。最后,这种情感主义只会引导我们欣赏我们所尊敬的自然,正如认知主义只支持我们所认识的自然,超出情感和认知界限之外的自然呢? 从根本上,情感主义还是没有脱离人类中心主义。

通常被视为非人类中心主义的态度都被伽德洛维奇定性为人类中心主义,那么究竟怎样才是无中心的? 伽德洛维奇的回答是:神秘、超然、无意义。超然意味着我们将自然看作和人毫不相关的、自足的整体,"有无限多的和我们无关的视角,无中心地理解自然就是要采取这样的视角从而达到审美的超然"②。超然比我们熟悉的审美无功利思想体现出的主客分离程度更强,它不仅要排除所有的个人经验和功利性目的,还要排除任何感知上的喜好以及知识、文化等一切因素的影响。采取这种彻底外在的超然视角观照自然时,自然之于我们的存在也就没有了任何意义,既不可理解(排除了认知)也不可亲近(排除了情感)。我们很难想象伽德洛维奇这种超然视角下的自然是怎样一幅图景,他说是——"神秘",无法言喻和不可消解的神秘。这种神秘不是科学无法解释的现象,因为我们在将那些现象称为神秘的时候就站在科学的视角上;它也不同于宗教的神秘,因为宗教的神秘关联到人们的存在;当然它也不是包含在崇高中的敬畏之情,无中心的审美要求排除和我们的存在、情感之间的一切关联。这种神秘才是自然的本来面目,只有承认这种神秘,我们才立足在无中心的立场上,才接近一种真正的自然鉴赏——指向自然本身的鉴赏。

"神秘模式"的问题显而易见,首先,这种无中心的视角如何可能。在"格式塔"心理学看来,人的知觉是一个复杂的系统,整合了已有的经验、情感、知识等各种因素,形成一个格式塔质的整体。按照这种观点,我们似乎无

---

① Allen Carlson and Sheila lintott, ed. , *Nature, Aesthetics, and Environmentalism: From Beauty to Duty*, New York: Columbia University Press, 2007, p. 142.

② Ibid. , p. 147.

以摆脱个人经验和文化因素的影响和渗透,用一种纯粹的、外在的视角来观照自然。伽德洛维奇也并没有给出具体途径,他说如果我们用禽兽的目光来打量自然的话,就摆脱了自我从而比较接近这种无中心立场,但问题是我们不可能真的将人类目光转换成禽兽的目光。当然我们可以将自己想象成一只禽兽并按照它的生活习性来想象它看待周围环境的方式,但这首先要建立在了解相关知识的基础上,而且充其量不过是一种移情——正如利奥波德要求的"像山那样思考",自我总会形影不离地跟在一旁。其次,即使这种无中心的审美是可能的,审美体验也只有一种,那就是神秘,无差别的、超然的、漠不相关的神秘。我们不禁要问,这种审美的意义何在?对于我们面临的日益严重的环境危机,以及不断沦丧的人性危机有何帮助?我们恐怕不能满足于这样的回答:它的意义在于它是一种道德的、对于自然本身的审美。最后,在人与自然关系的问题上,神秘模式采取了彻底分离的立场,这种立场显然是不合适的。众所周知,人类曾是自然的一部分,只是随着文明的发展人类才逐渐与自然脱离开来;而且,人类活动已经深刻地改变了这个世界,文化与自然如此紧密地缠绕在一起,我们很难再将它们彻底区分开。伽德洛维奇没有注意到这样一个悖论:他将人类自身彻底隔离于自然之外是为了避免人类中心主义,但这种做法恰恰凸显出人类与自然是不同的,从而在逻辑上重新陷入人类中心主义。

不过,伽德洛维奇这种取向鲜明但有些极端化的理论却引出了我们对一些哲学问题进行深入思考,如人与自然的关系,怎样合理界定人类中心主义,科学、文化与客观性之间的关系,等等。长期以来,作为艺术哲学的美学将自己的研究限定在文化领域之内,逐渐远离了哲学的基本问题,当我们将目光转向自然的审美时,才发现美学不仅仅是美学,它牵涉到一些基本的、重大的哲学问题,美学研究必须建立在对这些哲学问题深入探讨的基础上。

(五)布雷迪:整合模式

埃米莉·布雷迪①是环境美学界的后起之秀,她的宗旨是既尊重美学自身的逻辑,又努力使美学和环境伦理保持一致。她反对卡尔松严格的科学认知主义,认为自然鉴赏是一种多感官的审美参与,想象、情感等范畴发挥着重要作用;同时,她也不同意伯林特对主客二分的超越,认为"美学体验的特征来自欣赏者和环境之间的关系,而非与自然成为一体——人的存在的各个方

---

① 埃米莉·布雷迪,曾任美国兰开斯特大学"环境、哲学与公共政策"研究机构的高级哲学讲师,以及纽约市立大学布鲁克林学院公共政策研究所教授,2005 年加入英国爱丁堡地理研究所。

面都成为欣赏的组成部分"①。在这一点上她同卡尔松是一致的,认为主客二分的超越会带来客观性的丧失。在坚持主客二分的前提下,她对想象、情感等通常被视为主观性的范畴进行了重新阐释,指出它们的客体指向性和普遍性,从而发展了一种居于卡尔松和伯林特之间的、既体现审美独特性又坚持客观主义的自然审美模式。"整合美学的目标可以明确地表述为提供一种吸收了自然审美鉴赏的各种维度的非认知模式,它强调主体和客体在这种意义上的联系:主体的能力——诸如感知、想象、情感和思想——是对美学客体和环境的特征的回应。我的模式旨在包括一系列的个人体验同时又不和强烈的主观主义立场相连。无功利性是我的相应方法的特征。"②非认知、无功利和想象是她的整合模式的三个关键词。

1. 非认知的美学立场

布雷迪将当代环境美学家划分为认知和非认知两个阵营,认知阵营中有卡尔松、罗尔斯顿、伊顿,他们强调知识在环境鉴赏中的重要作用;非认知阵营中有赫伯恩、伯林特、卡罗尔、伽德洛维奇、福斯特等人,他们虽不反对知识在审美中占有一定地位,但反对给予知识以支配性地位。布雷迪将自己也归入非认知阵营,认为审美鉴赏始于审美感知,直接的、第一手的环境体验构成了所有自然审美评价的基础。她有保留地赞同伯林特的观点,认为审美是一种多感官的审美参与,视觉作为传统美学倍加推崇的感官形式主要关联到审美客体的形式,而听觉、嗅觉、味觉和触觉则同审美客体的本体相关。在审美活动中,这些感官往往相互作用,使审美感知复杂而微妙。

虽然同样主张多感官的审美参与,但布雷迪与伯林特存在一个重大区别。伯林特反对主客二分,认为审美体验是包罗万象、涵盖一切的有机整体,其丰富程度取决于参与的程度,无须做出任何有意识的选择区分以便将一些因素排除在审美之外。而布雷迪立足主客二分,认为审美感知必须以客体为指向,有些主体因素必须排除在审美之外,"通过感官参与获得的审美体验在很大程度上指向接受到的客体特征,而这些特征是由相关的感知能力为了审美鉴赏而付出一定程度的努力选择出的"③。布雷迪之所以强调审美感知的客体指向性和主体参与的选择性,目的是迎合卡尔松所要求的自然鉴赏的客观性。为达到这一目的,她重新激活了康德的无功利性概念——这正是伯林特极力反对的。

---

① Emily Brady, *Aesthetic of the Natural Environment*, Tuscaloosa: The University of Alabama Press, 2003, p. 121.

② Ibid., p. 185.

③ Ibid., p. 127.

2. 无功利性

布雷迪认为,康德的无功利性概念对于自然美学是非常有用的,它一方面将趣味判断建立在主体是否愉快的基础上,从而区分开了审美与认知,另一方面又排除了任何功利性目的,从而使审美判断围绕客体本身展开。布雷迪要求重新恢复无功利性概念的重要地位,以避开自然鉴赏中的主观性和人类中心主义,体现出对自然本身的尊重和伦理关怀。

然而,这一设想面临巨大的困难,因为无功利概念经受着美学和伦理学的种种指责:无功利性排除了身体的积极参与,是一种消极的静观;无功利性要求纯粹的主体和纯粹的审美客体,事实上并不存在这样的主体和客体;无功利性是一种形式主义主张,只关注对象的形式,这与尊重自然本身的环境伦理态度是不相容的;等等。对此,布雷迪一一为无功利概念进行了辩护,认为这些批评都源于误解。首先,在康德美学中,审美是一种积极的状态,是"想象力与知性的自由游戏",虽然他使用了"静观"一词,但主体心智领域始终处于一种活跃的状态,欣赏崇高时主体为把握对象付出的精神上的巨大努力更是表明了这一点。其次,对于康德要求的审美距离,布雷迪认为正确的理解是在审美主体和主体欲望之间设定距离,而非保持审美主体和审美客体之间的物理距离。再次,至于无功利性要求纯粹的审美主体和审美客体的指责,布雷迪认为也是一种误解,无功利的概念中并没有任何排除与主体或客体相关的语境、叙述和情境的意味,"欣赏蝴蝶时,我并没有和我是谁分离开来。我陶醉于它飞翔时的优雅和轻盈,可能是我仅仅陶醉于这个生灵表现出的欢乐,也可能是我将其和个人经验联系在一起——可能我把它的飞翔视为自由的象征。我的个人经验塑造和加深了我对客体的欣赏:它由我是谁来塑造并通过我附加在客体上的意义得到加深。我的反应仍然是无功利的,因为尽管我做出的联系塑造了我的反应但我并没被它们所占据,我是根据蝴蝶的优雅和美丽来对它进行审美评价而非根据任何它可能服务的目的"①。最后,布雷迪认为无功利概念并不必然关联着形式主义,概念和知识可以作为背景参与到审美中,只要我们将审美建立在感知而非概念和知识上,它们的参与就不会和无功利性发生冲突。还是以蝴蝶为例,"知道蝴蝶是从茧中的毛虫变来的可能增加我对其艳丽色彩的欣赏,如果这能使我认识到它在变形前后颜色的对比。这种知识是蝴蝶的故事的一部分,但它成为美学鉴赏中的合法部分因为它为我所欣赏的美学品质增添了意义"②。当然也有些知识和

---

① Emily Brady, *Aesthetic of the Natural Environment*, Tuscaloosa: The University of Alabama Press, 2003, p. 135.

② Ibid., p. 138.

无功利性不一致,它们改变了美学鉴赏的性质,"如果我高度评价这个蝴蝶是因为它的一些特别品质使它成为同类中的一个好的标本,那么我的评价就是根据生物学上的优点而非美学品质"①。无功利性并不排斥概念和知识参与审美,但反对概念、知识取代感知成为审美评价的依据,这是布雷迪针对形式主义指责为无功利性所做的辩护,也是对卡尔松以认知代审美的一个批评。

　　显然,布雷迪为了自己的目的对康德美学做了一些扭曲。康德的审美判断力批判是一种先验批判,进行审美判断特别是纯粹审美判断的主体是一种先验主体——脱离了自身实存仅运用先验能力对对象进行观照的纯粹主体。布雷迪有意模糊了这一点,将康德的先验主体"改造"成了携裹着个体经验和知识能力参与审美的现实的主体。她旨在表明无功利性审美是一种积极状态的辩护似乎有道理,但这种"积极状态"并不能体现为身体的积极参与,甚至也不是主体有意识的精神上的努力,它只是发生在主体的先验精神领域。审美距离在康德那里也不仅是主体和自身欲望之间的距离,而是先验主体和主体的实存之间的距离,以及主体的实存和对象之间的距离。对康德美学的最大扭曲是她针对形式主义指责的辩护,"自然的形式的合目的性"非常明确地规定了审美是对客体形式的单纯领会,无关概念和实存,康德的审美判断是一种主观的形式判断是毫无疑义的。总而言之,在康德美学中,无功利性旨在表明审美判断仅关乎对象的形式,而无关乎对象的实存,但布雷迪却将其解释为排除个人的功利目的,围绕对象本身(包括形式和实存)展开审美鉴赏。经过这样的扭曲,无功利性便成为保证审美的客体指向性的一个途径和手段。

3. 想象

　　想象是传统美学的一个非常重要的范畴,特别是在康德美学和浪漫主义美学中,想象是一个核心范畴。然而,在当代环境美学中,想象却必须被谨慎对待,因为它往往和主观性关联在一起。布雷迪认为,想象是一个非常宽泛的概念,主观性的幻想仅是其中的一种,想象也可以是一种和客体相关的理性活动,如罗杰·斯克鲁顿所说:"想象并不是仅仅产生人们不愿加以肯定的关于客体的描述,在某些方面这些描述对应于原始客体来说是适当的。想象是一种理性的活动。一个人的想象是为了产生关于某物的叙述,因而他要努力将自己的思想和对象联系在一起……他的想法必须因它们是'适当的'才能被考虑。"②想象并不必然和真理和客观性相对立,通过区分出与客体相

---

① Emily Brady, *Aesthetic of the Natural Environment*, Tuscaloosa: The University of Alabama Press, 2003, p.138.

② Ibid., p.150.

关的、严肃的与不相关的、无关紧要的想象,想象可以成为自然鉴赏中一种非常重要的精神能力。布雷迪区分出了同自然相联系的四种想象模式:探索性的、投射性的、扩展性的和揭示性的,对想象在自然鉴赏中的作用做了详尽的论说,并指出它们在自然鉴赏中作用的发挥取决于美学对象和鉴赏者的想象能力。

探索性想象在感知的指引下超出对象本身去寻求对象与更广大的语境之间的联系,将意义赋予感知,从而扩展我们对客体的美学把握。例如,面对一棵老橡树疤痕累累的树干,我们可能会想到它生活的环境和它经历的岁月,我们也许还会想到一位额头刻满皱纹的沧桑老人,这种想象显然拓展了审美感知的意义深度。投射性想象是一种"移情",将欣赏者本人投射到环境中,它可以拉近人与自然之间的距离,培养人与自然一体的感觉。比如,欣赏一棵高山植物时我们可以想象它在艰难的环境下求生的意志。扩展性想象是一种深刻的、穿透性的想象模式,它把美学客体放在历史语境中进行鉴赏,特别适用于那些暂时性的自然客体。面对一个芳草青葱的平静山谷,我们可以想象冰川是怎样塑造了它的形状,怎样漫长的地质演变使山谷成为现在的样子。齐藤百合子有一段精彩的评论:"正如在男人和女人的爱情故事中,'开头和结尾在所有情节中是最有趣的',因为这些阶段的故事最能激发人的想象力。我们尤其欣赏现阶段与之前或以后那些阶段的景象之间的细腻的对比,即使一个客体出于最美的时期,对它的欣赏也会因感伤——基于其现在的样子和以后将会变成的样子之间的明显对比——而得到深化。"①揭示性想象可以视为探索性想象高度发展的阶段,想象的创造性获得最大限度发挥,使我们在鉴赏中获得新的意义。例如,我们可以在关于羔羊的感知和想象中感受到什么是清白,在关于山谷、冰川的想象中感受到什么是力量。揭示性想象导向对世界的某种深刻的认知,类似于赫伯恩主张的形而上学的想象。

布雷迪对想象的阐释成功地表明想象在自然审美中发挥着重要作用,它丰富了我们对自然的观察视角,拓深了自然的美学意蕴,没有想象参与的审美将是非常枯燥贫乏的。没有人会质疑利奥波德对我们的要求——"像大山那样思考",而要达到这样的境界只能依靠想象,按照布雷迪的分类,就是要依靠一种投射性想象。可以说,想象在自然审美中的作用是不可或缺的,如果我们更细致地检查我们的审美体验,就会发现想象内在地同审美感知连接在一起,有时我们可能甚至感受不到自己运用了想象能力。布雷迪接下来

① Emily Brady, *Aesthetic of the Natural Environment*, Tuscaloosa: The University of Alabama Press, 2003, p. 157.

需要做的工作就是反驳反对者对于想象的质疑,区分"恰当的想象"和"与客体无关的幻想",以及理清想象与知识在审美中的关系。

反对意见认为想象只给人以娱乐,与客观、真实没有干系,而自然鉴赏的一个底线是真实性。持这种反对意见的美学家主要来自认知阵营。卡尔松的理论表述对想象似乎持一种不相容的立场,不过他所承认的历史、艺术、神话、常识等与审美相关的范畴的运用往往离不开想象,可见他对广义上的想象还是给予了一定肯定。其他的认知阵营的理论家大都认可想象在自然鉴赏中的作用但坚持想象的发挥要受到知识的限制。伊顿指出:"知识不仅加深想象性体验,它还指导它们或者应该指导它们,如果我们希望维护和设计可持续性景观的话。'恰当的想象'这样的概念是无意义的,除非一个人知道他所谈论的客体是什么,了解关于这个客体的情况以及和客体被发现的环境的情况(这些情况尽可能要真实)。"①布雷迪认为伊顿的观点存在两个问题:第一,要求每个人拥有地质学、生态学等专业知识是不合实际的。第二,恰当的想象可以建立在关于对象的常识的基础上,上文所举的关于橡树和高山植物的鉴赏的例子并不需要专业的植物学知识,有一些关于它们的常识即可。布雷迪举了一个有趣的例子:小孩把一个巨大、晦暗的山头想象成一个巨人的头颅,并不会因此吓得走开,因为他并不认为那真的是一个巨人的头,他知道自己在想象并颇有兴致地沉浸其中;而地理学家基于自己的知识也能对山的崇高、庄严进行欣赏,我们可以说一种审美反应比另一种更具有合法性吗?因而,自然鉴赏中的想象并不必然需要科学知识的指导。那么,怎样将恰当的想象同主观幻想区分开呢?布雷迪的回答是:将想象同无功利性结合起来。既然按照她的说法,无功利性可以使我们排除功利目的将审美注意力集中在自然客体身上,那么这种情况下的想象必然也是同对象相关的"恰当的想象"。而且,这样的想象虽然出自主体的创造,但具有普遍性和可交流性,因为这些想象是由客体的美学特征以及与之相关的观念所激发的,在这一点上,布雷迪和卡罗尔的思路是一致的,后者认为情感虽是主观的,但同样可以解决客观性的问题。

可以说,客体指向性是布雷迪为想象辩护,也是她区分恰当的想象和不适当的幻想的关键所在。也正是站在客体指向性上,她赞同卡罗尔为情感在审美中的作用所做的辩护,同样她也认可自然的表达性(如自然景观的粗犷、忧郁等)是其审美品质的重要组成部分。至于科学知识,布雷迪认为自然鉴赏中可以有它的一席之地,但并非是必需的。精深的专业知识只为少数

---

① Emily Brady, *Aesthetic of the Natural Environment*, Tuscaloosa: The University of Alabama Press, 2003, p.162.

人所拥有,而常识和地方性知识却为多数人拥有,民俗、传说、诗歌以及饱含生态智慧的故事和描述在人们的审美实践中发挥着远甚于科学知识的作用。

总而言之,布雷迪展现了一种相当灵活的折中立场,一方面她基本上遵照美学逻辑,承认想象、情感等主体因素参与审美的合法性,对自然审美现象做出了较为贴切的描述和阐释;另一方面,她又要求以审美的无功利来保证客观性,以体现一种环境伦理态度。她本人也认为自己的美学模式整合了各种自然鉴赏维度,可以迎合和指导各种个体的自然鉴赏,无论他们是否具有专业的自然科学知识;而且,她的开放的美学模式有助于为制定最好的解决环境问题的方案提供美学上的支持。

不过,尽管布雷迪的理论及相关论证较之赫伯恩、卡罗尔等人要细腻得多,但仍有一些关键的甚至是致命的理论缺陷。一个根本的问题是,既然站在主客二分的立场上要求鉴赏的客观性,那么,就必须面对卡尔松的问题:自然的客观本质是什么?布雷迪回避了这一问题。她不能就自然的本质问题给出可以和科学主义相抗衡的观点和论证,也就不能从根本上驳倒和取代认知理论。因为在认知理论看来,只有基于客观本质才能真正保证自然鉴赏的客观性。另一个问题是,从理论上无功利性原则可以保证审美的客体相关性,但当我们考虑到具体的审美实践时就会发现布雷迪的理论仅仅是一种设想。如果有意识地去区分哪些想象是同客体相关的,那么我们会发现我们根本就不能进行任何想象了,难以想象面对一片荒野,我们可以先判断一下关于这片荒野上曾经进行过一场惨烈的战争的想象是否与荒野的审美鉴赏相关,再去想象一幅尸横遍野的画面。审美想象应该是自由的,不能在这样的理性的监督下进行。但若抛开这种有意识的判断,区分想象与客体的相关性和不相关性就变成了一句空话。情感和个人经验等主体因素参与审美面临的局面同想象是一样的。布雷迪的理论可以用来对自然审美的材料进行分析评价,却不能用来指导审美实践,她的理论整合很难说是成功的。

本节关于自然鉴赏模式的探讨表明,一种新型的自然鉴赏模式必须首先体现美学活动的特征,充分肯定想象、情感、直觉等心理机能在审美中的作用,同时,还必须在审美中体现一种环境伦理,以应对日益严重的环境危机,自然科学知识因而不可或缺。环境美学家们大都强调其中一个方面而忽略了另一个方面,这导致他们的鉴赏模式都不同程度上存在缺陷。卡罗尔和布雷迪试图通过论证情感、想象具有客体指向性以调和审美参与和审美的客观性,但正如前文我们所分析的,他们的努力都是不成功的。笔者以为,情感和想象在审美中的作用是无可置疑的,问题出在审美的客观性上。他们都认可了卡尔松的观点——唯有客观主义才能体现对于自然的伦理态度,但卡尔松的观点是有问题的,对于自然的伦理态度并不必然要和客观主义联结在一起,后者基于主客二分和本质主义的思维方式,早已为生态学和后笛卡尔哲学所抛弃。

在笔者看来,也许为应对环境伦理的挑战发展一种自然鉴赏模式的思路本身就有问题,它假定存在一种特定的自然鉴赏模式,只要按照这种模式进行审美"操作",审美就变得富于伦理意味。其实,不存在这样一种方便的、可以推广的模式,要想使自然鉴赏同环境伦理保持一致,我们必须加深对自然的了解,并培养对自然的伦理情感,具备了这两个条件,我们自然会以一种正确的、伦理的态度对自然进行审美鉴赏。换句话说,我们需要的不是鉴赏模式,而是一种崭新的自然审美观,它建立在我们的自然观、价值观和伦理观等一系列的转变之上。当然,这绝不是说自然鉴赏模式研究毫无价值,环境美学家们对知识、想象、情感在自然审美中的作用做了详尽、深入的探讨,对于我们深化对审美感知和审美心理机制的认识还是很有助益的。而且,自然鉴赏模式研究中揭示出了一些自然美学发展要面对的深层问题,如美学与伦理的关系、科学与文化的关系、人与自然的关系等,对这些问题的追问将有助于推动自然美学的发展。另外,自然审美的研究也为环境美学家们研究环境审美提供了一个范式,卡尔松、伯林特等人都把各自关于自然审美的理论扩展到环境审美中,进而构建起了环境美学的理论体系。

第二章　从自然到环境
——环境美学的体系建构

　　环境美学的建构和发展受制于对环境的理解,而对环境的理解又同人的思维方式和世界观有着内在联系。众所周知,在西方哲学和思想史上,主客二分的思维方式长期占据着主导地位,经古希腊哲学、普洛丁主义、新柏拉图主义和中世纪基督教神学的发展,到以笛卡尔为代表的早期现代哲学中趋于成熟。在主客二分的思维方式下,人是拥有理性能力的主体,而环境是和主体相分离的客体,是主体生活于其间的"容器"。进入 20 世纪以来,主客二分的思维方式受到越来越多的质疑,现象学、实用主义、解构主义等哲学和思想流派从各个维度对其进行了解构,主张超越主客二分,将人与世界万物看作一个不可分割的整体。在这种新的思维方式下,环境不再是与人相分离的客体,而是涵括了人的意向性和价值评判、与人的存在息息相关的浑然整体。

　　受以上两种思维方式和环境观的影响,目前西方环境美学界存在着两种不同的建构取向:一种是客观主义的,一种是整体主义的。两种环境美学都要求我们谦逊地看待人类在世界中的地位,尊重和保护环境,使美学通向一种环境伦理。不过,二者在哲学基础、体系建构、美学的理解和应用等一系列问题上都有着显著的不同。研究环境美学需要我们对这两种环境美学的建构理路、主要观点和美学品格等进行梳理、探究和评价。

　　在本章探讨的四位环境美学家中,卡尔松和瑟帕玛主张客观主义,伯林特和布拉萨主张整体主义。卡尔松和伯林特的自然美学观点上一章已做了探讨,本章我们将对他们的理论体系建构进行全面的勾勒。卡尔松将自然鉴赏中的科学认知主义扩展到整个环境的鉴赏中,坚持"审美对象的本质支配审美鉴赏"的思路,将"功能上的适合"作为鉴赏建筑、农业景观和城市景观的重要原则。伯林特则认为身体才是环境体验的主体,他拆除了主体与客体、美学与生活之间的边界,要求发挥环境美学在建造和重塑环境中的作用,使环境成为适合人们居住的场所和家园。

　　瑟帕玛曾师从卡尔松,与后者在许多问题上保持一致,他的独特之处在于从分析美学出发,将环境美学视为和艺术哲学相平行的一种"元批评",并以艺术哲学为范例,构建起了一个"环境美学模型";布拉萨则将伯林特关于环境体验的研究推向深入,发展了一种"三分的理论框架",对审美感知结构做出了更为精致、深入和有说服力的阐释。他还提倡一种"批判的区域主义",以对抗建筑和景观设计中的现代主义和后现代主义。

上述四位环境美学家在环境美学界都颇负盛名,尤其是卡尔松和伯林特,被称为环境美学界的"双子星座"。在笔者看来,伯林特和布拉萨才代表着环境美学的未来,但卡尔松和瑟帕玛也提出了不少洞见,他们的理论可以被整合进伯林特和布拉萨提出的富有包容性和开放性的整体主义美学范式中。

第一节　卡尔松:科学认知的环境美学理论体系

卡尔松以其自然美学研究而闻名,他的旗帜鲜明的科学认知主义和自然全美论在环境美学界影响巨大,成为很多人构建自己理论的一个起点或参照。卡尔松也把科学认知主义贯穿到各种人类环境的鉴赏中,使自己的环境美学体系呈现为一个逻辑上高度一致的整体。

(一)客体论环境观与环境美学的客观主义立场

站在主客二分的立场上,环境是外在于我们的一种客体,它环绕着我们,构成我们生存的空间,并供给我们生存所需的物质资料。《牛津英语词典》对环境的定义典型地体现了这种思想,"一个人或一个社区能够在其中生活、工作、发展等的氛围或条件,尤其是指自然条件,或者是指某件事情存在着或正在起作用;影响动植物生活的外在条件。再者,与生命之可能性维度相关的自然条件"①。这种环境的客体论也为一些环境美学家所接受,在卡尔松的文字中,环境是不言自明的,那就是我们周围的整个世界;瑟帕玛也认为,"环境围绕着我们(我们作为观察者位于它的中心),我们在其中用各种感官进行感知,在其中活动和存在。问题在于感知者和外部的关系,就算没有感知者,外部世界依然存在"②。

毋庸讳言,这种客体论环境观在历史上产生了负面影响,对当前的环境

---

① 转引自 [美]詹姆斯·奥康纳:《自然的理由》,唐正东、臧佩洪译,南京大学出版社,2003年,第39页。

② [芬]约·瑟帕玛:《环境之美》,武小西、张宜译,湖南科学技术出版社,2006年,第23页。

危机负有重要责任。主客二分向来是一种等级制下的二分,主体作为拥有理性能力的万物之灵高高在上,而客体只是作为主体可资利用的工具和资源匍匐在主体脚下。由此主客二分通向一种人类中心主义的价值观,人类主体的价值至高无上,而客体自身没有内在的、独立的价值,它的价值依附于主体,我们可以肆意对自然进行开发和压榨而不必负担任何伦理上的罪责。人类中心主义价值观加上一次次的科技革命带给人类的巨大力量,加速和加重了人类对自然的剥削和掠夺,生态系统由此遭到极大破坏,环境危机日益加重。

不过,建立在客体论环境观之上的环境美学并不必然就是一种人类中心主义的美学,相反,它体现了强烈的伦理关怀,要求我们尊重自然和环境客体,如其本然地对其进行鉴赏,反对将人类的主观意愿强加于客体之上。在卡尔松看来,主客二分甚至是发展一种非人类中心主义的环境美学所必需的,"没有主体/客体的区分,自然的审美经验就面临着一种蜕化的危险,即仅仅蜕化为一种飞速飘逝的主观幻象"①。同人类中心主义有着内在关联、对环境危机负有重要责任的主客二分思维方式反而成为发展非人类中心主义美学的必须,这似乎难以理解。其中奥妙在于:虽然主张主客二分,但环境美学家们并不像现代早期哲学那样看待主体和客体之间的关系。在他们看来,客体自身有其独立的价值,主体在客体面前应该保持一种谦卑的态度,而不是作为唯一的价值承担者高高在上;不仅等级制在一定程度上被取消,主客之间也不再是完全对立和分离的,二者都是生命大系统的组成部分,他们的存在和命运息息相关。

立足客体论环境观的环境美学必然走向一种客观主义。在卡尔松及相关环境美学家看来,客观性可以确保我们的审美判断与我们的伦理义务相联系,有助于环境的维护和保存。传统的自然美学具有浓重的人类中心主义倾向,人们将主观趣味强加于自然之上,有选择地对自然类型的某些方面进行鉴赏,从而歪曲了自然的本来面目。因而,"如何正确地鉴赏自然"是发展当代自然美学的中心任务,其总的原则是按照自然本身的样子对其进行鉴赏,即强调自然鉴赏的客观性。自然如是,环境亦如是,我们要划分不同的环境类型并展开本体上探讨,以便找到各自适合的鉴赏方式。

(二)"功能上的适合"——人类景观的鉴赏

卡尔松将与我们的工作、娱乐与日常生活密切相关的环境类型冠名为"人类环境",包括农业景观、城市景观、建筑、园林等等。对于人类环境的鉴

---

① [加]艾伦·卡尔松:《环境美学——自然、艺术与建筑的鉴赏》,杨平译,四川人民出版社,2006年,第20页。

赏,卡尔松延续了科学认知主义的思路,提出将"功能上的适合"作为总的指导原则,"我们人类环境的任何事物,如同在自然环境一般,都不能孤立地进行欣赏。每一个建筑物,城市景观或者其他景观类型必须在'功能上的适合'这一方式上,与其周边更大范围的人类环境一同进行欣赏。未能做到这点将经常失去许多审美趣味与审美价值"①。"功能上的适合"意味着我们必须对审美对象的"功能"有所认知,"功能"至关重要。那么,把握卡尔松"功能"概念的指涉,就成为我们理解和评判他的理论的关键所在。

卡尔松首先指出,在自然世界的鉴赏中,"功能上的适合"意味着审美鉴赏的生态学途径。自然世界是由多层的、连锁的生态系统所构成,每一种生态系统自身必须与其他各种不同的生态系统彼此间适合,并且每个系统中的任一元素在其系统内部也同样彼此适合。没有这种适合,无论是单个有机体还是整个系统都无法生存下去。因而,在自然鉴赏中,我们不能将自然感知为一系列的静态风景,或一些彼此脱节的自然物体,每一个成分都必须依据其与尺度更大一些的整体彼此间适合来进行感知。可见,"功能"指的是自然物在生态系统运行中的功能,"功能上的适合"意味着自然审美必须结合其在生态整体中的作用来进行,以生态学为代表的自然科学知识在审美中的作用举足轻重。

卡尔松进而转向人类环境,指出人类环境也是一个类似于相互连锁的生态系统,"功能上的适合"同样是审美鉴赏的核心。"'功能上的适合'的成败与否最终决定着人类环境的命运——我们是否能够生存下去。"②在此,卡尔松对"功能"做了两个层面上的解释。第一,是环境在物质层面上之于人类社会运行的功能。比如对于铁路调车场与海港,我们应该结合这些运输形式使工业和商业变得异常便利的功能进行鉴赏,鉴于它们在我们现代社会中是不可或缺的,我们不能轻率地在审美上进行否定。第二,是环境在精神、伦理等层面上之于人类社会运行的功能。一处高档住宅区,如果事实上是种族主义、资源掠夺和政治腐败的结果,那么就不应获得正面的欣赏和评价,因为它表现出的"生活价值"是负面的。这里卡尔松再次流露出其"伦理中心主义"的关切,"生态途径通过认同在我们审美欣赏中环境所表现出来的生活价值的地位,使得在道德与审美在看上去面临冲突时,促成前者的价值高于后者"③。

人类环境的"功能"因而被赋予了非常丰富的内涵,"人类环境不但反映

---

① [加]艾伦·卡尔松:《环境美学——自然、艺术与建筑的鉴赏》,杨平译,四川人民出版社,2006年,第76页。
② [加]艾伦·卡尔松:《自然与景观》,陈李波译,湖南科学技术出版社,2006年,第63页。
③ 同上书,第70页。

并表现人类自身,而且在这种环境中,他们的情感、态度和倾向,甚至整个的文化都获得了全新的阐释,这些都是审美欣赏的本质,而非欣赏的旁枝末节"①。对于教堂来说,"是否该场所使得一个人变得谦逊起来"或者"它能激发我们的敬畏甚至畏惧吗"这样的问题都应该成为我们的欣赏结构的一部分,因为这些是它的功能的一部分。

显然,卡尔松的"功能"不同于 20 世纪建筑中的"功能主义",后者主要是在物质层面和工具层面上来阐释功能,正如柯布西耶那句名言所表达的——"房子是居住的机器"。卡尔松的"功能"还涵括了环境中的人文精神以及环境与更大范围的环境在各个方面的协调。"'功能主义'的着重点只是放在某个单体建筑的功能上,并且目标是在艺术层面上对这些建筑物进行设计并适应它们功能罢了。因此,将它与生态途径相比,后者更有意义,因为生态途径不仅仅强调特定建筑物的功能性,而且强调整个人类环境范围内所有成分之间的'功能上的适合'。"②下面,我们以农业景观和建筑的鉴赏为例来看看卡尔松是怎样将功能性原则运用于鉴赏的。

机械化耕作带来的农业景观在审美上通常得不到正面的评价,大片平整的土地,单一的作物,泛着冷冷的金属光泽的农业机械,一切都表明了审美上的贫乏。与之相反,我们总是会怀念曾经的田园风光,农舍、家畜、篱笆、果树、孩子……田园景观给我们以审美的多样性,承载着我们丰富的联想和细腻的情感。卡尔松却认为,对于新农业景观的否定评价是由于我们不熟悉它,缺乏能够感受它的美的眼睛,正如立体主义和未来主义艺术刚被介绍到美国时也曾遭受冷遇。要想鉴赏一处新景观,我们必须像对新艺术运动一样,用其自身的术语欣赏它。如果我们走出对于过去的回忆和偏见,改变我们的欣赏眼光,那么新农业景观同样具有审美价值。"农庄如今在景象上不仅更整齐和更干净,而且具有一种有秩序的清晰度。均衡空间化的,精确方形化的和完美垂直化的铝结构的序列整个获得一种强化地金属般的和大胆地几何形的美。"③新农业景观呈现出的是同旧日细腻的田园风光不同的美,它气势恢宏,令人震惊,"当从高地或一架低飞的飞机上欣赏时,这些景观在力量和戏剧性上最匹配抽象的几何性绘画。当站在它们中间时,美席卷每一个人"④。形式美仅是新农业景观应该得到赞誉的一个次要方面,更重要的,

---

① ［加］艾伦·卡尔松:《自然与景观》,陈李波译,湖南科学技术出版社,2006 年,第 73 页。
② 同上书,第 75 页。
③ ［加］艾伦·卡尔松:《环境美学——自然、艺术与建筑的鉴赏》,杨平译,四川人民出版社,2006 年,第 270 页。
④ 同上书,第 271 页。

是它作为一处"功能性景观"良好地履行了特定的功能——生产性和可持续性。巨大的地块和高效的农业机械，都应该按照它们良好地实现其功能的方式来鉴赏：外观上崭新、干净和整洁，代表了精巧、效率和经济等"生活价值"。在现代世界，规模化、机械化和单一栽培可能是无法避免的，也就是说，大量这样的景观对于我们的生存而言是必需的，因而它应该博得我们的尊重，以及审美上的肯定。

在这里，卡尔松陷入了一个困境。从短期的人类利益来看，新农业景观具有良好的"功能性"，承载着满足人类需求的高效生产力。但从生态学的角度来看，新农业景观有着诸多的弊端：单一栽培改变了土壤的结构，也使得生态系统变得极为脆弱；化肥、农药的使用使作物获得高产，也污染了水、土壤乃至大气；新农业景观依赖能源的消耗，这进一步加剧了困扰人类的能源危机。那么到底新农业景观是"良好设计的范例"还是"一整片功能紊乱的系统"？对此，卡尔松左右为难，给出了一个很含糊的回答——"完全取决于一个具有经验的主体如何就事论事地对其做出评判"①。这种相对主义的回答显然不能让我们满意，也有违他坚决捍卫的客观主义理论立场。同时，他的"以认知代审美"的缺陷再次凸显：对农业景观的审美被对其功能性的认识所代替。

与农业景观的鉴赏相比，卡尔松关于建筑的鉴赏说出了更多的真理。他首先指出，建筑本质上是一种功能性设计，因而和许多艺术形式的鉴赏不同，建筑的鉴赏具有更广泛的基础，更少孤立的经验，"在建筑和世界之间，以及这个世界的审美观念及其伦理的、社会的、政治的甚至经济的观念之间，边界都没有这么严格"②。对建筑的鉴赏需要综合考虑它的各种功能：实用上的，情感上的，伦理上的，等等。其次，建筑与地点的相配是建筑的一种本质维度，建筑的鉴赏必须考虑它与地点的关系。一座与地点不配的建筑会给人以审美上的侵犯，使人感到突兀和怪诞。成功的设计应该将建筑塑造得与周围的环境和谐共生，使人感到其必然如此。卡尔松以波士顿博伊斯顿大街上的两座塔楼为例对此进行阐明：一座被描述为这个街区的"不速之客"，一个"都市风景的鲁莽入侵者"，引发了公众的抗议；而另一座则将设计与地点和周围空间的需要结合起来，舒服地融入整个街道景观之中，被称为"拯救"了整个地点。建筑与地点是否相配直接影响其功能的实现——如果我们对功能的理解超出直接的实用层面。最后，形式服从于功能，我们对建筑的鉴赏

---

① ［加］艾伦·卡尔松：《自然与景观》，陈李波译，湖南科学技术出版社，2006年，第106页。
② ［加］艾伦·卡尔松：《环境美学——自然、艺术与建筑的鉴赏》，杨平译，四川人民出版社，2006年，第287页。

应该考虑它是否完满地实现了其功能。一座内部为服装店和小饭馆所充斥的废弃的火车站,即使其外壳依然宏伟如故,也不能再彻底地得到鉴赏,因为外部形式与内在功能之间缺乏任何真正的相配。

以上三个方面都涉及建筑的功能,在卡尔松看来,"功能"是建筑的本质,要如其本然地鉴赏建筑就必须考虑它的功能。不同类型的建筑诉诸不同的功能,其实现不仅体现在使用上,还体现在其施加于人的伦理、情感、象征等种种意味是否适当上。毫无疑问,卡尔松道出了一些真理,他的上述观点也体现在斯克鲁顿、伯林特等人的有关论述中。不过,卡尔松对鉴赏者的要求是很高的,对于一座现代建筑物,如金融中心、商业大厦,似乎我们很难对其功能进行全面地考察。另外,同新农业景观的鉴赏一样,当我们着眼于不同的角度对一座建筑是否完满地实现了其功能产生异议时,该怎样进行鉴赏?最重要的是,卡尔松似乎忽略了人类环境是生态大系统中的组成部分,缺少对人类环境鉴赏中的生态维度的关注。虽然他明确指出"功能上的适合"是一种人类环境欣赏中的"生态学途径",但这儿"生态学途径"只是一种类比的说法,意指人类环境范围内的各种成分也是相互联系的,如同一个生态系统。在人类环境和自然环境之间,卡尔松存在着某种程度的断裂,生态学上的关注似乎只在自然鉴赏中得到体现,这显然是不够的。其实,生态不仅是自然环境,也是人类环境的一个重要维度。

(三)审美相关性研究及环境教育

卡尔松指出,对于景观的鉴赏,经典形式主义和后现代鉴赏模式是两个极端。经典形式主义仅仅关注对象的形式特征,排除一切非形式的维度;而后现代模式则认为任何事物都与审美有关,都不应被排除在外。形式主义过于狭隘,后现代模式则过于宽泛,二者都不能使景观得到客观的、如其本然的鉴赏。因而,"审美相关性"研究便成为环境美学的核心问题之一。

形式自然是同审美密切相关的,传统自然美学中形式一直是审美的最重要甚至是唯一的维度。不过,卡尔松并不认为我们可以单独就纯粹的形式(一种纯粹的线条和色彩的组合)进行鉴赏。任何一处在形式上打动我们的景观,其实都融入了对内容的把握,景观的形式和内容是无法截然割裂开的,与其说仅仅鉴赏线条、形状和色彩,不如说是鉴赏特定事物的线条、形状和色彩。就此而言,常识作为内容的基本类型是欣赏景观所必不可少的知识,我们不可能在连对象的最基本信息都不知道的前提下对其进行正确的鉴赏。

科学知识作为常识的拓展和对象本质的揭示也是审美鉴赏所必需的,它能够保证鉴赏的严肃性、深刻性和客观性。接下来进入卡尔松视野的是历史——景观在历史上的使用,而非景观的自然史(这一方面由科学知识揭示和提供)。景观的形成往往受到人类活动的塑造,不了解这些历史,我们也就不了解景观何以呈现现在的样子,也就谈不上恰当的鉴赏。和景观在历史上的使用一样,景观的当代使用也具有审美相关性,它正在改变着景观,是景观"持续进行的创作史"的一部分。

上述五个方面都与景观的直接事实有关,对于任何欣赏者的恰当的鉴赏都是必需的。相比之下,神话、符号和艺术并不对景观的直接存在产生影响,与"景观的创作史"无关紧要,虽然它们无可否认地会通过引发我们的想象而丰富我们的审美鉴赏,但这只对于特定的个人、群体和文化才是有意义的,因而它们只在相对的、语境的意义上,具有审美相关性。

既然人们的审美感知需要正确地引导和规范,那么审美教育就是非常必要的。审美相关性的探讨为审美教育的课程设置提供了依据。在卡尔松看来,核心科目即对于任何欣赏者都是必需的知识,包括形式、常识、科学、历史以及当代使用,可供选修的辅助科目则是神话、符号和艺术三个。核心科目将在各个语境中作为基础予以教授,至于选修科目则取决于不同的语境和文化背景。

(四)环境美学建构的客观主义取向存在的问题

卡尔松作为环境美学的理论奠基人,对环境美学的发展做出了巨大贡献,他对形式主义进行了不遗余力的批判,将生态学视野引入美学,强调环境美学的伦理意味,这些都是环境美学的宝贵财富。不过,卡尔松的环境美学存在一些深层次的问题,这些问题直接决定和制约了环境美学可能达到的高度和未来的发展。下面我们提出的批评不只是针对卡尔松,同样也适用于瑟帕玛,及一切立足客观主义构建环境美学的美学家。

1. 思维范式的陈旧

客观主义取向意味着一种主客二分的思维方式,无论对于卡尔松还是瑟帕玛,环境都是外在于主体的客体。众所周知,传统主客二分哲学中对主体的推崇使其总是同人类中心主义相伴而生,对于日益严重的环境危机难辞其咎。20世纪,经过现象学、存在主义、实用主义、解构主义以及后现代主义、后殖民主义、女权主义一轮又一轮的消解和颠覆,主客二分这种陈旧的思维方式在学术领域已经被弃之如敝屣了。当代环境思想更为重视人与环境之间的关联而非区分;进化论和生态学从根本上揭示了人与自然的同源一体性;人文地理学、文化人类学乃至精神分析哲学都揭示了文化的自然根基,自然构成文化的深层维度并将最终制约文化形态能否长期存在;环境史的研究表明环境的形成同人类实践活动密不可分，"环境史就是对政治、经济、社会与文化的历史的兼容（和扬弃）"①；而环境心理学、环境行为学等当代环境学科也表明人总是一定环境中的人，要受到环境的影响和塑造。总之，人与环境不是彼此外在，而是密切关联的整体，我们既不能脱离环境来理解人，也不能脱离人来理解环境。这种当代环境思想显然有助于发展一种真正的环境伦理，既然人与环境是一个不可割裂的整体，其命运息息相关，那么我们自然应该像爱护自身一样爱护我们的环境。深层生态学正是在这个意义上，要求我们从"小我"的束缚中摆脱出来，将伦理关怀扩展到作为"大我"的生态共同体。

虽然卡尔松等客观主义者并不像早期现代哲学那样看待人与环境之间的关系，他们也认识到人应该尊重自然，认识到环境的好坏关系到人的生存质量，但主客二分的思维方式还是从根本上制约了他们对这一问题的深入理解。在卡尔松看来，只有区分开主体和客体，才能排除主观性，如其本然地对客体进行鉴赏，因而主客二分是一种非人类中心主义美学所必需的。这种看法也体现在伊顿、齐藤百合子等人的言论中，是客观主义者们共同的立场。这种观点的谬误之处至少体现在以下三个方面：

第一，对人类中心主义和非人类中心主义的理解有问题。人类中心主义和主客二分的思维方式是相伴而生的，只要坚持二元论，就无法彻底摆脱人类中心主义的纠缠。卡尔松的客观主义实质上是要求一种"客体中心"，然而，我们谈论的自然始终是人眼中的自然，我们使用的语言和范畴也都是人类的创造，这种"客体中心"无法否定认知主体作为另一个可能的"中心"的存在。而且，"客体中心"在涉及实际问题时很难得到贯彻，卡尔松以"功能性"为依据对以规模化、机械化、高耗能、单一栽培为特征的新农业景观采取肯定的态度，正是立足人类自身的利益，而非整个生态系统的利益。虽然他声称这是如其本然地进行鉴赏，但显然还是一种"人类中心"。真正做到非人类中心主义只能采取无中心的立场，不仅取消"人类中心"，也要取消"客体中心"。20世纪作为哲学主流的反本质主义否认事物有所谓的"客观本质"，只有这样才能从根本上取消认知主体作为中心的存在，这也是解构主义之所以致力于取消一切对立和边界的原因。

第二，卡尔松把非人类中心主义等同于客观主义，也就将人和自然对立起来。人的生命源于自然，自然是人最本源的属性，因而人文精神和环境伦理从根本上是一致的而非对立的，人的价值、利益能够也应该和自然的价值、

①　［美］詹姆斯·奥康纳：《自然的理由》，唐正东、臧佩洪译，南京大学出版社，2003年，第92页。

利益取得一致。固然,特定时期的人文主义由于高扬人的主体性,对人类中心主义价值观负有一定的责任,但我们不能由此认同一种反人文主义的"生态中心主义",这无论在理论上还是在实践上都是行不通的。正确的态度是发展一种"生态人文主义",协调与平衡人与自然之间的关系,共生共存,互相促进。

第三,对审美与伦理的关系做了简单化处理。卡尔松的逻辑很简单,排除主观性的客观主义就是一种道德的态度,就能够通向环境伦理,对自然的保存做出贡献。他忽略了一个明显的事实:在他极为推重的自然科学没有得到充分发展的前现代社会,尤其是在一些非西方的文明中,比如中国,人们既拥有丰富的自然审美体验,又怀有强烈的自然环境伦理意识,而且二者相互渗透,相互促进。他们的自然鉴赏按照卡尔松的客观主义标准只能算是主观的,但我们没有理由将他们排除在环境美学的构建之外。

总而言之,主客二分的思维模式不能成为发展环境美学的基础,虽然客观主义取向的环境美学在环境美学发展的初期起到了巨大的推动作用,也在某些问题上取得了一定突破,但它不能代表环境美学未来的发展方向。

2. 审美的理性化和以认知代审美

人类的审美感知从来不是一种纯粹的感性活动,正如马克思所说,"五官感觉的形成是迄今为止全部世界历史的产物"①。当代格式塔心理学也认为,人的知觉是以感觉为基础的超感觉的整体。不过,在承认理性因素对审美介入的同时,我们也不应忽略:审美毕竟奠基于人的感性能力,它有着不同于认知和伦理的独特逻辑。为了审美的客观性,客观主义者们强调自然科学知识对于自然鉴赏的重要作用,但他们没有对知识参与审美的方式做出说明,导致了认知对审美的僭越。

审美的评判不同于认知的评判,它是一种感性的直觉,而非理性推理的结果。我国学者刘成纪指出,身体对人的审美感知始终具有奠基作用,它是审美活动必不可少的维度,"在人的一切感知能力的背后,存在着一个使一切感知成为可能的终极主体,这个终极主体就是作为人的感受力、想象力等一切感性认识能力本源的身体"②。一旦脱离了身体维度,审美活动就不复存在。知识参与审美必须经过一个"身体化"的过程,即在身体的自组织作用下成为审美直觉的一部分,一旦其凸显在意识中被运用于分析推理,认知就取代了审美。

---

① [德]卡尔·马克思:《1844年经济学哲学手稿》,人民出版社,2000年,第87页。
② 刘成纪:《自然美的哲学基础》,武汉大学出版社,2008年,第54页。

　　我们不否认自然科学知识在自然鉴赏中的重要作用,但却不能接受将自然科学知识支配下的鉴赏视为唯一"正确"的鉴赏方式。无论卡尔松还是瑟帕玛都强调一种科学的而非宗教的世界观,是进行"正确"审美的前提条件。但众所周知,现代意义上的博物学、生态学、自然史等学科不过是近两个世纪内的事情,我们是否应该据此断定,那些前现代时期达到了人与自然和谐相处的文化形态中,就没有正确的自然审美体验?佛教、道教的生态智慧和生态神学的发展就不能作为环境美学建设的理论资源?我们必须区分开环境体验与环境批评,知识对于环境批评必不可少,但并非环境体验的必要条件。

3. 对环境美学与传统美学之间关系的错误理解

　　由于将环境视为和艺术一样独立于主体的客体,因而按照客体的不同建构不同的美学理论,就成为客观主义者们发展环境美学的通用做法。卡尔松认为艺术作为一种人造物需要"设计鉴赏",而自然由于缺少创造者只能适用"法则鉴赏";瑟帕玛则有着更明确的表述,艺术哲学和环境美学是同一棵系谱树上长出的两个契约性的体系枝条。

　　这样一种思路意味着环境进入美学视野可以拓展美学的疆界,但很难带来美学观念的根本变革,正如伯林特对卡尔松的评价,"这种对于艺术和自然中两种不同的欣赏类型的解决方案,依然源于夏夫兹伯里和康德所设立的传统美学。因为它的中心前提是要指向一个审美对象——在艺术中体现为经过构思的对象,在自然中体现为一种秩序化了的对象"①。瑟帕玛则坦承,环境美学只能存在于三个美学传统——美的哲学、艺术哲学、批评哲学——搭建的美学框架中,自身不能开辟新的美学传统。

　　但我们对环境美学却应该有着更高的期待。长期以来美学为"无功利""静观""审美距离"等教条所束缚,审美经验一直被视为一种主要是由艺术来激发的特殊的感知经验,只有少数有艺术修养的高雅人士方能获得。环境进入美学视野为改变这种状况提供了契机。环境不是艺术那样呈现于我们面前的外在之物,它是我们生存于其中、与其相互作用的统一体。环境不仅是容纳我们生存的空间、生活资料的来源地,还承载着我们的希冀与梦想,记录着我们的奋斗与失落,述说着我们的过去和未来……我们是如此紧密地与我们的环境纠结在一起,以至于很难将我们的生命存在同环境分离开来。这种意义上的环境审美经验是亲密、丰富而包容的,是传统意义上那种狭隘的审美经验所不能囊括的。较之艺术审美经验,环境审美经验更为根本,是前

---

　　① ［美］阿诺德·伯林特:《环境美学》,张敏、周雨译,湖南科学技术出版社,2006 年,第149 页。

者得以成为可能的土壤。环境美学应该以更开阔的视野审视艺术与环境的关系,进而推进我们对艺术的深入理解,并带动传统美学的变革和重构。

4. 精英主义倾向

卡尔松、瑟帕玛以分析美学为起点构建环境美学理论。分析美学针对的艺术是一种精英主义艺术,陈列在画廊、博物馆和研究机构中以显示其神圣价值,同社会大多数人的生活没有什么关系。分析美学(可以扩展至整个艺术哲学)也是一种精英主义美学,认为对艺术的理解仅限于那些受过特殊的欣赏训练或天生具有出色鉴赏力的精英。艺术和艺术哲学局限在"艺术界"的小圈子里孤芳自赏,抛弃了公众,最终也为公众所抛弃。当公众转向流行音乐、低俗小说、好莱坞电影、肥皂剧和综艺节目中去寻求感情寄托和获取审美经验时,带来了大众文化的勃兴,而艺术则日趋衰落。

由此发展而来的环境美学也延续了艺术哲学的精英主义取向。不否认博物学家的自然鉴赏可能比普通人的更为丰富和深刻,然而不可能每个人都变成博物学家。而且,要求公众接受专家的引导和规范也只是一厢情愿的设想,公众有权利以更为丰富、多样的方式自由地进行审美体验,在自然中我们可以凝神静观,可以穿行其中,也可以闭上眼睛聆听自然的吟唱,未必一定要像博物学家那样运用专业知识进行鉴赏。在建成环境的鉴赏中,按照卡尔松的逻辑,只有建筑师、规划师们才能进行正确的鉴赏,因为只有他们才能洞悉"功能上是否适合"。但事实上,或许只有生存其中的人在其切身体验的基础上做出的评价才是真正恰当的。环境是和人的存在密切关联的环境,环境美学应该建立在对人性和人的审美体验的深入研究上,尊重人们的审美体验,这样才能实现环境美学的历史使命:既为了保存和维护生态环境,也为了人们更好地生活在这个世界上。

第二节 瑟帕玛:基于分析美学的环境美学模型

约·瑟帕玛,芬兰约恩苏大学教授,世界知名的环境美学家,曾任第13届国际美学学会主席、连续五届担任国际环境美学会议主席。他建构环境美学的基础是分析美学,其著作《环境之美》对环境美学领域进行了系统化勾勒,构建了一个"环境美学模型",在世界环境美学界产生了广泛的影响。

瑟帕玛曾经师从卡尔松,在对环境的理解上二人基本一致,都立足二元论和客体论对环境进行界定。瑟帕玛把环境视为"观察者外在世界的一切",包括自然环境、建成环境和文化环境①。自然环境、建成环境是可见的、环绕我们的物质背景,而文化环境则是不可见的,包括思想、科学、宗教、人际关系、社会制度等等。受主客二分哲学立场的影响,环境在瑟帕玛眼中仍是外在于主体的客体,"就算没有感知者,外部世界依然存在"②。

对于艺术,瑟帕玛接受了分析美学家乔治·迪基的艺术惯例论(也称为艺术习俗论)。艺术惯例是每一门类系统为了使该门类所属的艺术作品能够作为艺术作品来呈现的一种框架结构,在由艺术家、艺术批评家、艺术史家等人组成的"艺术界"的实践中逐渐形成。艺术惯例不仅能够授予一件作品以艺术品的资格,而且可以引导欣赏者将注意力集中在作品的某些特征上,从而使作品的审美特征凸显出来。其实,迪基的"惯例"和沃尔顿的"范畴"相似,都是指进行艺术鉴赏所必备的关于艺术门类、艺术流派和艺术史等方面的相关知识。

瑟帕玛将艺术惯例论普遍化,指出惯例作为一种深层结构在审美感知中必不可少,不仅艺术,环境也同样要受到惯例结构的支配,"我们不可能在没有某种思想框架为参照的情况下就能真正地对环境进行考察"③。由此他认为艺术和环境惊人地相似,"是同一棵系谱树上长出的两个契约性的体系枝条"④。鉴于艺术在长期的发展中已经建立起了自身的惯例机制,而作为审美对象的环境刚刚进入美学的视野,其惯例机制尚不为人所知,因而,参照艺术来考察环境就成为必然的选择。简言之,瑟帕玛发展环境美学的思路就是:参照艺术的言说方式来言说环境。

之所以使用"言说"一词,是因为瑟帕玛的出发点是语言学美学。按照比厄斯利对美学的界定——作为批评的哲学(即"元批评"),环境美学的中心任务就是研究环境如何被描述、被言说。由于描述的方式是由描述对象的特点决定的,因而对作为审美对象的环境进行"本体论"的探讨就成为元批评研究的前提。这样,瑟帕玛的环境美学核心领域的研究就分成了两部分:本体论和元批评。本体论关注作为审美对象的环境的本质特征,元批评则关注环境如何被言说、被接受。

(一)本体论

瑟帕玛对艺术和环境在本体上的不同做了全面、系统的探讨梳理:

---

① [芬]约·瑟帕玛:《环境之美》,武小西、张宜译,湖南科学技术出版社,2006年,第25页。
② 同上书,第25页。
③ [美]阿诺德·伯林特主编:《环境与艺术:环境美学的多维视角》,刘悦笛等译,重庆出版社,2007年,第40页。
④ 同上书,第40页。

1. 从创作来看,艺术品是人工制品,由某个人创作,环境(自然)是给定的,独立于人类;艺术品是在习俗的框架内诞生和被接受,而环境不存在这样明确的习俗;艺术品是为审美感知和产生审美愉悦而创作的,环境的审美品质只是其他利益的副产品或一个事物的各种价值综合而成的整体。

2. 从对象来看,艺术品是虚构的,环境是真实的;艺术品是省略性的(指艺术品是对现实的抽象、浓缩,艺术总能传达超越表层形式的更多的东西),而环境就是它自身;艺术品是一个有确定边界的有机整体,而环境是无限的,没有边框;艺术品的名字构成作品的一部分,作者的名字也会引导审美分析,而环境的各部分没有名字,或名字与审美立场无关;艺术品是独特的、原创的,环境在变化的形式中重复自身;艺术品有风格,环境没有;艺术品是感官的,环境是理念感官的(指艺术在审美上是相对比较纯粹的,而环境不能像艺术那样专注于形式,地质学、自然史、文化历史等知识是必须考虑的)。艺术品是静态的,环境是动态的,是一个过程。

3. 从观察者来看,观察艺术品的场所是有限定的,而环境的观察是自由的,体验的直接性和全面围绕性是环境审美感知的特征;艺术品以考察者对它的距离和无利害关系为前提,环境的观察者是环境的一部分,与环境直接接触,需要欣赏者选择一种审美的态度;大多数艺术形式的作品用一种感官来感知,环境观察则需要多种感官的联合作用。

上述在本体上的种种区别决定了艺术欣赏与环境欣赏存在着很大不同,一个最大的区别是:艺术按照其定义就是审美对象,艺术欣赏的目标在于审美价值的最大化;而环境的鉴赏必须考虑审美价值以外的其他价值,不能以牺牲其他价值为代价将审美价值最大化。瑟帕玛的这种说法乍看上去入情入理,体现了对于环境的伦理关怀,实际上隐藏着一个很大的问题:他把环境的审美价值同其他价值对立起来,认为这些价值存在矛盾和冲突之处,所以在他看来审美价值的最大化可能会牺牲其他价值。但在卡尔松看来,其他价值诸如生态价值、功能价值不仅不与审美价值对立,而且会提升和深化审美价值。对自然演进过程和生态关系的认知会使我们获得一种深层次的美,建筑的审美价值也有赖于其功能性的完美实现。相比之下我们不难看出,瑟帕玛谈论审美价值仍然局限于传统美学,主要是在形式的意义上。曾繁仁指出,瑟帕玛没有完全跳出传统美学的窠臼,不仅完全从主体出发考察审美,而且从传统的艺术的形式美学出发考虑环境美学审美对象的形成。[①] 和卡尔松一样,瑟帕玛也认为环境的考察除了形式主义途径外,有关自然演进过程

---

① 曾繁仁:《生态存在论美学论稿》,吉林人民出版社,2009 年,第 156—157 页。

的基础知识也是必不可少的,但自然科学知识在环境审美中到底充当什么样的角色,他始终含糊其辞。一方面,他指出:"也许可以认为有的复杂的美需要环境的观察者靠专业知识来解读,在这种情况下外行的观点也许仅仅是错误的。"①另一方面,他又主张尽可能地确定审美领域的自治和独立,其他价值领域不应当决定审美领域以什么样的方式被探讨。前一种说法似乎和卡尔松一致,认为专业知识可以深化和丰富鉴赏,后一种说法似乎又排斥科学认知对审美的介入。瑟帕玛还谈道,"仅有自然科学知识是不够的,还需要审美训练和知晓必要的审美方式"②。这很难让人接受,卡尔松强调知识的必要性已备受指责,瑟帕玛又进一步提升了审美鉴赏的门槛,难以想象这种阳春白雪式的审美有多少人可以享受到。

瑟帕玛的问题很大程度上在于他对传统美学无批判的认可。康德对审美领域与其他领域的区分,以及由此确立的无功利性思想,对后世美学产生了很大影响,人们围绕艺术实践进一步发展了康德的思想,使得审美活动与其他人类活动之间的距离越来越大,审美经验也被纯化为一种不食人间烟火的、精致的艺术经验。而事实上,审美活动作为人类生存活动的一种基本形式同其他人类活动相互影响,审美经验也与人们的日常生活经验密切相连。瑟帕玛没有认识到环境进入美学视野对传统美学的上述观念提出了挑战,反而出于对传统美学无批判性的接受,将有关观念移植到环境美学中,所以他才会在环境审美的问题上坚持审美领域的自治,而他声称的"审美训练"和"知晓必要的审美方式"也是来源于围绕艺术发展起来的传统美学观念。简言之,是瑟帕玛的根本思路出了问题,他试图在保留传统美学观念的前提下发展环境美学,这是难以做到的,环境美学必然要对传统美学观念形成冲击和颠覆。

虽然在总体思路上出了问题,但瑟帕玛在一些具体的问题上还是展示了其来自分析美学的精细的辨析力。瑟帕玛指出,艺术和环境之间既存在区别也存在互动。艺术可以成为环境的组成部分,在某些建成环境中甚至是必不可少的,如雕塑、建筑、园林、摄影等等;而环境也可以进入艺术的创作中,如现成品艺术、大地艺术以及文学中的环境书写。不过,就审美而言,艺术对环境的影响是主要的。在艺术鉴赏培养起来的审美眼光和审美趣味会直接影响人们对自然和环境的鉴赏,18 世纪如画性美学的兴起是最好的证明。艺术甚至可以在文化的层面上改变人与环境之间的关系,相信没人会否认中国古代蔚为大观的田园诗、山水诗以及山水画在塑造我们民族的自然审美趣味

---

① [芬]约·瑟帕玛:《环境之美》,武小西、张宜译,湖南科学技术出版社,2006 年,第 46 页。
② 同上书,第 43 页。

中所起的作用。芬兰美学家阿托·汉佩拉也在同样的意义上指出，"芬兰文学给了芬兰人一种体验夏夜的浪漫方式"①。

因而，艺术经验和自然科学知识在瑟帕玛眼中成为构建环境审美模式的两个主要来源。除此之外，环境审美还受到诸多因素的影响，特别是在建成环境中，宗教、神话、历史等文化成分，实用方面的考虑，以及来自主体的记忆、联想等个人经验，都会以不同的方式和权重发挥作用。瑟帕玛的美学理论对审美施加了种种限制，不过在论及具体环境的审美时，他总是展现出开放、灵活的态度和敏锐的感受力，丝毫不受其理论的束缚。需要强调的是，瑟帕玛的审美模式虽然是开放的、多元的，但他并不认为对同一审美对象的任何审美方式都是合理的，也不认为由此产生各种审美经验都是同等有价值的，相反，和卡尔松一样，瑟帕玛坚持一种规范性美学立场。不同于描述性美学家满足于描述各种美学趣味和价值体系，规范性美学家要区分趣味的高下，鉴别审美方式是否适当。瑟帕玛指出，艺术领域可以有描述性美学的一席之地，没有了法则的限制对新的艺术形式的创造是一种解放，但涉及环境时，思路是不同的。如前所说，环境审美必须将审美价值与其他价值综合起来考虑，要在知识框架和其他价值允许的范围内实现审美价值的最大化，这就决定了环境审美有着诸多的限制，美学必须充当趣味的法官。

（二）元批评

比厄斯利把美学定义为批评的哲学和元批评，瑟帕玛接受了这一定义，认为环境美学就是环境批评的哲学。② 他明确指出，艺术中和环境中的具体事物都不属于美学的领地，美学的使命在于通过对批评的研究形成一个惯例体系，以引导和规范人们的鉴赏和评价。"环境美学的任务在元批评的意义上是对环境的描述、阐释和评价的理论上的把握以及创建一个参考框架。它构建了一个如何接受环境的模型，这模型也可展示环境作为一个审美对象是如何起作用的。"③

瑟帕玛不否认有些审美感知是不需要言语的，人们可以沉浸在对某个对象的凝视、思索和联想中，"内在的生命即使没有外在符号的表现也是丰富多彩的"④。但他还是将这些不付诸言语表现的环境体验排除在美学研究之

---

① ［美］阿诺德·伯林特主编：《环境与艺术：环境美学的多维视角》，刘悦笛等译，重庆出版社，2007 年，第 63 页。
② ［芬］约·瑟帕玛：《环境之美》，武小西、张宜译，湖南科学技术出版社，2006 年，第 110 页。
③ 同上。
④ 陈望衡主编：《美与当代生活方式——"美与当代生活方式"国际学术讨论会论文集》，武汉大学出版社，2005 年，第 113 页。

外,认为环境美学研究的对象只能是环境批评,原因有二:其一是他的语言学美学立场,"体验只有通过描述才能成为公认的。对自然的个人化的体验必须得转化成符号语言才能作为科学工作中的文献来使用"①;其二是和卡尔松相一致的规范性美学立场,在他看来,来自环境批评家而非公众的体验才是最恰当的、可作为典范和标准的体验,因而环境美学必然要建立在环境批评之上。

环境批评是对环境的言说,环境美学则是对这种言说的言说。也就是说,对公众的环境鉴赏进行直接引导和规范的是环境批评,"批评的任务是对一个对象的描述、阐释和欣赏。它是多方面多层面地探讨一个对象,帮助其他受众获得一个对象的印象。将他们的注意力引到某些必要的方面,指引他们提出适当的问题"②。而环境美学的使命是对环境批评进行规范,以确保其更好地发挥作用。环境批评由描述、阐释、评价三个部分组成,瑟帕玛分别进行了探讨,提出了要求:

1. 描述

描述是对环境的呈现,主要手段是语言,除此还有一些其他手段,如摄影、绘画、电影等。对于描述,一个首要的要求是必须勾勒出环境被公认的面貌,也就是说,必须"看起来像"。由于任何描述都不可能完全与原物相符,因而,一个描述也是一个在忠实于原物基础上的再创造。描述本质上是对于对象的独特的观看和表达,它们能够揭示出对象中一些不能被直接观察到的和不是每个人都能感受到的东西,因此描述有助于人们接受环境,正如艺术批评和研究有助于人们把握艺术品一样。一些杰出的描述可以成为审美惯例影响我们的审美感知,使我们通过描述者的视角去观察环境,从而获取更新颖和更丰富的审美体验,"麦提·A.皮特卡奈帮助我们,以一种新的方式观看云朵和天空,将它们视作风景的一个必要部分"③。描述必须基于当代科学的自然和环境观念,不能为审美价值最大化牺牲其他的价值。没有所谓客观、纯粹的描述,描述将导向阐释和评价,因而描述时头脑中就要有相关的意向。

2. 阐释

阐释使环境成为能被理解的东西,是评价的前提并为评价创造了基础。由于环境审美价值离不开并且要依靠其他价值,因而一个合格的环境阐释者不仅要有艺术素养和知识,还要有来自自然科学和社会科学的各个领域的广

---

① [芬]约·瑟帕玛:《环境之美》,武小西、张宜译,湖南科学技术出版社,2006年,第115页。
② 同上。
③ 同上书,第120页。

博学识。地质学、自然史和生态学知识可以帮我们了解自然是如何形成、如何运转的，而人类学、文化、历史方面知识则可以使我们了解一个建成环境何以呈现为现在的面貌，其中的事物蕴涵了怎样的观念和象征意味，这些背景知识都有助于强化我们的审美感知。如卡利奥拉所言，"一个艺术性的心灵"对于感受自然之美固不可少，"但只有对于也知晓自然的细节，它的地理形态和生物群以及它们的生物学的人来说，一个新的世界才充分展现出它的丰富和美好"①。另一个论据来自琼斯对城市体验的论述，"对城市的审美效果的一个系统而完全的研究必须包括我们对整体感知的考察，它既包括直接的体验也包括间接的了解体会，既包括概念上的城市也包括现实中的城市，既包括过去的城市也包括现在的城市。作为一个象征的城市是所有这些的产物"②。显然，对于环境对象了解得越多越充分，审美体验就会越完善越丰富。瑟帕玛特别强调了生态学的重要性，"如果以美的名义认可了有悖于生态规律的活动，如果显示出了对生态规律的漠视，就是取消了我们所选择的价值系统的根基：忘记了生态基础的系统必然是短命的——他们的评价对象，即环境将被破坏"③。

3. 评价

为了能够对环境对象做出正确的价值评判，瑟帕玛确立了四个前提条件：(1)评价者在物质上不受制于自然需要，这使得考察所需要的距离成为可能。(2)在理智上从一种神话——宗教世界观转向一种科学的世界观。这意指对当代的相关背景知识的掌握。(3)自然和文化过程的知识。只有在这些知识的基础上理解了环境系统，才能显出系统之美，从混沌中找出条理。(4)把对象正确归类的能力，可以区别自然和人造的范畴。归类的目的不是审美价值的最大化，而是在正确归类基础上进行评价。

第一个条件审美距离是传统美学一条重要美学原则，可追溯至康德美学的无功利性原则。第二个和第三个条件都是对评价者知识上的要求，其中特别强调了生态学知识，依据是环境本体是多种价值的综合体，审美价值必须与其他价值结合起来进行考察。第四个条件要求评价者必须能够区分自然和人造的范畴，是因为对这两种不同范畴事物的评价要遵循不同的原则。自然评价适用肯定美学的原则，即对自然只能做肯定的审美评价，一切未被人触及过的自然都是美的。涉及人造自然和人改造过的自然，就要运用批评美学的原则，把审美同伦理、经济、功用等价值结合起来对人类的改造活动进行

---

① ［芬］约·瑟帕玛：《环境之美》，武小西、张宜译，湖南科学技术出版社，2006年，第140页。
② 同上书，第139页。
③ 同上书，第144页。

评价。无论在肯定美学还是在批评美学中，生态学原则都得到了充分的强调。对于肯定美学，尽管瑟帕玛以蛇、沼泽、森林火灾为例表明自己尚存疑惑，但最终还是出于生态学的缘由认可了这一原则——一切自然物都是自然生态系统演变的环节和组成部分，都应从整体和系统的角度给予认可。① 至于批评美学涉及的人为领域，有几个原则是必须遵循的：生态原则、生命原则、人与自然和谐、自然环境和人文环境的和谐。总之，生态学是环境批评必须遵循的规范。

按照瑟帕玛的思路，自然环境最理想的批评家是博物学家，人文环境和建成环境则是建筑师、艺术家和文化史家等专业人士。因为生态学是环境批评必须遵循的基本规范，因而博物学家应该具有绝对的地位，瑟帕玛特别推崇利奥波德、卡利奥拉这样的博物学家和环境主义者，他们的作品以敏锐的感受力、精细的辨别力和完美鉴赏力向公众展示了自然界的瑰丽和自然演变进程的神奇，起到了对公众进行环境启蒙的作用。环境批评家的作用非常重要，他们可以通过对环境的描述引导公众的审美感知，通过阐释和评价培养公众的审美趣味，从而建立起环境的审美惯例。可以说，提高公众的环境审美意识，规范公众的环境审美感知，发掘环境的审美潜能，由环境审美过渡到环境伦理，都有赖于审美批评发挥效应。环境批评的重要也就意味着作为一种元批评的环境美学的重要，"美学家的重要性在于这样一个事实：通过分析价值体系，阐明那些隐含的标准和规范体系，使欣赏环境成为一种自觉的活动。对诸体系的研究是确定他们的有效性的第一步。第二个重要性在于使描述更加准确以及对审美语言的逻辑的研究"②。

可以看出，在很多重要的问题上瑟帕玛和卡尔松是一致的。他们都认为环境美学是一种规范性美学，使命在于对人们的审美鉴赏进行引导和规范；都强调自然科学知识特别是生态学知识在审美中的作用；都推崇博物学家作为理想的环境鉴赏者和批评家；等等。二人之间的一个最重要的区别在于，卡尔松试图发展出针对不同环境类型的审美模式直接用于指导人们的环境审美，而瑟帕玛则在其中加上了环境批评这一个环节，由作为元批评的环境美学对环境批评进行指导，再由环境批评形成审美惯例作用于人们的审美鉴赏。相比之下，似乎瑟帕玛的理论构架更精致，更易于发挥环境美学的规范性作用。曾繁仁对瑟帕玛环境美学中的实践性品格给予了充分肯定，指出作为具有生态维度的美学来说，最重要的就是要将生态审美的原则推广到现实

---

① ［芬］约·瑟帕玛：《环境之美》，武小西、张宜译，湖南科学技术出版社，2006年，第150页。
② 同上书，第191页。

生活中去。① 另一个区别前文我们已有探讨,那就是对审美价值与其他价值之间关系认识上的不同。

从总体来看,瑟帕玛和卡尔松的思路还是大体一致的,两人都主张一种客观主义的环境美学建构取向。卡尔松自不待言,客观主义是其鲜明的立场。瑟帕玛的"惯例"虽然意味着文化性和可变性,但他特别指出环境惯例不同于艺术惯例,艺术惯例能够容易地接受创新甚至自我毁灭,环境惯例则不能轻易改变,它必须遵循生态学和自然史的指导。从根本上说,只要对环境持一种客体论的理解,并着眼于环境伦理来发展环境美学,那么必然通向一种客观主义的环境美学建构取向。

与卡尔松一样,瑟帕玛将环境审美教育视为环境美学的一个重要的应用领域,这也是由规范性美学立场内在地决定的——环境审美教育是规范人们的环境体验的一个重要手段。瑟帕玛指出,广义上的审美教育就是一般的环境教育,提供给人们自然运行机制和自然史的知识,以及对所处文化阶段的认知和人类就这一阶段提出的理想和目标,为理解环境包括审美地理解环境创造了一个基础。这也是卡尔松提倡环境审美教育的意图所在。与卡尔松不同的是,瑟帕玛还提出了专门意义上的审美教育,这类教育要教授环境批评的基本原理,旨在培养专业从事环境批评的人员,这是由他对环境美学作为一种元批评的理解所决定的。除了环境教育外,瑟帕玛还主张环境美学家积极介入公共领域的环境实践,诸如环境保护和规划、立法等活动,以推动应用环境美学的发展。他反复强调,将审美价值同其他价值尤其是生态价值综合起来考虑的原则必须得到重视。

(三)基于分析美学构建环境美学存在的问题

瑟帕玛的环境美学体系是以分析美学为基础构建起来,体现了浓重的分析美学的色彩,其优点和缺点都同这一理论基础有密切关系。

分析美学逻辑的缜密和条分缕析的特色显著地体现在瑟帕玛的环境美学之中。我们几乎可以在瑟帕玛的环境美学中找到任何一种环境类型,包括那些难以归类和处理的环境类型,诸如大地艺术、"丑"的自然,人工抄袭自然现象等,这些都被整合进他的环境美学模型中并得到精辟的阐释。众所周知,艺术品和自然物之间的"边缘地带"一直是分析美学的"专长",韦兹的浮木、杜尚的小便器都曾引发分析美学家们的热烈讨论。瑟帕玛既精于分析美学,又受到卡尔松科学认知主义的影响,这使他对那些具体环境类型特别是

---

① 曾繁仁:《生态存在论美学论稿》,吉林人民出版社,2009 年,第 301 页。

混合了人工和自然的建成环境的探讨往往有独到、深刻的见解。

不过,瑟帕玛的环境美学具有的最大缺陷也是来自分析美学。首先,迪基的艺术惯例论对艺术的理解并不全面,艺术欣赏要遵循艺术惯例,艺术惯例又是怎样形成的呢？如果回答是"艺术界",那么"艺术界"的资格又由谁来授予？由于将自身限定在对现有的艺术进行界定和阐释的角色上,艺术惯例论和整个分析美学都丧失了对艺术的发展进行深刻反思的能力。20世纪后艺术抽象化、概念化的冲动越来越强烈,带给人的直接的感性愉悦越来越少,直至成为必须借助特定范畴或在批评家的引导下方能理解的东西,这种现代艺术实践正是分析美学兴起的原因之一。不过,由于艺术革新的速率越来越快,艺术形式也以越来越新奇怪异的形态出现,促使分析美学家们不断调整对艺术的界定,直至承认艺术界定的不可能。而且,艺术也日益疏远了同公众的情感生活之间的联系,蜕化成为少数人的"智力游戏",艺术和艺术哲学最终一起走进了死胡同。如果我们以惯例论来解释环境审美,就面临更大的问题。在环境美学和环境批评产生之前,甚至可能在艺术产生之前,对环境的体验就一直在进行,那时何来惯例,又怎么来解释环境体验？惯例是一个理性的范畴,而审美既包含理性维度也包含感性维度,后者更为根本,惯例论无法对审美特别是环境审美做出合理、完整的解释。

其次,艺术惯例论掩盖了艺术和环境之间的深层关系,这导致瑟帕玛在艺术和环境的关系上做出了错误的论断。作为人类文化的重要组成部分,艺术不应成为陈列在画廊和展览馆以显示其超验价值的神圣之物,也不应成为创造出来仅供批评家们琢磨以谱写或修改理论的稀里古怪的东西。为了"拯救"艺术和艺术理论,我们应该接通杜威开启的实用主义美学传统,恢复艺术同活生生的人类经验之间的关联,使艺术重新承担起其在人类社会历史进程中应该承担的使命。这样,我们不仅能重新为艺术接通生命之源,而且也能在一个更深的层面上探讨艺术和环境的关系:经验产生于人与环境的相互作用中,艺术即经验。艺术根源于人与环境的演进历程中,艺术经验中包含了环境经验,显然,环境经验是更根本性的,尽管艺术作为环境经验的强化反过来会影响我们的环境体验。瑟帕玛局限于分析美学的视角,遗忘了艺术扎根的土壤,使其得出了相反的结论——环境应参照作为中心审美范式的艺术来构建自身的审美模式,这种将环境经验艺术化的做法无疑会扭曲环境经验,使其狭隘化,而艺术和艺术理论也失去了借环境美学的建构来反思自身、走出困境的机会。

再次,瑟帕玛遵照分析美学的思路,将环境美学视为一种元批评,这意味着将环境美学限制在"环境美学界"这样一个小圈子里,作用在于通过指导环境批评来影响人们的环境审美和评判。这样的格局和气度太小,无法承担起环境美学应该承担的历史使命。随着人们环境意识的增强和对生活质量要求的提高,人们对生活环境的美学维度越来越重视,环境美学应该适应时代需要,在景观的规划和设计、改造人们的生存环境等直接的实践领域发挥自身的作用,环境美学基本理论研究也应该和广阔的应用领域如景观设计、环境规划、园艺、装潢等更紧密地结合起来。

最后,瑟帕玛似乎是在分析美学和卡尔松的环境美学之间做了一种综合,在理论体系和框架方面的搭建上,显然他参照了艺术哲学,在一些具体观点上,他则同卡尔松保持一致。不过,这种综合并不成功,由于对艺术哲学缺乏反思,导致了自己理论体系中的矛盾和含混。这一点前文已有论述,不再重复。

第三节　伯林特:生态与人文和谐统一的环境美学

伯林特坚决反对卡尔松和瑟帕玛参照艺术美学范式构建环境美学的做法,他认为那种根据不同的对象构建不同的理论的思路依然源于夏夫兹博里和康德的传统美学,而传统美学以及作为其哲学基础的主客二分哲学都是需要反思和批判的。环境美学必须是一种不同于传统艺术哲学的全新的美学,建立在全新的哲学基础上。

(一)伯林特的环境观及其哲学基础

伯林特持一种整体性、贯通性的环境观,将人与环境视为一个不可区分的浑然整体,“人们植根于他们的世界中——用现象学的术语说,是‘生活世界’中。有机体和环境之间不停地进行着交流,二者如此紧密地交织在一起以至于任何概念上的区分都只具有启发意义并且经常误导我们”①。他坚决反对环境的二元论和客体论,因为“它消解实际存在的系统,这个系统具有由物质的、社会的、文化的情境所共同构造的复杂联系和一体性,而正是这些显现了我们的行动、反应、感知,并且给予我‘自己’生活的真正内容”②。

由于主客二分思维在西方思想和语言中根深蒂固,伯林特在谈论环境时非常谨慎,他指出“某个环境”的说法便隐藏着二元论的陷阱,因为这种称谓将环境客体化,把环境变成一个我们可以思索、处理的对象,好像它独立于我

---

① Arnold Berleant, *Aesthetics and Environment: Variations on a Theme*, Burlington: Ashgate, 2005, p. 78.

② [美]阿诺德·伯林特:《环境美学》,张敏、周雨译,湖南科学技术出版社,2006年,第6页。

们之外。"我不禁要问:哪儿可以划出'一个'环境? 哪里是外面? 是我站立处的周围? 我家窗户外的世界? 房间的墙壁? 我穿的衣服? 呼吸的空气? 还是吃的食物? 食物被吃进去构成我的身体,空气被吸入肺中进到血管;衣服不光指皮肤最外面的那层覆盖物,而且建立起我的风格、个性和自我感觉。我的房间、宿舍、卧室界定了个人空间。同样地,当我步行、开车、乘机时,所过之处是否为风景,都由自己的理解、行动决定,并且塑造了我的肌肉、反射神经、体验、知觉等等。与此同时,我也试图将自己的意愿施加到风景上。"①"从根本上而言,没有所谓的'外部世界',也没有'外部'一说,同样没有一个我们可以躲避外来敌对力量的内部密室。感知者(心)是被感知者的一部分,反之亦然。人与环境是贯通的。"②

在伯林特这里,环境和自然是同义词,都是包容一切、普遍联系的整体概念,他谨防一切将环境对象化的危险,特别指出环境超出了生态系统意义上的自然,后者虽然视环境为一个整体,但仍然将复杂的生态系统对象化了。"环境就是人们生活着的自然过程……是被体验的自然,人们生活其间的自然。"③

鉴于二元论和客体论的环境观根深蒂固,伯林特花了很大的气力对自己的大环境观进行论证。他将这种环境观追溯到斯宾诺莎。在斯宾诺莎看来,神是这个世界上唯一的实体,是无所不包的整个自然。人类以及万事万物都是实体的分殊,或者叫样式,他们有着同样的原因,即神,"神是在它之内的万物的原因"④。如此,整个世界就统一于神,成为一个有着内在关联的整体。斯宾诺莎反对笛卡尔那种我思与我思对象、心灵与肉体的二元对立和等级制,认为人在世界上没有什么特殊地位,心灵不是人类的专利。"一切个体事物都是有心灵的,不过是有着程度的差异罢了。"⑤心灵和身体也不是分裂的,不是像过去柏拉图和基督教哲学认为的那样身体是心灵的累赘,"人心只有通过知觉身体的情状的观念,才能认识其自身"⑥。离开身体,人也无法认识外部世界,"人心除凭借其身体情状的观念外,不能知觉外界物体,当作现实存在"⑦。不过,身体并不会误导心灵对世界的认知,因为人的身体和外界物体彼此渗透、密切相连,"人的身体为外物所激动的任何一个情状的

---

① ［美］阿诺德·伯林特:《环境美学》,张敏、周雨译,湖南科学技术出版社,2006 年,第 6 页。
② 同上。
③ 同上书,第 11 页。
④ ［荷］斯宾诺莎:《伦理学》,贺麟译,商务印书馆,1983 年,第 23 页。
⑤ 同上书,第 56 页。
⑥ 同上书,第 68 页。
⑦ 同上书,第 70 页。

观念必定包含有人身的性质,同时必定包含有外界物体的性质"①。不止人对世界的认知依赖于身体,人的情感同样源于身体对于外部世界的感受,"我把情感理解为身体的接触,这些接触使身体活动的力量增进或减退,顺畅或阻碍,而这些情感或感触的观念同时亦随之增进或减退,顺畅或阻碍"②,"只要身体处在沉睡状态,心灵即随之陷入沉睡状态"③。如此,斯宾诺莎就消除了任何把人与世界割裂开来的可能,人只是神这唯一实体的一种样式,与神的其他样式没有本质上的区别,人的情感、认知都依赖于人拥有一个身体,而且这个身体关联着和牵动着整个世界。"每个个体事物或者有限的且有一定的存在的事物,非经另一个有限的且有一定的存在的原因决定它存在和动作,否则便不能存在,也不能有所动作,而且这一个原因也非经另一个有限的、且有一定的存在的原因决定它存在和动作,便不能存在,也不能有所动作;如此类推,以致无穷。"④"我们身体的绵延是依赖于自然的共同秩序和事物的客观结构。"⑤我们在谈论自身的时候,也是在谈论世界,因为身体的存在、动作和感受都取决于世界;反之,我们谈论世界的时候,也是在谈论自身,因为对世界的认知和感受是以身体为中介的。我们根本无法与我们的环境分离开来。

现象学是伯林特的环境观的重要理论来源,他本身有着现象学的学术背景,最早出版的专著名为《审美经验的现象学》。在胡塞尔看来,我们观念中的世界是我们"构造"起来的,并不是本源的世界,本源的世界是"生活世界"。"生活世界"是胡塞尔后期哲学中的核心概念,但他没有做系统的、明确的描述,而是在对客观世界和科学世界的批判中揭示出来的。胡塞尔指出,我们的理性科学建立在世界的客体化、抽象化和精确化之上,它远远不能揭示世界本身的丰富性和开放性。理性科学设想了这样一个世界,"它的客体并不是单个地、不完全地、偶然地被我们认识的,而是通过一种理性的、系统统一的方法被我们认识——在这种无限的进展中,每一个客体按照其完全的自在存在,最终都会被认识"⑥。这个世界是一个观念性的世界,是按照"理性的、系统统一"也即形式逻辑的方法构建起来的,对于本源的世界来说,既是一种"发现"也是一种"遮蔽"。本源的世界并不就是由"自在存在的

---

① [荷]斯宾诺莎:《伦理学》,贺麟译,商务印书馆,1983 年,第 62 页。
② 同上书,第 98 页。
③ 同上书,第 101 页。
④ 同上书,第 27—28 页。
⑤ 同上书,第 73 页。
⑥ [德]埃德蒙德·胡塞尔:《生活世界现象学》,[德]克劳斯·黑尔德编,倪梁康、张廷国译,上海译文出版社,2005 年,第 212 页。

客体"构成的世界,因为所谓"自在存在的客体"并不存在,它们是人类意向性构成的产物。这里,我们不能拿"人类毁灭了,其他生命和物质就不存在了吗"这样的话题去否定胡塞尔,他并没有从本体上否认人类之外的其他事物的存在,他只是否认了事物"自在存在"的状态,换句话说,否认人与事物之间的分立。胡塞尔也不否认自然科学存在的价值,他承认自然科学处理世界的方法也是奠基于那个本源的世界之中的,不过,当自然科学的方法成为唯一的、客观的处理世界的方式的时候,就导致了对世界本身的掩盖。比如,胡塞尔承认自然科学发现的种种因果关系是真实的存在,世界本身存在一种"普遍的具体的因果性"——与之相反的是休谟和康德只是将因果关系看作人认识世界的一种方式,"但这并不是说,处于各种变化或不变化中的充盈性质的全部变化都是这样按照因果规则发生的,以致整个抽象的世界方面都同一地依赖于在世界的形状方面因果地发生的东西"①。胡塞尔的意思是说,自然科学的因果规则导致了对世界的简化,在这种简化中一些对我们至关重要的意义和关系丧失了。恰如克劳斯·黑尔德对胡塞尔后期著作《欧洲科学的危机与先验现象学》的评价:"这部著作本质上是与生活世界概念的引进密切相关的。对走向灾难的周围世界状态的惊骇,对愈来愈彻底的理性化组织和管理的社会的不满——这些和其他一些情况使得一些有识之士今天去寻找一个世界的样板,在这个世界中,人们能够有居家的感觉并且能够在完整的意义上'生活'。"②

　　海德格尔对胡塞尔提出但未具体描述的"生活世界"做了正面的阐说。海德格尔指出,此在把存在建构为"在世界之中存在"。我们不能把"在世界之中"理解为通常意义上的空间关系,像水在杯子中,假山在公园中,等等。此在和世界都不是某种现成的东西,而是建构起来的,"某个'在世界之内的'存在者在世界之中,或说这个存在者在世,就是说:它能够领会到自己在它的'天命'中已经同那些在它自己的世界之内向它照面的存在者的存在缚在一起了"③。此在与其他存在者绝不是彼此外在的,在生存论上他们不可拆解,共同构成了"世界"。"世界"不是容纳了各种存在物的抽象空间,而是"此在"与"上手事物"形成的因缘整体。④ 一旦这种因缘关系丧失了,世界的世界性就丧失了,我们也就丧失了"在家"的感觉。海德格尔认为如今人

---

①　[德]埃德蒙德·胡塞尔:《生活世界现象学》,[德]克劳斯·黑尔德编,倪梁康、张廷国译,上海译文出版社,2005年,第227页。

②　同上书,"导言",第1页。

③　[德]马丁·海德格尔:《存在与时间》(修订译本),陈嘉映、王庆节译,生活·读书·新知三联书店,2006年,第65—66页。

④　同上书,第100页。

们说的"人有他的环境(周围世界)"是对原初意义上的空间的遮蔽。空间不是一个容器,"并非'周围世界'摆设在一个事物给定的空间里,而是周围世界特有的世界性质在其意蕴中勾画着位置的当下整体性的因缘联络"①。对空间的"形式直观"使其变成了单质的、纯粹的、可计量的空间——科学和流俗意义上的空间,导致世界失去了其特有的周围性质,周围世界变成了自然世界,这就为人类对其他存在者的肆意"摆置"铺平了道路。后期海德格尔把"世界"阐说为"天、地、神、人之纯一性的居有着的映射游戏"②,在"世界"中,天地神人各自成就和居有其本质。一旦我们割裂了"四重整体",世界就会隐匿不见,无从通达,人就会变成无家可归的异乡人。按照海德格尔,"人有他的环境",意味着人与环境是"切近的",统一的,彼此敞开且亲密无间。

　　梅洛-庞蒂也是伯林特非常看重的现象学家。梅洛-庞蒂认为身体与世界与生俱来地具有亲密性和连续性,空间不过是有感知能力的主体的一种构成,是身体把握物体和感知世界的手段,离开身体感知的客观的空间和世界根本就不存在。一方面,"物体是我的身体的关联物,更一般地说,我的存在的关联物——我的身体只不过是其稳定的结构,物体是在我的身体对它的把握中形成的,物体首先不是在知性看来的一种意义,而是能被身体检查理解的一种结构……由于物体之间或物体的外观之间的关系始终需要通过我们的身体,所以整个自然界就是我们自己的生活或处在对话中的我们的对话者的表演"③。另一方面,物体和世界有自己的本体性,它们并不是"我"的衍生物,相反,"我"离不开世界,"我只能在我的内在于时间和世界的特性中,也就是在模棱两可中认识自己"④。意识(无论是笛卡尔的"我思"还是梅洛-庞蒂的身体意识)并不先于存在,意识被纳入存在,是在存在中形成的。"之所以我反省主体性的本质,发现主体性的本质联系于身体的本质及世界的本质,是因为作为主体性的我的存在就是作为身体的我的存在和世界的存在,是因为被具体看待的作为我之所是的主体最终与这个身体和这个世界不可分离。我们在主体的中心重新发现的本体论的世界和身体,不是观念上的世界和观念上的身体,而是在一种整体把握中的世界本身,而是作为有认识能力的身体的身体本体。"⑤世界内在于主体,主体形成于对世界的整体把握,这样的主体显然不是那种超越于客体之上的主体,它深深地卷入到置身其中

---

① ［德］马丁·海德格尔:《存在与时间》(修订译本),陈嘉映、王庆节译,生活·读书·新知三联书店,2006年,第121页。
② ［德］海德格尔:《海德格尔选集》下卷,孙周兴选编,上海三联书店,1996年,第1180页。
③ ［法］莫里斯·梅洛-庞蒂:《知觉现象学》,姜志辉译,商务印书馆,2010年,第405页。
④ 同上书,第435页。
⑤ 同上书,第511—512页。

的场域(环境)之中。"我们完全是真实的,只是因为我们在世界上,不仅仅像物体那样在世界中。"①

伯林特视野开阔、广学博取,我们在他那里还可以看到实用主义、过程哲学、生命哲学和生态学的理论资源。实用主义哲学家、美学家杜威指出:"生命是在一个环境中进行的;不仅仅是在其中,而且是由于它,并与它相互作用。生物的生命活动并不只是以它的皮肤为界;它皮下的器官是与处于它身体之外的东西联系的手段,并且,它为了生存,要通过调节、防卫以及征服来使自身适应这些外在的东西。……一个生命体的经历与宿命就注定要与其周围的环境,不是以外在的,而是以最为内在的方式作交换。"②这种"最为内在的方式"体现为"经验"的形成。经验是杜威哲学和美学的核心概念,是人的一切智性、精神活动的前提。杜威将经验描绘为生命体与环境持续相互作用、谋求平衡的产物,"每一个经验都是由'主体'与'客体',由自我与世界的相互作用构成的,它本身就不可能仅仅是物理的,或仅仅是精神的,而不管一种因素或另一种因素占据多大的主导地位"③。杜威承认,出于实践活动的需要,我们需要在自我和对象间做出划分,但这种划分只能是相对的,一旦将其绝对化、本体化,经验的本来面目就被遮蔽了:经验被当作某种只是发生在自我、心理或意识内部的东西,某种自我独立的、只与它恰好被放进的客观景观维持外在关系的东西。"当自我与其世界的关系分离之时,自我与世界的相互作用的多种多样的方式之间也不再有统一的联系。它们落入到感觉、感受、欲望、目的、认知、意志的分离的碎片之中。"④这就是哲学的种种迷误和偏见的源头。

万物一体的环境观也是阿尔弗雷德·诺斯·怀特海的"过程哲学"的旨趣所在。怀特海强调"关系"概念,他眼中的关系不是存在于不同实体之间的外在关系,而是实体得以构成、赖以存在的内在关系。怀特海坚持不用"实体"这一概念,因为在他看来并不存在着自足的、无须它物而独立存在的"实体",为此他改而使用"存在物""创造物"甚至更具关系意味的"实际场合"。"现实世界是一个过程,这个过程就是各种实际存在物的生成。因此,各种实际存在物都是创造物;它们也可称为'实际场合'。"⑤"实际场合"这一概念最明白不过地表明了事物只是"关系"聚合、扭结的产物,它本身处在

---

① [法]莫里斯·梅洛-庞蒂:《知觉现象学》,姜志辉译,商务印书馆,2010年,第570页。
② [美]杜威:《艺术即经验》,高建平译,商务印书馆,2007年,第12页。
③ 同上书,第274页。
④ 同上书,第275页。
⑤ [英]阿尔弗雷德·诺斯·怀特海:《过程与实在》,杨富斌译,中国城市出版社,2003年,第38页。

绵延和变化之中。"在一定意义上,每一种存在物都弥漫于整个世界。"①"宇宙的每一项,包括所有其他实际存在物,都是任何一个实际存在物的构成之中的组成要素。"②和其他的存在物相比,人类这种存在物并没有本质上的不同,"尽管心智是非空间性的,然而,心智永远是作为空间性的物质经验的反应和整合"③。和非生命的"集合体"不同之处在于,在人这种存在物身上存在一个"占支配地位的场合"协调身体各个部分,但这种核心的个人主导性只是部分的,"恰恰是因为有生命的场合与无生命的场合之间的差别不是非常明显的,而是或多或少有些差别,因而由原子构成的物质实体所组成的持续客体与不是由原子构成的物质实体所组成的持续客体之间的差别,同样也只是程度上的差别而已"④。不只是人具有精神性,每一种现实性本质上都是两极性的,既是物质的又是精神的。因而,存在"占支配地位的场合"即心灵性并不足以把人与其他存在物绝对地区分开来,和后者一样,人这种存在物也是一种"实际场合",由其置身其中的整个环境和世界生成,在其他的实际存在物中显示自身。简言之,人就是他的环境,"任何自然客体如果由于自身的影响破坏了自己的环境,就是自取灭亡"⑤。

柏格森的"生命哲学"也为伯林特所倚重。柏格森指出,静态的、无时间的逻辑思维无法阐明生命的本质,无法测量生命的深度。生命是一种"绵延",我们和环境,当下和过去,是连续性的、不可分割的整体。"绵延是过去的持续发展,它逐步地侵蚀着未来,而当它前进时,其自身也在膨胀。过去在不停地成长,因此,其保存时间也没有限制。……我们的过去和我们始终在一起。"⑥我们身上携带着漫长的历史,携带着整个宇宙的密码。我们是宇宙创造进化的产物,并且仍在和宇宙一起进化,并不是某种不变的实体——在柏格森看来,根本不存在不变的实体,"物理学越是发展,就越是会消除各种实体的个体性,甚至会消除那些核子(而科学正是依靠分解出这些核子,才展开科学想象的):各种实体和微粒子全都具有溶解为一种普遍的相互作用的趋向"⑦。我们拥有智能,但这并不足以把我们和世界区分开,相反,智能不过是生命在进化中形成的一种机能,和本能并没有本质区别,它们"都首

---

① ［英］阿尔弗雷德·诺斯·怀特海:《过程与实在》,杨富斌译,中国城市出版社,2003 年,第 48—49 页。

② 同上书,第 269 页。

③ 同上书,第 197 页。

④ 同上书,第 199 页。

⑤ ［英］阿尔弗雷德·诺斯·怀特海:《科学与近代世界》,何钦译,商务印书馆,1959 年,第 107 页。

⑥ ［法］亨利·柏格森:《创造进化论》,肖聿译,译林出版社,2011 年,第 5—6 页。

⑦ 同上书,第 172 页。

先针对种种物体,其次针对种种关系"①。换句话说,无论是本能还是智能,本质上都是一种"关系"概念,都牵系着我们和世界这两极。不同的是,智能要依靠非连续性,把人与世界分离开来,并把世界对象化、固态化、静止化,才能形成清晰的概念,而本能不必如此,它是一种"同情",让我们融入世界之中而不是与世界分离。"智能在生命周围活动,从生命外部采取尽可能多的视点,将生命拉向自己,而不是进入生命内部。然而,直觉(intuition)却将我们引向了生命的最深处。"②直觉在柏格森看来是一种本能,就对世界和生命的"绵延"的把握而言,就作为哲学的方法而言,它比智能(其典型形态就是逻辑思维)更有价值。"哲学只能是重新融入整体的一种努力。"③

伯林特的环境观也得到来自生态学的支持。生态学的首要法则是"每一种事物都与别的事物相关",在生态系统中,有机体之间、有机体和无机的自然之间在不停地进行着能量和物质的交流,各种元素和环节相互影响、相互制约,形成一个不断进化和演变的有机整体。生态学的普遍联系观与机械唯物论的普遍联系观是不同的,后者认为联系都是实体之间的联系,是外在的,联系的改变不影响实体的本质;而生态学强调的是一种有机的、内在的联系,事物的本质就形成和存在于与其他事物的联系之中,联系发生改变,事物的本质也随之发生改变。正如德国哲学家汉斯·萨克塞指出的那样,"机体不是被动地继承形式,如同蜡接受浇铸模型的形状那样,而是在个体和环境交界处按照环境条件来塑造自己"④。人作为生态系统中的一员,不仅无法割断与环境的种种联系而存在,而且人之所以成为这个人,也是由这些联系决定的,人"一旦离开他(她)周围的环境,就不再是同一个人"⑤。

环境心理学与环境行为学的研究也表明,环境对于人的生成具有重要作用,人与环境是一体的。环境心理学认为,每一种持续的行为方式都是同一种特定的空间结构不可分割地连在一块的。这种空间结构被称为"行为背景",也就是环境。"在西方社会,人们从孩提时代就学着在一定的场所用相应的方式行事。在这些场所,无论是音乐厅还是公园、教室还是殡仪馆,社会规范都通过向人们施加重压使他们遵守。"⑥但社会规范并不向人们发布一些明确的指令,而是更多地通过渗透在环境中的种种意义影响人们的行为。

---

① [法]亨利·柏格森:《创造进化论》,肖聿译,译林出版社,2011 年,第 134 页。
② 同上书,第 161 页。
③ 同上书,第 176 页。
④ [德]汉斯·萨克塞:《生态哲学》,文韬、佩云译,东方出版社,1991 年,第 20 页。
⑤ [美]大卫·格里芬编:《后现代科学——科学魅力的再现》,马季方译,中央编译出版社,2004 年,第 99 页。
⑥ Yi-Fu Tuan, *Enviromental Psychology: A Review*, Geographical Review, 1972, 62 (2), p.247.

"我们通过语言和手势,通过我们的衣着,以及包括家具布置在内的其他无数方式进行交流。"①环境与行为学研究领域的创始人之一阿摩斯·拉普卜特指出环境设计者必须研究"环境如何帮助组织人们的知觉和意义,以及这些环境如何诱导出恰当的社会行为"②。在一个地方生活时间长了,人们会不可避免地形成特定的生活方式和行为方式。伯林特正是在这个意义上深刻地指出,我们就是我们的环境。③

既然我们和我们的环境不是分离的,那么就不能像卡尔松、瑟帕玛那样根据环境的特征发展所谓的环境审美模式——这仍然建立在客体论的环境观之上。杜威指出:"审美经验的仅有而独特的特征正在于,没有自我与对象的区分存乎其间,说它是审美的,正是就有机体与环境相互合作以构成一种经验的程度而言的,在其中,两者各自消失,完全结合在一起。"④伯林特完全认可杜威,他用涵盖面极宽的"参与美学"来描述环境审美的特征。在环境审美中,我们的生理因素、历史记忆、社会经验、生活方式、行为模式、价值判断、宗教信仰等都会参与到环境感知中,对审美评判产生影响。在伯林特看来,环境审美是不需要学习的,我们天然地拥有对环境的感受力,"关键问题是:如何保持理性意识对当下感受力的忠诚,而不去人为地编辑它们以适应传统的认识"⑤。换句话说,环境是否具有审美价值,我们完全可以诉诸和信任我们的感受力做出的评判,我们也应该顺从我们的感受力来营建我们的环境。不过,环境批评仍然是需要的:一方面,某些"理性意识"会导致对感受力的遮蔽,我们需要予以清理,典型的如上一章我们谈到的传统美学基于人类中心主义价值观对自然美的否认。每个人都不可能在自然面前无动于衷,但理论就可以对自然美视而不见,言之凿凿地信口雌黄。另一方面,我们需要在描述的基础上对环境体验进行反思和分析,理清环境的不同特征、属性会带来怎样的审美体验,以指导我们的环境设计和建造工作。

(二)环境的美学价值与环境批评

与客观主义者将环境的美学价值看作独立于人的客观价值不同,伯林特认为它与人的环境体验不可分离,不仅环境的美学价值的性质——肯定的或

①　Yi-Fu Tuan, *Enviromental Psychology: A Review*, Geographical Review, 1972, 62 (2), p. 247.

②　[美]阿摩斯·拉普卜特:《建成环境的意义——非言语表达方式》,黄兰谷等译,中国建筑工业出版社,2003 年,第 41 页。

③　[美]阿诺德·伯林特:《环境美学》,张敏、周雨译,湖南科学技术出版社,2006 年,第 77 页。

④　[美]杜威:《艺术即经验》,高建平译,商务印书馆,2007 年,第 277 页。

⑤　[美]阿诺德·伯林特:《环境美学》,张敏、周雨译,湖南科学技术出版社,2006 年,第 23 页。

否定的——取决于人的审美体验,而且其意义主要就在于提升人的环境体验的敏感性。我们曾对自然采取谦卑的态度,但这种态度正日益消失,原因在于我们知觉体验的敏感性被所谓的文明的坚硬外表所掩盖。因而,恢复我们的知觉敏感性,既是杜绝对环境的侵犯和伤害的前提条件,也是我们更好地生存于这个世界上的前提条件。

伯林特认为,环境审美无处不在,它不以所谓的"无功利性"或"审美态度"为前提,任何对于环境的感知都具有美学意味。"当我们去购物,当我们在遛狗或者在公园中野餐时,我们都从美学的意义上参与到了景观中。不论我们是否意识到了周围的声音、是否意识到了阳光的灿烂、是否意识到了街道或是院子的味道,是否意识到了空间与大众的相互影响,这些都是我们的生活环境的组成部分并且进入了我们的知觉体验。因此审美体验在每一个场合都存在,它的知觉力量存在于环境欣赏的中心。"①不过,并非任何环境体验都是肯定性的,环境中的否定价值也非常突出,它会降低我们的感知敏感性,使我们遭受精神上的贫困。

否定价值并不就是丑,这是两个不同的范畴。在艺术中,艺术家们可以化丑为美,波德莱尔的"死尸"和毕加索的"老妇人"都是成功的艺术范例。艺术的丑在于其媚俗、陈腐、低俗及技巧低下,这些特征是对我们的道德感和美学感受力的侮辱。环境也是如此,丑并不等于否定价值,美学侵犯才是环境的否定价值突出表现。"美学侵犯在视觉上操纵我们,通过剥夺我们的感受力、操纵破坏我们的判断力,左右评价的确切性,或者通过制造纯粹的不适感来对我们产生不良影响。"②

伯林特历数了造成审美侵犯的环境形式,这些形式都是我们生活的常见场景:

> 商业活动中的伪造历史设计主题,这种主题是由经济价值主观决定的,丝毫不考虑时间和地点的适宜性,在视觉上和道德上同样具有侵犯性。
>
> 海岸线上的夏日小屋及其类似的建筑,赤裸裸地展现人的自私与放任,污染了整个景观。
>
> 缺乏创造性想象力的陈腐和枯燥,诸如毫无创意的广场、一成不变的现代主义风格公寓等环境设计,它们会磨钝人们的想象力和感受力,使人们在审美上变得疲惫、懈怠。

---

① [美]阿诺德·伯林特:《生活在景观中——走向一种环境美学》,陈盼译,湖南科学技术出版社,2006年,第16页。
② 同上书,第51页。

不适宜性,诸如一幢没有考虑其位置特色而修建的开发区房屋,或是忽略了建筑背景并具有破坏性的不均衡的设计,让人感到不舒适、不协调。

浅薄化,诸如没有灵魂的、东拼西凑的后现代主义风格的建筑,光怪陆离但让人厌倦。

欺骗性,看起来是大理石但实际上却是廉价的合成镶嵌板,人们发现这种表面的伪造性后感受到的是审美的欺骗。

虚假的本土性,比后现代主义风格带来的浅薄化更具有侵犯性,后者至少没有假装这些风格是真实的,但目前不顾时间、场合和背景而大量兴建的主题公园、民俗村等却大肆宣扬其真实性,掩盖了环境的真实性。

与上述侵犯性美学形式相比,缺乏美学造成的美学伤害可能更大一些。贫民区那脏乱的街道和堆满垃圾的空地,单调的面目相似的陋巷和棚舍,使人们遭遇美学上的匮乏,降低人们的生活质量。城市的噪音、废弃物以及摩天大楼和广告牌造成的视觉污染无所不在且无法躲避,也会给人们以巨大的美学伤害。美学伤害虽是在以知觉体验为基础的美学最基本的层面发生,但带给人的伤害却是巨大的。人类的知觉体验包含着丰富的要素,诸如出色的辨别力、知觉的提高和扩大、对感觉关系的认知、对深入欣赏的充满活力的参与、对所包含意义的掌握、对人类精神的发扬等等。"美学伤害暗中破坏了这些要素,它使知觉意识变得粗糙,限制了感觉认知和身体推动性活力的发展并且加剧了感觉腐化。美学伤害如此降低了人类体验这一复杂运行过程中的价值和意义。并且,对知觉体验的扭曲或是限制控制并误导了我们对真实的感知。极端的剥夺或是过度的、迷惑性的误导会导致疯狂或死亡。"①

与否定性的环境相比,肯定性的环境是一种人性化的环境,它意味着良好的生态状况,以及丰富的文化意味。生活在肯定性的环境中,人们感受到的是一种在家的感觉,一种与环境和谐一致的充实和幸福。荒野也具有肯定性的美学价值,它唤醒我们生命深处的野性,一种为文明所掩盖但人类却不能缺少的原始生命力。

对于理解我们的环境,环境批评有重要作用。既然环境的美学价值来自人的审美体验,那么环境批评自然也要以环境体验为基础。除此,它还需要敏锐的洞察力和强大的分析、判断能力,因为环境的美学价值来自人类活动的塑造和创建,对环境的批评也是对社会文明的批评。② 特别是在物质财富日益丰富但各种潜在威胁也相伴而生并迅速增长的今天,我们应该保持清醒

---

① [美]阿诺德·伯林特:《生活在景观中——走向一种环境美学》,陈盼译,湖南科学技术出版社,2006年,第59页。

② 同上书,第19页。

的头脑,审慎地做出判断。伯林特对迪士尼世界的解构是环境批评的一个很好的范例。

　　迪士尼是一个梦幻般的环境,没有工业社会普遍存在的压抑感,缓慢的步伐、轻松的氛围、多样化的娱乐、周到的服务和笑脸,激起一种愉快和舒适的感觉。在迪士尼世界中,人们可以看到世界各地的建筑、文化、表演以及对于高科技未来世界的令人愉快的展示,人们无忧无虑地穿行其中,仿佛置身仙境,批评和争论永远不会发生。一切都似乎表明,迪士尼世界是一个人性化的、理想的环境。然而,伯林特指出,迪士尼世界实际上是一个软销售的环境,这里的每一件东西似乎都是为了让人放松和愉快而设计的,但实际上微妙的控制遍布于每一个角落,对每一位游客进行着完全的操纵,尽管采取的是一种使人消除警戒心理的温和方式。这是一个"消费主义的仙境",每一件事物都被转换成了可供消费的形式:国家和民族传统、科学、技术、教育等,让人在购买商品时仍然相信自己在游玩之中。"在此我们拥有的是一种新的殖民主义,一种建立在消费者基础上的公司殖民主义和一种建立在第三世界之上的高科技民族的殖民主义。消费文化在公司利益的名义下挪用了历史、民族的实践甚至科学,这一点尤其体现在未来世界的那些展台上。"①因而,尽管有着仁慈、宽容的外表,迪士尼世界仍然是一种"极权主义的环境",每一件事都规划得如此成功,每一件事都受到了控制,每一件事物都永远存在并且未来以一种永久美好的形式展现在我们面前,乐观和欢呼成为唯一的旋律。"人们不承认技术有着某种不良的后果,我们星球上目前的很多问题——从酸雨到臭氧层受到破坏到人口过剩、原子核废弃物和当代战争——都是科学和工业技术严重的未预料到的有害的后果。历史的巨大伤痛被一种温和的情感浪漫主义掩盖,变成了一场流行的盛会。"②这样,迪士尼世界暗中破坏了我们对现实的掌握,尽管众多的游客是支持它的,但我们仍然要对其虚伪和操纵、对其空虚的、具有催眠性和剥削性的愉悦进行谴责。

　　由此,伯林特部分地转向规范美学的立场,"我们必须意识到规范和其他要素一样遍及所有的体验和认知过程……我们接触的所有东西都有一个规范尺度"③。对于环境批评来说,规范尺度存在于我们对于人性化环境的理解中,而什么是真正的人性化环境,又同我们对于环境、对于人性的哲学探讨密不可分。

------

① ［美］阿诺德·伯林特:《生活在景观中——走向一种环境美学》,陈盼译,湖南科学技术出版社,2006 年,第 39 页。
② 同上书,第 40 页。
③ 同上书,第 43 页。

(三)塑造人性化的生存环境

伯林特认为,环境美学不是一门纯理论的学科,它在实践领域也有着广泛而重要的应用。由于环境同人们的健康、满足感、自我实现和幸福感密切相关,因而从美学角度对人们改造环境的行为进行指导,塑造人性化的生存环境,是环境美学的重要使命。

伯林特从美学角度对许多环境类型进行了探讨,诸如外层空间、艺术博物馆、教堂等,但他最为注重的还是同人们关系最为密切的日常生活环境。鉴于这部分内容比较琐碎,我们无法一一进行介绍,因而此处重点探讨他的"场所"概念。伯林特多次强调,对于我们的日常生活环境来说,能否给我们"场所感"非常重要。

"场所"最初由海德格尔提出,后来发展成为人文地理学的一个非常重要的概念。在《存在与时间》中,海德格尔指出:"我们把这个使用具各属其所的'何所往'称为场所。"①通俗地说,场所就是我们非常熟悉以至于已经和我们成为一体的环境,我们了解其中每一个事物,深谙其意义。海德格尔还指出场所具有"熟悉而不触目的性质",只有在缺失时,我们才能感到它的存在和意义。

人文地理学者认为海德格尔的理论"提供了一个新的方式去重新思考地方所拥有的不同意义"②。段义孚这样区分空间和场所:空间是抽象的、宽泛的、开放的、空洞的,等待想象用物质和幻象去将其填充,它意味着可以算计的未来;相比之下,场所意味着过去、现在、稳定性和成功,它是为人的目的并由人创造的,获得一个场所意味着要居住在里面,用全部身心去体验它。③爱德华·雷尔夫认为:"做人就是生活在一个充满许多有意义地方的世界上,做人就是拥有和了解你生活的地方。"④这样的地方就是场所。

场所感是一种微妙的感受,很难用语言来清晰表达。正如段义孚谈到社区时所说:"这种场所感的滋长不是一个可以感知的过程,它总是伴随着每一种味觉、嗅觉、触觉以及像借醋、还醋这样的日常活动在我们潜意识中留下

① [德]马丁·海德格尔:《存在与时间》(修订译本),陈嘉映、王庆节译,生活·读书·新知三联书店,2006年,第120页。

② [英]迈克·克朗:《文化地理学》(修订版),杨淑华、宋慧敏译,南京大学出版社,2005年,第102页。

③ Yi-Fu Tuan, *Place: An Experimental Perspective*, Geographical Review, 1975, 65 (2), p. 165.

④ [英]迈克·克朗:《文化地理学》(修订版),杨淑华、宋慧敏译,南京大学出版社,2005年,第101页。

的印记。"①场所感是一种温馨、幸福的感觉,来自那些我们熟悉的、情感化了的生活场景,富有情趣的生活方式,以及发生其中的成长的记忆。谈及场所感总不可避免地带有一股怀旧的味道,因为我们的生活环境变化太快,无论是农村还是城市,而生活的记忆总是和那些消逝的事物融在一起。所以,伯林特感慨:"场所日益被视为一种失去的价值,我们在梦中重新获得这一家园。"②

正如海德格尔所说,场所只有在操劳的残缺状态下方才以触目的方式映入眼帘。只有在外出奔波鞍马劳顿之际,我们才能真切感受到家这一场所的温暖;同样,正是因为今天的居住环境日趋冷漠和非人化,不再成为场所,场所才被视为"一种失去的价值"。其实,尽管场所感往往和记忆连在一起,但场所并非只存于过去,今天的一些人性化设计、充满生活气息的城市和社区也是理想的居住场所。时间也并不是形成场所的必要条件,一个人可能在短时间的旅居中了解一个城市并爱上它,也可能在一个地方居住多年但仍感到疏远。场所的形成是多种因素造成的,环境美学需要对这些因素进行探究,以助于我们把生活环境营建成为场所。

生态状况值得特别关注。刺耳的噪音,污浊的空气,钢筋水泥的丛林,不仅对人的身体健康造成巨大损害,还使人遭受各种精神疾患的困扰,伯林特称之为"压迫性的"环境。这样的环境只会带给人"美学伤害",无法使人获得场所感。所以,尽管享受到了更好的医疗、教育条件——这也是成为场所的重要方面,很多从乡村移居城市的人仍不满意。建设良好的生态环境,这是使环境成为场所的前提条件。

审美感知的多样化,生活节奏的张弛有序,也同场所感的获得密切相关。伯林特指出,城市应该作为一个连续性的、富于变化的环境来规划设计,并重视公园、戏院、游乐场等娱乐休闲场所的布局和作用,以满足人们多种审美体验的需求。目前人们的生活节奏越来越快,生活方式趋于标准化,这使人们的生活贫乏枯燥且疲惫不堪,我们应该抛弃标准化的规划和设计,创造环境的广泛的多样性:感知的多样性、活动的多样性和意义的多样性。

丰富的历史文化内涵可以给人以厚重的场所感,因而拥有辉煌历史和古迹的地方是幸运的。伯林特指出:"真正的环境必然与它的时代、地区和人民是紧密结合的。"③他非常重视教堂、历史建筑和街区,这些地方携带的历

---

① Yi-Fu Tuan, *Place: An Experimental Perspective*, Geographical Review, 1975, 65 (2), p.158.

② [美]阿诺德·伯林特:《生活在景观中——走向一种环境美学》,陈盼译,湖南科学技术出版社,2006 年,第 83 页。

③ [美]阿诺德·伯林特:《环境美学》,张敏、周雨译,湖南科学技术出版社,2006 年,第 83 页。

史记忆和精神意义将现在与过去联结起来,使时空变得深邃,给人以源源不断的精神上的滋养。伯林特反对后现代主义式的复制和重建,因为复制品没有真正的历史,会败坏历史感觉,是一种审美上的欺骗。如何发挥有形的古迹和无形的历史文化在场所形成中的作用是一个有待深入研究的课题。

场所感是一种归属感,它意味着安全、稳定、身份认同和生存的意义。英国学者迈克·克朗指出:"我们总是通过身边的事物而不是抽象的图式来认识这个世界的。"①生活在一个能够给人以场所感的环境中,对于培育完善的人格有很大帮助,同样也有助于社会的文明进步。伯林特认为建立在对场所的情感认同和自觉维护上的"美学共同体"远胜过建立在个体强制上的"理性共同体"和"道德共同体",是通向马丁·布伯在《我与你》中倡导的"联系世界"的更好的选择。②

(四)伯林特的贡献与缺陷

伯林特和以卡尔松为代表的客观主义者的最根本的区别在于思维方式和世界观的不同,后者立足主客二分,而伯林特要求超越主客二分,用整体和联系的观点看待一切。伯林特的环境观、美学观、身体观以至任何一个理论观点,都明确地贯彻了整体和联系的观念,反对任何将事物分离和对立起来的做法。我们知道,联系和整体也是生态学最基本的原则,伯林特的环境观和自然观中生态维度是显而易见的。也许我们可以将伯林特的环境美学看作生态范式下的环境美学——这需要我们扩大对生态的理解,将其从自然领域扩展到人文领域。事实上,我国的生态美学和伯林特的环境美学有很多东西是相通的,比如,都强调对主客二分思维方式和认识论美学的超越,都主张人与自然的一体性,都重视美学对于人的存在和生成的重要性,等等。曾繁仁直接将"场所意识"和"参与美学"作为生态美学观的重要范畴,更是表明二者之间的亲缘关系和可交流性。

伯林特提出环境美学的使命在于重构美学理论和塑造人性化生存环境,这种构想已经表明了其价值和意义之重大。笔者以为伯林特初步实现了他的构想,他深刻地反思和批判了传统美学中身体维度的缺失,打破了康德美学造成的种种分离和对立,诸如审美与认知、美感与快感、审美经验与日常经验等,恢复了美学、艺术同广阔的社会生活领域之间的密切关联,并基于新的

---

① [英]迈克·克朗:《文化地理学》(修订版),杨淑华、宋慧敏译,南京大学出版社,2005年,第102页。

② [美]阿诺德·伯林特:《生活在景观中——走向一种环境美学》,陈盼译,湖南科学技术出版社,2006年,第117—118页。

身体观完成了美学向身体和感性的复归。伯林特还将环境美学理论研究同应用领域紧密结合起来，要求发挥美学在环境批评和环境实践的作用，从而塑造人性化的生存环境，使环境成为我们的场所和家园。总之，伯林特提出了一系列具有开创意义的主张，更新了我们对美学的理解，提升了美学的地位，也为环境美学勾画了一个极富前景的未来。

伯林特的环境美学尚处在初创阶段，他的贡献主要在于为环境美学的发展规划基本的理论框架和方向，在一些具体问题上还不够深入。对于科学知识在审美中的作用，伯林特虽然不予否认，但态度并不积极。在环境问题不断加剧的今天，卡尔松对科学知识的强调在笔者看来更有意义。自然环境审美是伯林特的一个薄弱环节，他满足于对自然体验进行描述，始终没有明确阐明何以自然体验给人一种肯定的、自由的审美愉悦。对于审美体验结构的研究还不够深入，他只是笼统地指出审美体验是囊括了多种因素的系统整体，对于这些因素及其各自作用缺乏细致的分析探究。这一缺陷在史蒂文·布拉萨的景观美学研究中得到了很好的弥补。当然，伯林特的问题不是观念、原则上的问题，他的参与美学具有极大的包容性，在将来的发展中可以不断吸收各种有价值的洞见来完善自己。

第四节　布拉萨：景观美学的三重理论框架
　　　　与批判的区域主义

史蒂文·布拉萨和伯林特出身不同，伯林特是一个哲学美学家，而布拉萨是美国宾夕法尼亚大学城市与地区规划专业博士，后任美国路易斯维尔大学城市与公共事务学院院长、KHC地产研究教授，是一位来自环境实践领域的美学家。出身的不同导致二人在研究的着力点上也存在差异，伯林特的研究主要在哲学和美学理论层面上展开，而布拉萨的研究则致力于将理论同景观规划和设计联系起来。由于在思维方式、环境观、美学观以及审美经验和模式等重要问题上，布拉萨和伯林特基本上是一致的，这使得布拉萨的理论恰好形成了对伯林特的有益补充。

布拉萨认为环境这个概念太宽泛了，包含了不被感知甚或没有必要被感知的事物，因而更倾向于用景观和景观美学的概念，他赞同马西亚的观点，"直到人们感知它，环境才成为景观"①。也就是说，景观中包含的主体感受

---

① [美]史蒂文·布拉萨：《景观美学》，彭锋译，北京大学出版社，2008年，第12页。

更能表明它是一个美学对象而非其他学科的研究对象。不过,景观似乎意味着它总是外在于观察者的对象,是旅游者眼中的风景。对于景观概念中的这种主客二分色彩,布拉萨小心地进行了剔除,他强调对于景观的研究,应该立足人文地理学者们所陈述的"存在论上的内在者"的视界。"在这种内在性中,一个地方可以被没有深思熟虑地和自觉地反省但却充满意义的经验。绝大多数人当他们在家里或者在自己居住的城市或地区的时候,当他们熟悉这个地区和它的人民并且他们也被那个地方所熟悉和接受的时候,他们所经历的就是这种内在性。"①这就意味着布拉萨的景观和伯林特的环境一样,都是包含了感知者及其评价并同感知者形成了丰富的意义关联的整体。虽然使用的术语不同,二人都是立足整体和联系的观念看待研究对象。

在美学理念上,布拉萨和伯林特一样反对康德在审美与认知、伦理等实践领域所做的严格区分,他援引斯克鲁顿的建筑美学理论指出:"康德对审美和实践的划分以及他宣称审美偏好的主观普遍性,不仅对于建筑而且对于景观来说都是站不住脚的。相反,对建筑和景观的审美鉴赏,不可避免地与特殊的个体和文化集团的实践意义相联系。"②同样,他也反对传统美学在美感和快感、形式与内容、审美感官和非审美感官之间所做的区分,以及审美主体和审美对象相分离的主张。和伯林特一样,布拉萨认为景观美学是一种日常生活的美学,也是一种参与的美学,人的作用必须被强调,"内在者"的经验优先于"外在者"。

(一)景观美学的三重理论框架

布拉萨对于伯林特的最大突破在于他提出了一个三分的理论框架,从生物法则、文化规则和个人策略三个方面来解释我们的景观审美问题。伯林特关于环境体验是一个复杂的系统整体的论断虽然极富洞见,但他只是简单地罗列了参与审美的那些因素,缺乏进一步的分析探究,不免给人以粗糙之感。布拉萨的研究有效地弥补了这一缺陷,大大推进了我们对环境(或景观)审美的认识。

布拉萨指出,对于审美经验的解释目前有两种主要倾向:一种是立足生物学,认为美学有一个生物学基础,代表性人物的是阿普尔顿,把景观的非生物学现象概括为只不过是出于生物学需要的反应方式的一种变异;另一种立足文化,认为审美是严格的文化现象,审美敏感性是将人和动物区分开来的东西,对于同一景观的不同审美经验和偏好只能从文化方面去解释,恩斯

---

① [美]史蒂文·布拉萨:《景观美学》,彭锋译,北京大学出版社,2008年,第4页。
② 同上书,第47页。

特·卡西尔和苏珊·朗格便持这种立场。布拉萨认为在审美经验的生物学解释和文化解释之间存在着一种张力。生物学基础是不可否认的,即使发展了高度复杂的文化,人类依然是生物学上的生物。杜威强调人与动物之间的连续性,把审美经验建基于有机体与其环境的原初联系之上,表明美学有一个生物学基础;同样,荣格的"集体无意识"和"原型",也是一种基于本能或生物学意义上的精神现象。文化产生以后,对审美经验产生了显著的影响,但生物学的影响并没有因此停止,二者难以分割地纠缠在一起。对生物学和文化这两个维度进行综合,是我们正确理解审美经验的必由之路。

　　生物学的和文化的影响共同对个体发生作用,但具有创造性的个体也会在一定程度上超越生物学和文化的约束,通过智力活动形成新鲜的审美经验。并且,如果个体的这种创造性得到文化的认可,还会推动文化态度的变革。巴彻拉德这样评价莫奈:"自从克洛德·莫奈注视那些睡莲开始,巴黎地区的睡莲就更漂亮,也更大了。它们更加平静地漂浮在我们的河流上,有着更多的叶子。"[1]布拉萨使用了迈耶的术语,用法则、规则、策略来分别指称生物、文化、个人对审美经验的影响,法则和规则是对美学的限制,策略则提供了创造的机遇,由此他确立了美学的三重构架:

审美经验模式和作为美学限制和机遇的显现

审美经验模式	限制和机遇
生物的————————→	法则
文化的————————→	规则
个人的————————→	策略

　　布拉萨认识到,审美行为往往是三种模式的复杂的相互作用,哪些方面是生物的、文化的抑或个人的根本就不明显,每一种模式都制约着其他模式。"生物法则制约着文化规则,文化规则依次又制约着个人选择。另一方面,文化的变化源于个人的创新,人类基因的修改也源于文化实践的更新。"[2]虽然努力找出生物法则、文化规则和个人策略存在着困难和潜在危险,但这种努力却是分析景观美学合乎逻辑的手段,也是综合应用于景观评估和设计的一个基础。

1. 生物法则

　　阿普尔顿是从生物学角度阐释美学的最著名的人物,他的理论的基本内容是:满足生物需要的环境会自发地在人们那里产生积极的反应。由此他提

---

① 　转引自[美]史蒂文·布拉萨:《景观美学》,彭锋译,北京大学出版社,2008年,第20页。
② 　同上书,第88页。

出了"栖息地理论":"在对景观的静观中经验到的审美满足,源于对景观特征的自发感知,这些特征在它们的形状、颜色、空间组织和其他视觉属性上体现出来,作为显示易于生存的环境条件的刺激符号而起作用,不管这些环境条件是否真的易于生存。这种主张我们可以称之为栖息地理论。"①阿普尔顿和他的追随者们探索了早期人类居住地对于解释现代景观偏好的意义,指出人们之所以对草原特别是包含了水源的草原有着特殊的偏好,原因是这类景观有利于作为人的栖息地。和"栖息地理论"密切关联的是"瞭望—庇护理论",能看见他者和不被他者看见的能力可以保护个体免受危害,因而一个环境具有的保证让人拥有那种能力的功能,就成了审美满足的一个直接来源。比如,带有小屋的荒野景观要比没有小屋的更能引起人的审美偏好,小屋的吸引力就在于它满足了观赏者寻求庇护的潜在心理需要。

除阿普尔顿以外,最有影响的景观美学的生物基础理论是由 R. 卡普兰和 S. 卡普兰提出的"信息—处理理论"。他们认为早期人类发展了获得和处理关于周围环境的大量信息的能力,这是他们能够在非洲热带草原成功捕获大型猎物的原因。因而,人们偏好促进和刺激知识获得的环境,因为这种环境对人类的生存至关重要。信息—处理理论显然是栖息地理论的一种形式,也是对瞭望—庇护理论的一种补充——瞭望是吸引人的,因为它有助于信息的收集。汉弗莱从结构主义的角度提出了另一种生物学基础理论,强调景观要素之间的关系重于单个要素。他集中关注人类"通过分类获得理解的愿望",可以视为信息—处理理论的一种详细说明。依据汉弗莱的看法,由于我们喜欢给事物分类,因此我们受到韵律、节奏和关于同一主题的各种变化的吸引,自然和自然景观就充满了这样的节奏和变化。因而,城市景观必须通过提供刺激的但不是不可了解的节奏和变化来诉诸我们分类的愿望。

上述理论都可归结在栖息地理论的基本观念之下,他们提供了关于景观偏好的一些有吸引力的解释。不过,布拉萨指出,这些理论对于景观评估和设计在目前看来意义不大,每种理论都是强调了美学的可能的生物基础的一部分,而且忽略了审美经验的文化模式和个人模式的事实。而且,我们知道参与式审美体验同观看景观图片的区别是很大的,而研究者们主要是运用图片展开调查,根据调查结果进行分析和推论,这也决定了他们的结论难以运用到景观设计中去。在笔者看来,上述理论的主要意义就是理论层面的,它们使我们认识到潜藏于我们生命底层的生物本性,认识到这些被文化外壳深深掩盖起的生物本性仍在悄悄地参与和影响我们的审美感知。人与环境的

---

① 转引自[美]史蒂文·布拉萨:《景观美学》,彭锋译,北京大学出版社,2008 年,第89 页。

审美关系是环境美学的基本问题,也是我国正在发展的生态美学的基本问题,各种形式的栖息地理论给我们研究这一问题提示了一个很有意义的维度。我们可以以更为开阔的视野探讨人作为生命有机体同环境之间的各种内在关联,揭示美学中所忽视的人的生态本性,从而更新我们对美学的理解。

布拉萨提到的栖息地理论之外的一种生物学基础理论是格式塔理论,它假设在环境对象的某些形式方面与神经处理过程之间存在一种同构关系。格式塔理论已经发展成为一个重要的心理学流派,并引起高度重视。但布拉萨认为格式塔理论作为景观美学的生物学解释是不适当的,它仍然是一种未能得到充分证实的假设,而且它也无意于解释任何东西。

2. 文化规则

文化会对人们的环境感知施加影响,这一点显而易见。卡西尔的符号学雄辩地论证了人类是通过符号认识和感知这个世界的,而符号总是一种文化的符号。卡斯通尼斯认为:"与其说我们在环境中发现审美上引人注目的特征……不如说我们根据我们个人的和文化的信仰、价值和需要将这些特性赋予了环境。"①伯林特干脆将环境美学视为一种"文化美学"。布拉萨也认为,景观是一种文化的景观,包含了各种文化符号,内在于其中的文化群体可以从中获得历史感和归属感。

布拉萨关注的是更为具体的问题,诸如,一个群体更钟情于自己国家的景观还是别的国家的景观,一种文化景观的"内在者"和"外在者"的审美感知有何不同,等等。这些问题的探讨不仅可以就审美感知的文化维度给出具体、微观的阐释,而且同景观规划和设计密切相关。布拉萨得出的结论是"熟悉性和专门知识,或者更精确地说存在状态和专业状态,把握了对于审美价值的文化差异的大部分内容"②。"熟悉性"将感知者划分为"内在者"和"外在者",内在者根据事物的实际意义来看事物,外在者只看到事物表面。内在者的感知具有优先性,景观的规划和设计必须重视内在者的意见。

专家和非专家的审美态度和偏好有着很大的差异,这使得景观规划者们要想完满完成自己的使命有很大难度。外来的规划者对地方的熟悉通常是外延上的熟悉而不是内涵上的熟悉,他们通过似乎客观的数据了解到的信息往往并不能反映当地人的存在状况,这会导致他的规划背离居住者的经验和价值。作为内在者的当地专家和非专家在审美上也存在差异,罗迪关于堪萨斯弗林特山地区的研究比较了专家和非专家的评价,发现景观建筑的学生和

---

① 转引自[美]史蒂文·布拉萨:《景观美学》,彭锋译,北京大学出版社,2008年,第130页。
② 同上书,第150页。

资源管理者比教师、农庄成员和教会成员更容易做出负面评价,特别是资源管理者对于带有诸如建筑或其他结构的文化改造的风景比教师或教会成员明显更不偏好。这表明专业兴趣会改变人的审美态度和偏好。虽然专家具有衡量非专家的审美偏好的能力,但他们的估计往往不准确。总之,景观规划师和建筑师们作为一个群体和非专家的内在者的审美态度、偏好是有差异的。

布拉萨不厌其烦地引述了大量的资料对不同群体的审美偏好进行分类探究,旨在通过"内在者—外在者"的划分,提请规划者和设计者们关注内在者的存在状况,以便克服自己与那些将要居住在他们建造出来的空间的人们之间存在的某些隔阂。这一点他同伯林特是一致的,环境美学最终的目的是塑造人性化的环境,给予相关文化群体以完满的审美体验,使环境成为人们生存的场所和家园。

3. 个人策略

布拉萨指出,个人策略一方面表现为"感知策略",另一方面表现为"设计策略"。创造性的感知策略非常重要,一旦它们为人们所普遍接受,便可能导致对待景观的文化态度的改变,在这方面它和艺术有着同样的作用。卡西尔谈论艺术家时指出,"当我们进入他的透镜,我们就不得不以他的眼光来看待世界,仿佛我们从前从未从这种特殊的方面来观察过这世界似的"①。环境美学家众口一词地肯定环境批评的重要性,原因之一就是推重其对大众的审美感知的引导和改变。

创造性的设计策略同景观的实际改造有关。任何成功的设计都首先要考虑"背景"——包括气候、地势、当地的文化价值观念、社会问题和政治问题、邻近场所的特征、当地的建筑技术,等等。背景的其他方面是更为普遍的东西,如设计者在设计史、国际建筑技术、设计理论等方面的知识。最好的设计应该对这些领域有完备的了解,以期做出创造性的设计行为。另外,好的设计必须以某种方式对现有的价值观念起作用:某些情况下,恰当的方式可能是稍微背离现存价值观念;另一些情况下,尖锐背离它的背景可能才是合适的——比如为了获得某种特别的象征意义。布拉萨特意对20世纪环境设计中过分强调创新的趋势提出了批评,这种趋势破坏了现代都市景观的整一性。景观作为一种作用于公众的艺术形式,较之艺术具有更强的社会依赖性,因而景观的规划和设计应保持一种小心翼翼的平衡,既要保护社区免于不符合它们背景的设计,同时又要为导致建设性改变的创新提供机遇。

---

① [德]恩斯特·卡西尔:《人论》,甘阳译,西苑出版社,2003 年,第156 页。

　　无论是感知策略还是设计策略,创造者都是那种能够以非传统的方式看待事物的人,因而他们能够打破思想的习惯模式。不过,创造性的个人必须对所要解决的问题有多方面的了解,这样才能就所要解决的问题给出创造性的解决方案。

　　较之于伯林特的参与美学,布拉萨的三重理论框架对审美感知结构的研究要深入得多,它对三个不同层面上的因素在审美中的作用展开了较为详尽的探讨,表明景观审美既受到普遍规则的限制又有着自由创造的空间,因而既不是客观普遍的,也不是主观任意的。布拉萨关于个人创造性策略层面的表述,为发展一种新型的环境审美文化提供了理论上的依据,也超出了伯林特的视野,后者只是单向地强调文化对于审美的影响。

　　布拉萨的三重理论框架对于景观评估和景观规划有着直接的指导意义。景观的量化评估方式因只注重景观的视觉特征受到大多数环境美学家的反对,其中卡尔松认为景观评估的主体应该是环境批评家,这部分人既有审美的敏感性,又掌握着自然科学知识和景观历史知识;而伯林特认为景观评估应该基于人们的审美体验,特别是内在者的审美体验。布拉萨和伯林特一样认为景观不可避免地是公众的,景观评估必须反映公众的价值;同时,他又指出公众的偏好应当引导而不是裁决专家做出的决定,公众偏好只能是景观设计和经营中应当被考虑的多种维度的背景中的一种要素。布拉萨认为卡尔松关心的东西和他的"创新的个人策略层面"表达的是一回事,环境批评家所具备的品质类似于他所说的创造性的个人所应具备的品质,景观评估以及环境审美文化的变革应该发挥这些人的积极作用。如此,布拉萨实际上在卡尔松和伯林特之间采取了一种折中的立场,也是一种更合理的立场,他本人称之为"作为景观评估模式的景观批评"。

(二)批判的区域主义

　　针对建筑、景观设计、城市规划以及相关的领域,布拉萨提倡一种"批判的区域主义",作为后现代主义的一种,它同现代主义截然不同。在建筑中,现代主义和"功能主义"相联系,拒绝所有的传统和历史参照,强调一种表现理性形象的机械美学。作为一种国际风格,它广泛适用于各个地方、各个时期,丝毫不去考虑文化、历史、气候、地形等因素。在城市规划中,现代主义认为有可能通过理性设计制定一个内容详尽的规划来解决所有的城市问题,特别是拥挤和贫民窟。其代表人物是柯布西耶,他呼吁彻底放弃城市的历史构造,建造理性化的、功能化的新城市。布拉萨的景观美学显然不支持这样一种理念,建筑和城市对于人们的意义不只是功能上的,人们还需要从中获取文化的认同感和归属感。现代主义不仅没有兑现自己的承诺,提高人们的生活质量,反而使环境失去了活力和吸引力,人们的生命存在也因而变得更加单调、贫乏。

"反动的后现代主义"拒绝完全排他的功能主义,转而提倡一种纯形式的语境主义风格,历史典故和装饰成为建筑中不可缺少的元素。不过,反动的后现代主义走向了形式主义的极端,变成了"对流行的或伪历史形式的机械模仿的大杂烩",一种"浅薄的写景术"。他们对形式上的小创意着迷,但并不关心这些形式的文化意义。现代主义取消意义,反动的后现代主义则在拼贴和游戏中放逐了意义。尽管二者有所不同,但都脱离地方背景,都有可能作为一种普遍的风格进行推广,从这个角度说二者没有什么本质的不同。与反动的后现代主义相对的是批判性的、反抗的后现代主义,也就是布拉萨提倡的"批判的区域主义",它力图增强地区的同一性,加强它们的文化内涵。每个规划和设计都没有一成不变的风格和模式可供遵循,都必须结合各种具体情况做出判断。"批判的区域主义是建筑和规划中的一条非常具有自我批评色彩的道路。它承认背景的重要性,但这种承认不限于对现存建筑的认可。它也赏识当地文化、社会风俗、政治事务、建筑技术、气候、地形以及这个区域背景中的其他因素的重要含义。批判的区域主义了解普遍采用的技术,但是却不会不考虑当地的条件而武断地使用它们,同时批判的区域主义者们也没有求助于煽情的地方特征或反动地运用历史材料。"①总之,批判的区域主义充分重视建筑景观的文化、历史内涵,努力保持历史与当下的统一性、延续性,同时又面向未来,致力于打造更富有生机活力的人性化景观。

布拉萨的景观美学有一个突出的优秀品质,那就是在"描述美学"和"规范美学"之间保持着适当的张力。他和伯林特一样认为审美体验是一个复杂的整体,注重对审美感知结构进行分析研究,尊重"内在者"的体验;同时他又支持具有创造性的个人对既有的文化规则进行超越,进而引导和改变人们的审美感知,这正是卡尔松的规范性美学所要表达的东西。其实,环境美学既不能仅是描述性的,也不能仅是规范性的。伯林特认为我们不可能规定人们怎样去对环境进行体验的看法是对的,从这个意义上我们只能对环境体验进行"描述"。然而,环境美学最终是规范性的,它的使命之一便是重塑人们的审美体验,在其中融入伦理情感和生态意识。描述性和规范性体现在不同的层面,二者完全可以协调起来,布拉萨的理论便提供了一个较为完美的范例。在景观评估和景观规划上,布拉萨采取了相似的立场,既尊重公众的经验

---

① ［美］史蒂文·布拉萨:《景观美学》,彭锋译,北京大学出版社,2008 年,第 186 页。

和价值,又注重创造性,这种立场将有助于我们发展一种新型的环境文化。

布拉萨的景观美学较好地将理论研究同景观规划、设计实践联系起来,凸显了理论研究的价值和意义。他的研究代表了环境美学未来的一个发展方向,因为发展环境美学最终要落脚于改造和重塑我们的环境。

在本章所探讨的问题的基础上,我们列出一个表格,以便对环境美学的两种建构取向有一个较为全面、直观的把握:

	客观主义取向	整体主义取向
思维方式	主客二分、本质主义	超越主客二分,整体主义
环境观	外在于主体的客体	包容一切、普遍联系的整体
理论起点	发展一种正确的审美模式	对环境体验进行描述和分析
审美经验	分离	参与、介入
自然审美模式	自然环境模式	参与模式
科学的地位	主导、支配性地位	众多因素中的一种,不占主要地位
理想的鉴赏者	博物学家、专家	"内在者"具有优先性
美学精神	科学主义	人文主义
美学倾向	精英主义	平民化
审美与认知的关系	以认知代审美	认知可以参与审美,但必须遵循美学的逻辑
与传统美学的关系	拓展美学疆域	拓展美学疆域,变革美学观念
美学范式	艺术哲学,参照艺术哲学构建环境美学	环境美学,通过变革美学观念更新对艺术的理解
主要应用领域	环境评估、环境教育	环境评估、环境规划和设计
环境美学的任务和使命	培育环境伦理意识,使人们正确地进行环境审美	培育环境伦理意识,建设人性化的生存环境

从表格上我们很容易看出:整体主义取向的环境美学更优越,更能代表环境美学未来的发展方向。不过,我们不能轻易在两种环境美学之间做出取舍,虽然客观主义取向的环境美学在思维方式和体系构建上都存在问题,但他们也提出了不少有价值的见解,比如,卡尔松、瑟帕玛对生态学和生命价值的强调,关于通过环境批评和环境审美教育培育人们的环境伦理意识的构想,等等。我们完全可以将这些洞见整合进新的美学范式中。正如托马斯·库恩所指出的,范式变革抛弃的只是旧的范式,而不是经验性知识。而且,多元性是当前普遍承认的价值,环境美学也应该保持一种多元性的局面。

第三章 从"静观美学"到"参与美学"

——环境美学与美学理念的更新

上一章我们谈到,卡尔松和瑟帕玛的环境美学是参照艺术哲学构建起来、与艺术哲学相平行的的美学学科,这样,我们就拥有了两种美学:环境美学和艺术美学,二者的不同从根本上取决于对象本体的不同。伯林特对此不以为然,他追求美学的普适性,力图建立一种能够涵盖艺术和环境的美学,卡尔松称之为"一元化的美学诉求"。伯林特认为根据不同对象构建不同理论的思路依然源于夏夫兹博里和康德的传统美学,而传统美学以及作为其哲学基础的主客二分哲学都是需要反思和批判的。我们应该摒弃主客二分的思维范式,走出传统美学设立的无功利、静观、审美距离、审美经验和日常经验的对立等一系列美学教条,找到新的美学基点:身体。——无论是艺术还是环境欣赏,都离不开身体的参与和体验。传统美学的偏见和教条遮蔽了身体在艺术欣赏中的作用,而环境进入美学视野使得身体在美学中的作用凸显出来。因而,与瑟帕玛将艺术哲学看作环境美学必须参照的美学范式不同,伯林特认为环境美学才是美学范式,它将更新我们的美学观念,进而推动我们对艺术的理解。

伯林特的观点无疑是非常激进的,事实上,他是唯一敢于出此言论的环境美学家。笔者以为,只有在伯林特这里,环境美学才真正展示出其革命性的意义。伯林特的"参与美学"对美学的冲击是全方位的:首先,它颠覆了传统美学理念,更新了我们对艺术的理解,重新接通了艺术和生活的血脉,瓦解了艺术的等级制和精英主义的艺术观。其次,把美学理论和美学实践更紧密地结合起来,发挥环境美学理论对于景观设计、城市规划、建筑等应用领域的指导作用,致力于营造人性化的生存环境,这样一种维度在将目光拘囿在"如何正确地鉴赏环境"的卡尔松和瑟帕玛那里是缺失的。最后,参与美学还与身体美学、日常生活美学等新兴美学产生呼应,形成了一种"大美学"的气象和格局,这对推动美学的发展意义重大,席勒当年提出的美学理想——通过审美来对社会和人进行改造——正逐步成为现实。本章,我们将从参与美学对康德美学的批判入手,对其引发的美学变革展开探讨。

第一节　康德的美学原则及其发展

伯林特对传统美学的批判主要以康德美学为标靶。众所周知,康德确立的美学原则和建构的理论框架对后世美学产生了深远的影响,在之后二百多年一直左右着对艺术的理解和欣赏。

在早期的古希腊人那里,美的概念的外延非常宽泛,包括美的事物、形态、色彩、声音以及美妙的思想和美的风格等,美的概念与美的用法基本上是等同的。公元前 5 世纪之后,随着思维能力的发展,人们开始缩小概念的外延,对美做出种种界定。古希腊人关于美的界定大致沿着两种思路展开:一种是基于经验的描述,如美在秩序和比例(毕达哥拉斯学派),善即是美(亚里士多德),适用的既是美的又是好的(苏格拉底),美是通过视听给人以愉悦的东西(智者学派),等等。所有这些界定都只对部分美的事物有效,不具有普遍的有效性,这一点柏拉图在《大希庇阿斯篇》中阐述得很清楚。另一种思路则把美维系于形而上学的本体,如美是理念(柏拉图),美在上帝(奥古斯丁),等等。有的界定,如毕达哥拉斯学派的观点,既是经验的描述——对称的、合比例的事物总是受到人们的称赏,又合乎形而上学的本体论——世界就是按照神圣的数的法则和完美的比例构建起来的。美在秩序和比例的观点因而受到普遍的认可,很长历史时段内一直是西方美学的主流观点,被波兰美学家塔塔科维兹称为"伟大的理论"。17 世纪之后,随着人们审美视野的扩展以及基督教影响力的减弱,人们不再痴迷于从形而上学本体论出发对美进行阐说,经验的维度重新占据了人们的视野。不过,英国经验主义美学关于美的言说虽然较之以前要深入一些,但仍很粗糙,比如,休谟提出的美的"效用说",可以看作苏格拉底的"美在适用"的升级版。博克对美的性质的种种描述前人也都零散地提到过,他为美寻找生理基础的做法尽管不乏合理性与开创性,但片面性也显而易见。休谟和博克的分歧与柏拉图在《大希庇阿斯篇》提到的种种观点之间的分歧本质上没有区别,都不具有普遍的有效性,且谁也无法驳倒谁。

通过对"纯粹美"和"依附美"的区分,康德廓清了前人关于美的界定的种种迷误,以及他们何以相互冲突。在康德看来,他们都没有触及美的现象的"内核",即纯粹的审美判断是怎么一回事,他们谈论的都是附加在"纯粹美"之上的本质上和美无关的一些因素,它们能带给我们愉悦,但并非作为美感的愉悦，而是认知的、功利的愉悦。休谟的美感是一种功利性愉悦，而博克的美感是另一种功利性的愉悦，二人都没有触及纯粹的、真正的美感。康德承认，由于在"依附美"中，各种非美感的愉悦和美感的愉悦交织在一起，可以带给人更复杂、更强烈、更有价值的感受，但他同时指出，只有对"纯粹美"进行研究，才能真正揭开美的奥秘。

区分美感和非美感的快感——主要是功利性的快感——成为康德美学的一个出发点，康德美学因而也被称为无功利性美学，其一系列美学法则诸如静观、审美距离、视听作为专属的审美感官等，都和无功利性是相关的。下面，我们分别就康德美学的这些原则及其在后世的发展做一简要梳理。

(一)无功利性

审美的无功利性并不是康德的首倡，这一美学思想由来已久。早在智者学派给美下的定义——"美是通过视听给人以愉悦的东西"——就已经暗含了审美无功利的思想。之所以强调视觉和听觉，是因为相比其他的感官，这两种感官似乎远离了人的生理属性，它们带给人的快感更近乎一种精神性的愉悦，一种无功利的快感，有别于从饮食、性交之类行为中获得的快感。视听作为专属审美感官的主张后来被柏拉图、亚里士多德和基督教父们一再重复，审美无功利的思想也不同程度地体现在他们的美学思想中。托马斯·阿奎那明确指出：美在本质上是非欲念的，除非美同时分得善的本质。之后，夏夫兹博里、艾迪生等人都曾谈及这一思想。及至康德，审美无功利的原则被明确提出并得到了系统的阐发。

在精神上，康德和西方哲学中的唯智主义传统和道德主义取向一脉相承。从苏格拉底开始，哲学家的活动——对真理的沉思和追问——就被视为最高尚的活动，从事具体生产活动的人诸如农民、商人在不同程度上受到轻视。道德也总是作为功利的对立面而受到推崇，在节制、公正、牺牲、忠诚等美德中都包含了对个体利益的克制和放弃。17世纪开始，随着资本主义的发展，功利主义的影响越来越大，追求利益——个体利益或集体利益——的最大化被认为是善和正义。如前所论，功利主义也体现在了休谟和博克的美学中，他们在不同层面上把美感当成了功利性的快感。康德坚决抵制功利主义，他认为正当的行为不能建立在对利弊的权衡上，而应当建立在对内心深处的"良知"(即"绝对律令")的倾听和遵从上。我们的审美判断同样应该是无关功利的，只有这样，我们对美的追求才是正当的，才合乎道德的要求，才能体现出人之高贵。因此,康德说,"美是德性—善的象征"①。

"美是德性—善的象征"不同于前人的"美即是善"——柏拉图的理念和基督教的上帝都既是善的,也是美的。美善合一的观点,很难把美与功利性彻底拆解开。固然,这种善指向某种道德价值,往往体现为对狭隘的个体利益的限制。但从根本上说,善还是与对象的某种利害结合着的,最高的善通常被认为是有助于整个族类的事物,它体现了一种间接的功利性。正如康德所说,善就是意志的客体,是通过理性规定的欲求能力的客体。"欲求"这个词意味着客体和主体之间必然具有的或直接或间接的功利性关系。"美是德性—善的象征"不是说在美的事物中包含了某种善的概念——这种情况康德称为"图示"而不是"象征"。在审美判断中,我们之于客体没有任何欲求关系,我们只对其表象进行直观。对象是美的,不是因为它有什么客观的美的属性或价值,而是我们自由地把一种"主观的合目的性"给予了它,从而做出了它是完善的判断,并由此产生愉悦,这种愉悦就是美感。"主观的合目的性"是一种先天法则,就像"绝对律令"是一种先天法则一样。也就是说,对象是美的,是因为我们愿意将其判断为美,而且我们的判断是自由地做出的,没有任何功利的或理性的思虑,我们单纯地、先天地愿意觉得对象是美的。这不表明人是一种有德性的存在吗?

显然,康德的审美无功利性思想较之前人要彻底得多。他不仅彻底撇开了主体与客体之间的利害、欲求关系,而且把美与善这两个美学史上纠缠不清的概念分离开来,给美划出了自己的地盘。之后,审美无功利成为现代美学的核心命题,为许多后世美学家深信不疑。比如席勒,其美学也是围绕审美无功利思想构建起来的。"要使感性的人成为理性的人,除了首先使他成为审美的人以外,没有其他途径。"②审美之所以重要,就在于它是无功利的,可以使人摆脱粗鄙的欲望,彻底摆脱动物(感性)状态,成为道德的、理性的人。直到20世纪,审美无功利性依然被美学家们不断重复和强调,其中最有代表性的是斯托尔尼兹(Jerome Stolnitz),他为审美态度下了这样的定义:"以一种无利害的关系(即没有隐藏在背后的目的)和同情的注意力去对任何一种对象所进行的静观,这种静观仅仅由于对象本身的缘故而不涉及其他。"③

无功利性因而成为审美发生的标志。主体只有以无功利的态度面对客体,审美关系才能产生。另外,只要保持无功利的审美态度,任何对象都可以成为审美的对象。相比康德,这种审美态度中包含的无功利思想不那么严

---

① [德]康德:《判断力批判》,邓晓芒译,人民出版社,2002年,第200页。
② [德]席勒:《审美教育书简》,张玉能译,译林出版社,2009年,第71页。
③ 转引自朱狄:《当代西方美学》,人民出版社,1984年,第270—271页。

格,它只要求排除主体之于客体的直接欲求关系,并不排除对于对象实存的观照,而在康德那里,审美只是一种形式的直观而不关涉对象的实存。当然,尽管不尽合拍,但二者并无根本的龃龉。康德承认美很少以"纯粹美"的形态存在,我们的审美评判大多是不纯粹的,形式的直观往往和关涉到对象实存的概念、理性和功利性的考量掺杂在一起。不过,康德显然并不是无差别地认可卷入审美判断中的那些非审美的因素,"理性观念"(即道德观念)是被允许的,正是因为理性观念的加入,才有审美理想的产生。但狭隘的功利性如感官刺激是被拒绝的,"一个美的理想的正确性表现在:它不允许任何感官刺激混杂进它对客体的愉悦之中,但却可以对这客体抱有巨大的兴趣"①。这一表述传达的信息和斯托尔尼兹的审美态度理论已经非常接近了。

(二)静观

"静观"概念在西方思想史上出现得很早,它孕生于根深蒂固的认知和道德语境中。毕达哥拉斯指出,哲学家是静观者,只有在静观中才能达到对永恒不变的本质的把握,实现人性的完满;柏拉图认为只有在摒弃肉体的静观中,灵魂才能达到对永恒理念的观照;亚里士多德也认为超乎其他一切福祉之上的神的活动必然是静观的,而善于运用自己的理性并培养自己的理性的哲学家是与神最近的人。由于理念、神都是真善美的统一,因而静观既是把握真理的方式,又是审美观照的方式。普罗提诺认为,眼睛只能看到物质世界的美,最高的美只有心灵才能看到,"只有用自己的心灵去观看的人才会见到这种美——一旦见到它们,心灵就会感到比上述美更加强烈的喜悦和敬畏"②。奥古斯丁也说:"你以肉眼只能看到物质的事物;只有用心灵我们才能看到整一性。"③用心灵观看,即是静观,它排除了身体的参与,因为后者作为灵魂的羁绊,只会蒙蔽心灵之光。

康德的纯粹鉴赏判断是一种纯智性的活动,不仅完全排除了视觉和听觉以外的其他身体感官的参与——因为诸如触觉和味觉等感觉必然涉及对象的实存,与生理性的、功利性的欲求发生纠葛,而且,排除了一切经验性的维度,以及道德的、神学的诉求。这样,在鉴赏判断中,主体就处于一种"静观"的状态。不仅身体被要求处于一种寂然不动的状态,甚至思维和情感活动也

---

① [德]康德:《判断力批判》,邓晓芒译,人民出版社,2002 年,第 72 页。
② 转引自 [波]沃拉德斯拉维·塔塔科维兹:《古代美学》,杨力等译,中国社会科学出版社,1990 年,第 425 页。
③ 转引自 [波]沃拉德斯拉维·塔塔科维兹:《中世纪美学》,褚朔维等译,中国社会科学出版社,1991 年,第 76 页。

要暂时中止,只有那种"想象力和知解力的自由游戏"引发的平静祥和的快感,才是纯粹的美感。

伯林特对康德排除身体之于审美的参与深感不满,不乏讥诮之意地将康德美学称为"静观美学",埃米莉·布雷迪表示反对。她指出,康德声称审美判断时想象力和知解力处于一种自由游戏的状态,"自由游戏"表明主体的心智领域始终处在一种积极的、活跃的状态,而非"静观",欣赏崇高对象时主体付出的巨大努力更是表明了这一点。笔者认可伯林特的观点。所谓想象力和知解力的自由游戏,是一种先天诸能力的协作机制,主体根本意识不到,更无须付出什么努力。不仅审美鉴赏如此,对崇高的鉴赏也是如此。博克的崇高论倒是涉及了身体的参与,面对庞大的、压迫性的客体,如果人的自我保存的本能得到满足,崇高的快感就会产生。康德淡化了博克理论中的生理(身体)因素,将崇高解释为心灵对于无限的自然的优越性,"它们把心灵的力量提高到超出其日常的平庸,并让我们心中一种完全不同性质的抵抗能力显露出来,它使我们有勇气能与自然界的这种表面的万能相较量"①。崇高感的产生同样是以无功利性为前提的,正是因为心灵的力量让我们"把我们所操心的东西(财产、健康和生命)看作渺小的",即摆脱了功利性考虑,我们才能在强大的对象面前获得胜利的、鼓舞性的愉悦。我们必须认识到,康德所说的那种心灵的力量、理性的能力,是一种先验的能力。虽然这种能力会被商业精神、被鄙俗的日常生活所遮蔽,它需要我们的保持和发扬,不过,它依然是先验的,就像不能因为令人失望的社会道德状况而否认良知依然作为一种先验的道德律令普遍存在于每个人身上一样。布雷迪认为对崇高的把握需要主体付出努力,这并不正确。康德说得很清楚,无限的自然客体会"唤起"主体的理性能力与之对抗,"唤起"意味着主体理性能力的干涉是一个自然的反应,如同在审美中那种主观的合目的性法则会自然地应用于对象形式的判断一样,在这个过程中主体无需有意识地做任何努力。这样,在崇高的鉴赏中,主体事实上也是处于一种寂然不动的"静观"状态,一切波澜都只发生在心智领域,身体被排除在外——否则博克意义上的由本能引发的功利性考虑就会侵入进来,主体就不能摆脱对象给予的压迫感,崇高感就无从产生。

在伯林特看来,"静观美学"的精神实质在于,把审美视为一种智性的活动。后世的美学家们很少有人像康德那样严格地排除经验维度,将审美解释为主体诸先天能力之间的协作。不过,将审美视为一种智性的活动,忽略身

---

① [德]康德:《判断力批判》,邓晓芒译,人民出版社,2002 年,第 100 页。

体的参与,是各种"艺术哲学"共同的立场。比如,在黑格尔那里,对"绝对精神的感性显现"进行把握的只能是心灵。分析美学强调艺术范畴和艺术史知识对于正确地进行艺术鉴赏的重要性,同样是把智性主体当成了审美主体。自然,卡尔松、瑟帕玛按照分析美学模式建立起来的环境美学,在伯林特眼中也是一种"静观美学"。

(三)审美距离

审美距离是同审美无功利性相关联的另一范畴。博克在论及崇高感时指出,只有与庞大的、压迫性的对象保持一定的空间距离,我们才能避免被恐惧笼罩,才能产生崇高感。而在康德看来,越是危险的情境,越能见出把人从功利性考虑中超脱出来的理性力量之强大,越能显出崇高。重要的不是主体与客体之间的空间距离,而是审美主体和主体欲望以及作为主体欲望对象的客体之间的"心理距离"。

1907 年,英国美学家爱德华·布洛在《作为艺术因素与审美原则的"心理距离说"》一文中提出了"心理距离说",产生了很大的影响。布洛举例说,如果一艘航船在海上航行时遭遇大雾,船上的人会非常紧张,因为海上的雾意味着危险,一阵轻微的颠簸也会引起极大的恐慌。但如果人们能够摆脱对潜在的危险的恐惧,去欣赏雾带来的与世隔绝、如梦似幻的景象,那么,审美体验就会产生。"在海雾中,距离所产生的变化,首先就是使现象和我们实践的、现实的自我相脱离,允许我们站在我们个人的需要和目的之外去看眼前的景象,就像人们经常所说的那样,是通过'客观地'看待眼前的情景而造成。由于我们只是去强化我们经验中的客观特征的反应而取得的。"①布洛说得很清楚,"距离"不是空间距离,人们是无法与四处弥漫的雾拉开距离的,而是"现象"与"实践的、现实的自我"之间的距离,是我们与"我们个人的需要和目的"之间的距离。本质上,"审美距离说"可以看作斯托尔尼兹"审美态度说"的另一种表达,用审美的态度面对客体,就意味着拉开主体与客体之间的心理距离,消除二者之间的功利性关系,这是审美活动发生的前提。

按照审美态度理论,一切对象都可以成为审美对象。但布洛不这样认为,他把审美距离当成了美的标准。比如,"烹调艺术"不能成为真正的艺术,因为味觉缺乏实际的空间距离感,我们无从摆脱味觉的纠缠,也就无法摆脱自我的欲望。而且,味觉还是烹调艺术本质的部分,即便可以通过某些设置让我们的味觉处于休眠状态,那我们也不是在对"烹调艺术"进行鉴赏了。

---

① 转引自朱狄:《当代西方美学》,人民出版社,1984 年,第 295 页。

艺术鉴赏也需要心理距离,以便使主体从和审美无关的事物——如买卖艺术品谋利——中摆脱出来,并且,避免主体以非艺术的眼光看待艺术,从而使艺术真正作为艺术被人们感知。著名演员陈强、刘江当年饰演《白毛女》中的恶霸地主黄世仁时,都曾险遭义愤填膺的战士枪击,这就是失去"距离"导致的尴尬。为了获得审美距离,艺术常常借助一些手段和设施,如雕塑的底座、绘画的画框、戏剧的幕布等。因而,相比而言,艺术比日常事务更容易"插入"心理距离,更具有审美的意味。

(四)审美判断的普遍性

普遍性范畴也是来自于认知领域,是同人们对真理——关于世界本体的言说——的追求结合在一起的,基于真理的判断必然具有普遍性。康德的"本体论批判"取消了对"物自体"进行言说的合法性,但他并没有放弃普遍性范畴。不同个体做出的判断仍然可能具有普遍性,如果这种判断不是基于个体的经验而是基于他们共同的先验能力和心智结构所做出的话。当然,由于这种普遍性的根基不是客观的世界本体,因而只能是一种主观的普遍性。康德指出,由于审美判断既不涉及对象的实存又不涉及对象的概念,因而,只能是主观的,"我必须在我的愉快和不愉快的情感上直接抓住对象,但又不是通过概念,所以那些判断不可能具有客观普适性的判断的量"①。人们不能根据任何依据和原理来说服别人接受自己的判断。不过,审美判断却依然是普遍的、可传达的,因为不同主体拥有共同的审美心理结构——"共通感"。只要人们做出审美判断是纯粹的,没有掺杂个体的经验性兴趣,就有权力要求别人的赞同。

按照康德,"依附美"的判断因为掺杂了经验性的兴趣,不可能像"纯粹美"那样具有普遍性。不过,审美判断的普遍性还是受到了之后主流美学的认可。只不过,作为普遍性根基的"共通感"被其他的范畴所代替。比如,黑格尔的美学在艺术评判上隐含了一种量的标准,艺术作品通过感性形象表现出的"意蕴"(即理念)愈深广,其价值就愈高,这是不以评判者的趣味为转移的。克罗齐直言不讳,"全部差异都是量的"②,普通人和艺术家之间的差异是直觉能力的差异,优秀的艺术和平庸的艺术之间的差异在于它们表现出的直觉内容的多少,而用量的差异作为标准意味着审美评判是有客观尺度的。分析美学则用"惯例"作为艺术评判的权威,尽管惯例可能随历史发展而调

---

① [德]康德:《判断力批判》,邓晓芒译,人民出版社,2002年,第50页。
② [意]克罗齐:《作为表现科学和一般语言学的美学的理论》,田时纲译,中国社会科学出版社,2007年,第27页。

整，但在其未调整之前，凡是基于"惯例"做出的评判，都是不容挑战的，也就是说，是具有普遍性的。审美判断的普遍性也是卡尔松、瑟帕玛的环境美学所坚决捍卫的。在卡尔松那里，环境美学家的审美判断是决定性的，如果他们认定某处景观或某个事物(比如屎壳郎)是美的，那么他们的结论就是普遍性的，我们都应当调整自己的感知来遵从他们的判断。

(五)形式主义

康德的美学是一种形式主义美学，审美仅仅是对客体形式的观照而不涉及其实存(内容)。某种形式之所以会被评判为美的，是因为其契合了"主观的合目的性"这样一个先天法则。也就是说，形式的美与主体经验、与身体无关，其根源只能去主体的先验心智领域中寻找。

康德之后，形式概念持续受到重视。并非所有重视形式的理论都是形式主义，比如杜威和苏珊·朗格，二人都重视形式的经验和身体维度。尽管二人声名显赫，但他们仍然属于少数派。从后期印象派中的塞尚、修拉到立体主义，再到抽象表现主义，那种肇始于康德的、脱离了经验性内容的、抽象神秘的形式成了艺术的宠儿。俄罗斯抽象主义画家、艺术理论家康定斯基反对艺术对物质客体的复制，"在客体中不是仅只看到物质的东西，还可以看到某些比现实主义时期的客体更超脱形体的东西。……这个'什么'已不再可能是物质的过去时期的客体的'什么'，它将是艺术的内容，艺术的灵魂"①。康定斯基谈论的"这个'什么'"就是形式，它和物质客体是什么无关，也不像朗格认为的那样是情感的表现，"真正艺术作品的诞生是秘不可测的。……精神的内在声音会向他暗示他需要的形式是什么样，从什么地方得到(从外在的还是内在的'自然')。任何一个被所谓感情支配的画家都知道，他所构思的形式怎样突然间大大出乎他意料地使他厌烦，另外一个真实准确的形式又是如何'自然而然地'取代第一个被否定的形式"②。康定斯基挥洒自如地谈论绘画中的运动感、线条的张力、色彩的搭配等，但始终没有清晰地告诉我们"形式"是怎么形成的，只说来自"精神的内在声音"。笔者以为，康定斯基那种抽象神秘的形式本质上就是康德的"合目的性"的形式，无关物质客体的实存与主体后天的经验和情感。

形式主义的另一个理论代言人是英国的克莱夫·贝尔，他因其著名的命题——美是一种"有意味的形式"——而闻名遐迩。和康定斯基一样，贝尔

①　[俄]康定斯基：《艺术中的精神》，李政文、魏大海译，中国人民大学出版社，2003 年，第 15 页。

②　同上书，第 108 页。

拒绝对形式的"意味"做任何经验的解释,认为好的艺术带给我们的是"生活之外的快感"。"我们在欣赏一件作品的时候,并不需要从生活中带进来任何东西,我们不需要把有关生活观念和事物的知识带入到艺术作品中,也不需要熟谙生活中的各种情感。"①我们不应该关注作品再现了什么——再现在贝尔看来是艺术家低能的标志,我们应该关注的是充满审美动感的线条和色彩的关联和组合,是脱离了对象的"纯粹的形式"。贝尔将这种"纯粹的形式"看作我们可以在其中获得终极实在感的形式,即被称之为"物自体"或"终极现实"的东西,"当我们将任何东西本身作目的的时候,我们就认识到其意义更为重大的属性,它要比这种东西与人类利害关系相关联的任何性质的意义都要重大。我们不是在认识它的偶然的、有限的价值,而是认识其本质性的现实,认识存在于一切事物之中的神性,认识个体的一般性,认识无所不在的韵律"②。单看这一表述,贝尔的形式似乎接近于柏拉图的理念,但柏拉图的理念为物质客体所分有,是构成客体本质的东西,而贝尔的形式却和客体之为这种客体没有任何关系。因而,在理论的谱系上,贝尔还是更接近康德。

第二节　参与美学
——一种新的美学范式

康德美学的巨大贡献是不容抹杀的,他为美学划出了自己的地盘,使其摆脱对宗教和道德的依附获得了自律。然而,美学自律地位的获得也导致了它同人类其他经验领域的割裂,美学辖制下的艺术——按照美学标准挑选出来的好的艺术——也渐渐脱离了同公众生活的紧密联系。康德削趾适履地将美学塞进了他的先验哲学体系,对于现实生活中丰富多彩的审美体验也就失去了阐释能力。尼采对此进行了切中肯綮的批评:

> 康德认为,尊重艺术就是在美的所有属性中突出地强调那些崇尚智慧的属性,如非个人的和普遍适用的属性。这里不追究这是不是根本的理解错误,我只想强调一点:康德像所有的哲学家一样没有从艺术家(创造者)的角度看美学问题,而仅仅是从"观察家"的角度思考关于艺术和美的问题,而且神不知鬼不晓地把"观察家"本人也塞进"美"的概念中去了。这些研究美的哲学家要是对这位"观察家",这位在美的方

---

①　[英]克莱夫·贝尔:《艺术》,薛华译,江苏教育出版社,2005年,第14页。
②　同上书,第39页。

面有许多个人的经历和体会,有大量最独特的强烈感受、欲望、惊叹和陶醉的"观察家"有起码的了解就好了! 可惜事实总是与此相反,我们从这些研究美的哲学家那里得到的定义从来就和康德关于美的定义一样,像是一条肥虫的躯壳,体内空空,缺乏自我体验。康德宣称,"美就是不含私利的享受。"不含私利的! 比较一下这一定义和另外那种由真正的观察家和艺术家司汤达下的定义:司汤达把美说成是"对于幸福的许诺"。这正是否定和排除了康德在定义美的状态时所强调的东西。谁是正确的呢? 是康德还是司汤达?①

在尼采看来,审美并不是非个人的、智性的审美愉悦,而是建立在个人的经验和体会之上的强烈感受和陶醉。无功利性割断了美学与生活的联系,而美学的根本使命应该是使我们生活得更美好——如司汤达所说,是"对于幸福的许诺"。

尼采看到了康德美学的弊端,但并没能从根本上对其进行清算。康德美学的基础是其先验哲学,他假定了一个类似笛卡尔的"我思"的先验主体,这个主体通过先验的感性、范畴和逻辑将一种主观的秩序给予世界,然后才有依附其上的后天经验,先验主体不依赖于后天经验。我们前文已做了分析:康德的美学是一种先验美学,美感的产生和经验兴趣无关,它是两种先验能力——想象力和知性——的自由游戏,是主体把"主观的合目的性"的先天法则施加于客体形式之上后获得的纯粹智性的愉悦。进一步说,美感是主体因主观秩序在客体形式上得到实现而获得的愉悦。只要不触动康德的先验哲学,其美学就不可能得到清算。

是否真的有这样一个先验主体,以及与其相关涉的先验秩序? 康德认为时间和空间不是世界的客观属性,这是哲学的一大突破,但他把二者视为与主体经验无关的先天感性形式,则受到了后世一些哲学家的质疑。海德格尔把空间归诸"此在","此在"不是康德的"先验主体",而是"在世界之中"(简称"在世")存在,是与其他存在者"共在",脱离了"世界",就没有"此在"。此在在世,"其意义是它操劳着熟悉地同世内照面的存在者打交道"②,正是在此在"操心"的"寻视"活动中,"上手事物"在空间上各属其所的状态被开放出来。因而,空间具有因缘性质,它是由对"此在"具有组建作用的"在世"展开的,"绝不是先在三个维度上有种种可能的地点,然后由现成的物充满"③。

①　[德]尼采:《论道德的谱系》,周红译,生活·读书·新知三联书店,1992年,第81—82页。
②　[德]马丁·海德格尔:《存在与时间》(修订译本),陈嘉映、王庆节译,生活·读书·新知三联书店,2006年,第122页。
③　同上书,第120页。

"既非空间在主体之中,亦非世界在空间之中"①。也就是说,空间不是先于人的世界的属性,也不是康德所说的先验主体的感性形式,空间奠基于此在的生存活动中。随着人与其他存在者关系的疏远、异化,空间才沦为了中立的、纯粹的、失落了生存论意蕴的抽象空间。时间同样奠基于"此在","源始地从现象上看,时间性是在此在的本真整体存在那里、在先行着的决心那里被经验到的"②。同源始的空间一样,源始的时间不是可以测量的空洞之物,只是当此在放弃了对存在的本真领悟,无所用心地、麻木涣散地"沉沦"于世时,时间才丧失了其生存论的性质,沦为了流俗意义上的、可测量的、作为容器的时间。

梅洛-庞蒂把空间归诸身体。——在康德看来,身体不是先验哲学的对象,它属于现象界的事物,没有参与到先验主体的构成中。梅洛-庞蒂认为,要想理解空间,必须从身体本身的空间性入手。"我的整个身体不是在空间并列的各个器官的组合。我在一种共有中拥有我的整个身体。我通过身体图示得知我的每一条肢体的位置,因为我的全部肢体都包含在身体图示中。"③"身体图示"不是某种先天的机能,它是在童年时期,随着触觉、运动觉与视觉内容的联合逐渐形成的,是在执行某个实际或可能的任务时身体向我呈现的姿态。因为这种在生命活动中形成的"身体图示",我有了一种确定方位的绝对能力,我随时知道我的手的位置,以及手中所拿烟斗的位置。这种身体的空间性是那种概念性的、抽象的空间的根基,"如果我没有身体的话,在我看来也就没有空间"④。

柏格森(Henri Bergson)关于世界、生命都是一种"绵延"的观念同样瓦解了康德的空间观和时间观。在柏格森看来,那种抽象空洞、作为纯一媒介的时间概念是一个冒牌的概念,真实的时间是一种"绵延",是不可测量的,每一瞬间都彼此渗透。"绵延是过去的持续发展,它逐步地侵蚀着未来,而当它前进时,其自身也在膨胀……过去以其整体形式在每个瞬间都跟随着我们。"⑤时间不是一种纯一媒介,它携带着已经和正在发生的、绵延着的一切。空间也被纳入到时间的绵延之中,我们每一次空间感知,都不可避免地与整个生命体的经验叠合交织,换句话说,我们的空间感知不是无时间的,因而也不是一种和经验无涉的先天形式。

---

① [德]马丁·海德格尔:《存在与时间》(修订译本),陈嘉映、王庆节译,生活·读书·新知三联书店,2006年,第129页。着重号为原文所加。
② 同上书,第346—347页。着重号为原文所加。
③ [法]莫里斯·梅洛-庞蒂:《知觉现象学》,姜志辉译,商务印书馆,2005年,第135页。
④ 同上书,第140页。
⑤ [法]亨利·柏格森:《创造进化论》,肖聿译,译林出版社,2011年,第5页。

空间和时间作为先天感知形式对于康德哲学来说是基础性的,如果康德的空间观和时间观站不住脚,其整个先验哲学体系就面临崩塌。杜威指出,康德表面上批判独断论、绝对主义,但他本人的理论却是支持绝对主义的,他把外在的普遍性(客观、绝对的真理)变成了内在的普遍性(先验的法则、秩序)。"康德教人说:某些概念(是概念中最重要的)是先验的;它不是由经验而出,也不能在经验中证实或考核;并且经验若没有这种现成的东西注射进去,就总是无秩序的纷乱的。他这样说的时候,就是养成绝对主义的精神,虽是从专门哲学方面说他是否认绝对之可能的。"①杜威认为,智慧不是一有了就总有的东西,智慧和它的概念都是实验性的,如果要保持它们的有效性,我们必须把它们还原到"经验"中。对康德的那些所谓先天概念和法则,我们也应作如是观。

如此,康德那建立在各种先验能力和先天法则之上的先验美学也就很成问题。事实上,他确立的种种法则不仅没有描述出反而遮蔽了审美经验的真实。在艺术鉴赏中,人们囿于成见,无察无觉。随着环境进入审美领域,康德美学的这种遮蔽触目地凸显出来。伯林特从审美经验出发,对康德美学的种种原则一一进行了清算。

无功利性。无功利性要求欣赏者就客体本身的审美价值进行客观评价,避免将客体的审美价值同工具价值混为一谈。如果我们以单纯的功利性态度对待客体,审美不会发生,但审美发生的时候,不一定要完全排除功利性的诉求。在伯林特看来,审美价值往往同工具性价值和谐并存,比如建筑。失去了工具性价值,建筑的审美价值可能也就丧失了。我们可以设想一个这样的情境:假如用食品材料建造一座神庙,在外形上和既有的神庙一模一样,如果按照康德的观点,审美只对客体形式进行直观,不关涉对象的实存(材料),那么我们应该从两种神庙中获得同样的审美感受。事实并非如此。我们不可能从感知中分离出形式和材料并将后者彻底抛开,我们也不可能将神庙承载的文化、信仰和历史感从感知中分离出去,就此而言,无功利地对神庙进行鉴赏是不可能的。发展环境美学,必须破除无功利性的限制。除了应对环境危机,营造人性化的生存环境也是环境美学的使命,而这本身就是功利性的。

从根本上,如司汤达所说,美是"对于幸福的许诺",无法和功利性相拆离。我们走进花园,或打开音乐,以舒缓紧张的情绪和疲惫的身心,推动我们去审美的不就是一种功利性吗? 在这方面杜威讲得非常清楚:"康德心理学的一个问题是,它假定所有的'快感',都完全是由个人与私下的满足构成

---

① [美]杜威:《哲学的改造》,胡适等译,安徽教育出版社,2006年,第55页。

的,'观照'所带来的快感却被排除在外。每一个经验,包括最丰富与最理想的经验,都具有一种渴求的成分,一种向前推进的成分。只有当我们被日常事务弄得麻木不仁时,这种渴望才离开我们。"①如果没有材料对于诸感官的刺激、强化,那么所谓的观照就只是盯着事物发呆而已。杜威认为,生命就是活动,每当活动受阻,就会出现欲望。审美的对象在某种意义上总是人的欲望的满足,"一幅画令人满意,是因为景色比日常围绕着我们的绝大多数事物具有更完满的光和色,从而满足了我们的需要。在艺术的王国中,与在正义的王国中一样,谁饥渴,谁就可以进入。在审美对象上,强烈的感性性质占据着主导地位,这本身,从心理学上说,就证明了欲望的存在"②。

静观。对于环境审美,静观显然是不适用的。伯林特指出,环境体验"调动了所有感知器官,不光要看、听、嗅和触,而且用手、脚去感受它们,在呼吸中品尝它们,甚至改变姿势以平衡身体去适应地势的起伏和土质的变化"③。其实,不只是环境体验,艺术欣赏中我们也没有静观。静观模式来自于唯智主义哲学传统,与美学经验没什么关联,"如果我们从艺术欣赏经验而不是从哲学传统出发,静观作为一种美学特征就不像我们原来认为的那样让人信服了"④。欣赏舞蹈时,我们的身体会下意识地跟着运动,即使出于某种原因我们有意识控制住身体的有形运动,但力量也会在身体中集聚和流动,我们甚至可以感受到表演者为完成动作做出的努力。音乐同样可以将欣赏者卷入其中,强劲的音乐会使我们手舞足蹈,陶醉于平静空灵的旋律中时,头颅、手指、喉结等部位也会伴随节奏轻微运动。雕塑需要我们从不同角度和距离进行感受,"雕塑创造出一个空间,并通过和进入其空间的人的动态互动来激活整个场景"⑤。绘画也常常"邀请"欣赏者进入绘画空间,"一条小路经常成为契机,使欣赏者在想象中移动自己的身体进入景观之中"⑥。从根本上说,视觉并不"纯粹",它与其他的身体感官乃至整个身体是一个"格式塔"的整体,它时时刻刻在牵动着身体的参与。在某种意义上,我们不是单纯地用眼睛在看,而是在用整个身体观看,如梅洛-庞蒂所说,我们之所以能够感知空间(表面上这只是眼睛的功能),要归功于在生命活动中形成的"身体图示"。

---

① [美]杜威:《艺术即经验》,高建平译,商务印书馆,2007 年,第 283 页。
② 同上书,第 284 页。
③ [美]阿诺德·伯林特:《环境美学》,张敏、周雨译,湖南科学技术出版社,2006 年,第 28 页。
④ Arnold Berleant, *Re-thinking Aesthetics*, Burlington:Ashgate, 2004, p.44.
⑤ Ibid., p.145.
⑥ Arnold Berleant, *Aesthetics and Environment: Variations on a Theme*, Burlington:Ashgate, 2005, p.11.

审美距离。审美距离是获得无功利关系的一种手段,所谓距离是一种"心理距离",指的是主体与自身欲望或功利性思虑之间的距离,或主体与作为欲望对象的客体之间的距离,并非指空间距离——当然,有时空间距离也是获得心理距离的有效手段,比如博克谈论崇高时要求主体和压迫性的对象拉开空间距离以消除主体的恐惧感。伯林特认为审美欣赏并不需要完全排除利益的考虑,只需要将其控制在一定范围之内。面对巨大威胁主体固然不可能进行审美,但崇高中确也包含了因威胁而产生的敬畏感,这也可以解释何以那些存在一定危险的地方也具有美学吸引力,如巨浪拍打的海岸。美学同样也不需要完全排除实践意图,审美往往混合了意图和感知,比如,艺术家的创作意图并不会影响其创作时的审美体验,锻炼身体的意图也不会影响到对园林景观的审美体验,只有当实践意图外在于感知情境并因过于强烈而吸引了人的全部注意力的时候才会影响审美。从根本上说,任何感知都带有审美意味,当这种感知被强化和集中呈现于意识的前台时,审美就发生了。距离绝非必要因素。

当代艺术有一种发展趋势,那就是取消距离。现代剧院和舞台的设计越来越注重增加便于与观众进行互动的设施,一些探索性的互动戏剧则试图打破舞台与生活场景、观众与演员之间的界线。波兰戏剧家格罗托夫斯基的"平行艺术"(paratheatrics)就试图将舞台转移到实际生活场景中以消解演员和观众之间的距离;布莱希特的"间离化"理论的真正意旨在于引发观众对当代社会生活的思考,要求的也是观众的"介入"或"参与"而非审美距离。建筑、环境艺术都需要鉴赏者进入其中方能体验。一些非实体的艺术如行为艺术、偶发艺术就存在于人的行为过程中,没有了作为实体的艺术品,当然也就没有了"距离"。

审美判断的普遍性。康德认为审美判断具有普遍性,是因为在他看来审美无关经验,只是主体先验能力和法则之间的协作,而先验的东西是所有主体所共有的。随着康德的"先验主体"被实用主义、存在主义、过程哲学、生态哲学等哲学派别所消解,审美判断的主观普遍性也失去了理论依据。伯林特指出:"我们现在认识到从哲学到美学,普遍性都是始终是一个不适当、错误的目标,我们可以问心无愧地放弃这一需求。"[①]

环境体验中,显然不存在普遍性,个体生理的差异,经验的差异,身份的不同——居住者还是观光客,等等,都会导致审美体验的不同。没有谁可以将自己的环境体验凌驾于他人之上,在进行环境改造时,专家们应该聆听居

---

① Arnold Berleant, *Re-thinking Aesthetics*, Burlington: Ashgate, 2004, p. 47.

住者的意见。艺术鉴赏也是如此,没有任何一种阐释能超越文化和时代宣称自己是唯一的,阐释学和接受美学已经对此作了非常深刻的揭示。当然,康德可以反驳说,我们谈论的都是"依附美",而他在宣称审美判断的普遍性时只针对"纯粹美"。对此我们做出的回应是,"纯粹美"并不存在,那些表面上纯粹的审美判断依然有潜在的经验作为支撑或背景。对于某种纯粹美,比如一朵不知名的小花,孩子和大人的喜爱程度是不一样的。

如上一节我们所谈到的,普遍性体现在艺术鉴赏中,往往意味着精英主义的艺术观:专家们就什么是艺术、什么是好的艺术制定标准,他们的意见是客观的,因而也是普遍的,我们应当遵从他们的意见调整自己的审美感知和评判。伯林特则认为,审美体验优先于审美评判,审美评判必须建立在审美体验之上。由于审美体验总是语境化的、多元的,立足于审美体验的美学将是一种丰富的、开放的美学,"体验的优先性会导致美学的开放性,由在高级艺术和低级艺术、装饰性艺术和好的艺术、流行艺术和严肃艺术之间的不公正的区分,通向一视同仁地对待艺术活动中不同的民族传统、革新的艺术形式以及可供选择的艺术类型"①。

形式主义。自然和环境鉴赏中的形式主义受到环境美学家们激烈的批判,第一章我们已经做了充分的探讨。对于艺术,形式主义同样没有做出正确的揭示。和克莱夫·贝尔一样,康定斯基宣称形式与艺术家的情感和经验无关,它是神秘的,来自"精神的内在声音",但在对具体形式的分析中,他又在形式中塞入了大量经验性内容。比如谈到红色时他指出:"红色能够引起精神震颤,就像火锅引起的震颤一样,因为红色同时又是火焰的颜色。暖调的红色是以使人激奋的形式发生作用的;这种颜色强烈起来可以达到病态痛苦的程度,或许其结果甚至与流淌的鲜血相仿。"②红色不是任何特殊的独立表述,它的意味来自经验——火焰、鲜血等等。和颜色一样,任何抽象形式的意味也关联着经验,"由于任何外表下面都必定掩盖着内在内容(被发现的或强或弱的内在内容),每一种形式也都有其内在内容。……因此,形式是对内在内容的表述"③。康定斯基的自相矛盾生动地表明:把形式和内容割裂开是没有出路的。我们再回过头来看看作为现代形式主义鼻祖的康德,他认为美只是因为客体的形式契合了主体的所谓"主观的合目的性"这样一个先天法则,与其内容没有关系。那么,让我们设想一个严格符合康德审美判

---

① Arnold Berleant, *Re-thinking Aesthetics*, Burlington: Ashgate, 2004, p.47.

② [俄]康定斯基:《艺术中的精神》,李政文、魏大海译,中国人民大学出版社,2003 年,第 44 页。

③ 同上书,第 51 页。

断条件的例子:从森林中选两片我们从未见过的草叶——以确保排除掉认知和功利的因素,我们也可能会觉得其中一片较之另一片更美一些。何以一种形式能够契合"主观的合目的性"法则,而另一种则不能? 恐怕只能回答,我们先天地青睐某些诸如对称的、合比例的形式,只有这样的形式我们会给予"合目的性"的判断。如此,康德美学就成了"新瓶装旧酒",成了本体论美学的翻版,只不过把美的客观属性塞进了主体先天的心智领域中。事实上,我们之所以会对那些形式做出"合目的性"的判断,还是因为那些形式关联着肯定性的经验内容——它们隐没在我们意识的阈限之下,以致康德和贝尔完全忽视了它们的存在。

通过上述批判可以看出,根植于认识论哲学、注重区分的康德美学遮蔽了审美和审美经验的本来面目,其影响下的艺术哲学也对艺术经验做出了狭隘的解释。我们必须寻求一种新的美学范式来代替静观美学,伯林特认为这种新的美学范式就是参与美学。

伯林特对艺术经验进行了现象学意义上的重新解读,指出身体在艺术鉴赏中发挥着基础性的作用。舞蹈艺术中身体的参与最为显著,它的意义直接包含在人的身体动作中,弗瑞莉精辟地指出:"舞蹈不仅通过表演者和欣赏者的身体,而且是作为他们的身体才获得生命。"[1]音乐也是如此,"音乐之所以充满意义是因为它能够将人类的体验、感受和思想用具体的、身体化的形式表现出来,这种身体化的意义是最深层面上的意义"[2]。我们很容易通过对演奏者和欣赏者的观察感受到音乐和身体、运动之间的密切关联。其实,意义的身体化是一切艺术的共同之处,即便是绘画——传统艺术哲学主要是在绘画经验的基础上发展起来的——也不例外。梅洛-庞蒂指出:"正是在把他的身体借用给世界的时候,画家才把世界变成绘画。"[3]我们对空间、方位、质量、运动等一切范畴的感知都离不开身体,绘画的创作自然有赖于身体在构图中的作用。身体参与在绘画欣赏同样重要,伯林特指出,绘画邀请我们进入其中,比如景观画中的道路和河流,不仅起到组织画面和提供视觉多样性的作用,还具有一种邀请的品质,吸引我们进入景观空间之中。[4] 相对于绘画,雕塑鉴赏中身体的作用要明显一些。罗马尼亚雕塑家布朗库西的著

---

[1] Sondra Horton Fraleigh, *Dance and the Lived Body*, Pittsburgh: University of Pittsburgh Press, 1987, p.53.

[2] Mark Johnson, *The Meaning of the Body: Aesthetics of Human Understanding*, Chicago: The University of Chicago Press, 2007, p.236.

[3] [法]莫里斯·梅洛-庞蒂:《眼与心》,刘韶涵译,中国社会科学出版社,1992年,第128页。

[4] Arnold Berleant, *Aesthetics and Environment: Variations on a Theme*, Burlington: Ashgate, 2005, pp.10-11.

名作品《无尽柱》给人一种特别的体验：当人靠近时，柱子危险地向后倾斜；当人后退时，柱子又会向前倾似乎要砸到参观者；当人围绕柱子漫步时，那些应该是垂直的平面和边线变得扭曲。"雕塑创造出一个围绕自身的空间，并通过和进入空间者产生动力学上的相互关联激活这一空间。"①

有人对伯林特的这种新美学范式提出质疑：第一，伯林特提倡审美参与，抹杀了人们为获取审美距离而付出的巨大努力；第二，伯林特要以参与美学来取代传统艺术哲学也难以让人信服，后者在推动艺术发展和指导艺术鉴赏中起到了巨大作用，而参与美学并没有给我们提供任何有实际意义的具体指导。对此，我们必须认识到：身体参与并不是一种我们可以加以选择的模式，它存在于一切审美活动中，是我们的意志所无法排除的，即使在"静观"中，身体也在悄悄地发挥作用，只是我们没有认识到。伯林特的贡献就在于唤起我们对审美中一直被忽视甚至排斥然而却是不可或缺的身体维度的重视，而这将从根本上更新我们的审美和艺术观念。伯林特之后，我们还会谈论美感和快感的区分，但不能再将快感视为身体的，美感视为心灵的；我们还会谈论审美距离，但这种距离不能再包含排斥身体的意味。一切被传统美学割裂和孤立起来的概念和范畴都随着身体的"发现"被重新整合起来，诸如审美经验与日常生活经验、审美价值与非审美价值、审美与认知等等。参与美学带动的是美学范式的变革，并非要完全抛弃传统艺术哲学，很多东西经过范式的转变仍然有继续存在的价值。由于伯林特充当的是一个拓荒者的角色，参与美学也处于初创阶段，因而很多具体的工作仍有待展开，也许需要一个相当长的时期。不过，随着身体研究的深入和身体在审美中作用的日益凸显，伯林特关于参与美学是一种新的美学范式的断言正逐渐成为现实。在本章下面的几节中，我们将对环境美学的实践领域作一些粗略的介绍和探讨，诸如环境艺术、景观设计、城市美学等，这些领域正受到越来越多的关切和重视，值得特别说明的是，那些杰出设计师和艺术家们纷纷表达了与伯林特相同或相通的美学思想，他们也把这种美学思想成功地贯彻到了自己的环境实践中。

第三节　环境艺术与景观设计

卡尔松、瑟帕玛认为艺术和环境是两种不同的审美客体，伯林特则认为，环境是一个无所不包的概念，艺术是环境的一部分。

---

① Arnold Berleant, *Re-thinking Aesthetics*, Burlington: Ashgate, 2004, pp. 144-145.

长期以来,艺术头顶光环,超越于现实之上,摆脱现实的侵扰——保持审美的无功利性——被视为能够进入艺术的前提。这样,艺术与环境之间是疏离的,非连续性的。伯林特把艺术视为环境的一部分,表达了两层意思:一、我们应该重视作为艺术背景的环境,把艺术与环境联系起来,更有助于艺术的欣赏;二、艺术不应该作为卓异于环境之物出现,艺术应该进入环境,成为环境的一部分。

伯林特认为,艺术馆、展览馆、博物馆的环境设计应该受到重视,它们的作用不只是堆放艺术,而是让艺术的魅力最大限度地呈现。比如,印象派的画作要求观众在最合适的距离观看,离得太近人们看到的可能只是一片涂抹混乱的油彩,而离得太远又难以领略画面对光影的精妙处理。因而,我们应该精心设计相关展览场地,以保持观众和画面的最佳距离。围栏是不宜使用的,那样很容易引发观众的受迫感和不被信任感,会破坏欣赏艺术的情绪。在画作前放置一丛鲜花,或与画作相关的文化物件,可能是比较好的选择。我们必须根据每幅画的内容和形式(尺寸),对展览场地进行有针对性的设计。除了观看距离,画作悬挂地点的光线和色调也是需要考虑的,莫奈的《睡莲》系列不宜放在光线太暗的地方,而凡·高的《夜间咖啡馆》则不宜放在光线太明的地方;塞尚的静物可以悬挂在白色的墙壁或展览板上,而高更的"塔希提"系列最好有赭黄色作为背景。古典主义绘画和抽象表现主义绘画不能放在一模一样的房间里,绘画和雕塑的展厅也应该有着不同的空间结构。总而言之,对环境的体验应该增进而不是削弱或妨碍我们对艺术的体验。

至于作为公共艺术的雕塑,其与环境的关系就更加重要。一座抽象雕塑,可以增添大学校园的现代感,但若放在人流熙攘的美食街上,就会显得非常丑陋。除了合适的地点,雕像基座的形式、高度,通向雕塑的道路的质地、宽度,以及雕塑和周围建筑、植被的配搭,都需要设计者们费心揣酌。作为空间艺术,成功的雕塑应该能够创造出一个围绕自身的空间,应该形成一个磁场,让每个走近它的人都被卷入其中。它给我们的感觉不应该是被放置在这个地方,而应该是生长在这个地方。

艺术最早并不与现实相分离,它是现实的一部分。古希腊时期"艺术"和"技艺"是同一概念,都是"制作",艺术的功利价值受到重视。虽然中世纪出现了"自由的艺术"和"粗俗的艺术"的区分,但区分的标准主要是看具体艺术种类是否需要的身体的操劳,而不是它们是否与现实相脱离,绘画和雕塑就被认为是粗俗的、机械的艺术。艺术和现实的分离是16世纪以后的事情,随着手工艺与科学被排除到艺术的范围之外,以及艺术家社会地位的提高,狭义的艺术观念开始形成。塔塔科维兹特地指出,由于中世纪末期一度繁荣的工商业在这个时候开始萧条，一切以往的投资方式都被事实证明为是不可靠的，而艺术品此时开始被当作投资的方式来看待，比起其他的投资方式来，有过之而无不及，这就大大提高了艺术家们的经济状况和社会地位，帮助他们实现了愿望：从工匠的行列中脱离出来，被当作自由艺术的代表者来看待。① 艺术成为投资方式和收藏品，其脱离现实的历史进程也就拉开了序幕。及至分析美学兴起的时候，现代艺术已经完全脱离了现实，成为精英们的小圈子游戏。——我们不否认有些艺术中还是表达了现实关怀，但它们无法进入民众的视野和生活，孤芳自赏地疏离于活生生的现实之外。

一些视野开阔、观念前卫的艺术家意识到了艺术和艺术观念中的这种不良态势，开始致力于打破封闭，其中声名最为显赫的就是杜尚。杜尚给《蒙娜丽莎》的复制品上画上山羊胡子，在下面写上"LHOOQ"（读作Elleachaudaucul，意为"她的屁股热烘烘"），用恶作剧的方式引发我们思考：关于《蒙娜丽莎》，我们谈论美，谈论圣洁，为什么我们不能换一种与传统不同眼光看待这幅作品？艺术就要不食人间烟火吗？他的另一代表作《泉》——就是一个公共厕所中随处可见的小便器，则试图抹去艺术和生活之间的界限。杜尚宣称，一切艺术品都不具有传统艺术所宣称的那种独创性，构成它们的原料、形象等都来自生活，可以说它们都是"现成物体的辅助"，而不是什么新的东西。艺术源于生活，应该回归生活，成为生活的一部分，这是杜尚通过其貌似荒诞不经的艺术实践所要表明的。讽刺的是，杜尚却被分析美学家们给"收编"了，有人声称：杜尚的小便器是艺术品，它被展出了也就意味着被艺术界承认了；但也只有杜尚的小便器是艺术品，因为它是艺术家的"作品"。杜尚的"现成品艺术"就是为抹除艺术和非艺术的界限而炮制的恶作剧，其物质形态并不重要，若管理人员失手打碎了它，我们不用觉得可惜，一只小便器而已，完全不同于打碎一个宋代花瓶。重要的不是那个小便器是杜尚的或杜尚给它取了别致的名字"泉"，而是杜尚把小便器送去展览的行为所表达的观念。然而，分析美学家们却一本正经地对他那个小便器或者一段浮木是不是艺术进行展开了热烈的分析，可见那种狭隘的艺术观有多么顽固。

另一种致力于打破封闭的艺术形式是"大地艺术"。"大地艺术"又称"地景艺术""土方艺术"，是以大自然为创作媒介，把艺术和大自然有机地结合创造出来的艺术形式。大地艺术兴起于20世纪60年代，稍稍早于环境美学，和环境美学有着相同的动因，并构成了环境美学兴起的背景之一。工业

---

① ［波］瓦迪斯瓦克·塔塔尔凯维奇：《西方六大美学观念史》，刘文潭译，上海译文出版社，2013年，第19页。

革命以来,人们日益沉醉于自身不断增强的主体力量,肆无忌惮地对自然进行压榨和破坏,漠视自然的存在和权利,酿成了累累恶果。大地艺术的创作者试图通过自己的作品引导人们去感受自然的力量和美,重新思考自身和自然的关系,进而对现代文明展开反思和批判。

1970 年,大地艺术家罗伯特·史密森用 665 吨玄武岩和泥土创作了《螺旋形防波堤》。这个作品位于美国犹他州大盐湖边一个荒凉的沙滩上,占地十英亩,螺旋中心离岸边长达 46 米,所有长度加起来有 500 多米,顶部宽约4.6 米。通常防波堤是笔直的,作用是防止海水侵袭陆地,但当地震或飓风引发海啸时,防波堤是无能为力的,海水会直接漫过防波堤摧毁沿岸的建筑。防波堤横亘在陆地和海洋之前,成为一种人类抗拒和征服海洋的象征。《螺旋形防波堤》把防波堤变成了螺旋状,表达了史密森对海洋的重新思考,人类不应当抗拒而应当拥抱海洋。我们是自然的一部分,最终要回归自然。后来,上升的湖水把防波堤淹没,似乎正揭示了这一主题。克里斯托夫妇钟情于"包裹"主题,其《包裹岛屿》是用红色的幕布把小岛与周围的海洋隔离开来,幕布呈现为"心"的造型,表达了对海洋污染的忧虑。他们还包裹过德国议会大厦、法国新桥、美国科罗拉多来福峡谷和澳大利亚悉尼海岸等,每个作品的寓意都有不同,但美学上的考虑是一致的:用包裹的方式,改变我们的空间感知和观看的眼光,引发我们对包裹物与周围事物关系的思考。事实上,这也是所有大地艺术共同的追求——帮助我们换一种眼光观看自然,感受其不寻常的美,收获震撼、感动和思考。

相对于传统艺术,大地艺术是极具革命性的。它关注的不是人类价值,而是神圣崇高的自然,是天地之大美。固然,大地艺术包含了人工因素,但后者只是引领我们观看的辅助手段,没有改变自然本身。所有的大地艺术,都是过程性的,或者像克里斯托夫妇的幕布,悬挂不久后就揭下,或者像史密森的防波堤,会受到自然的侵蚀和塑造,成为自然进程的一部分。大地艺术的真正主角是自然,它才是永恒的创造性力量。

欣赏大地艺术,需要"参与"而非"静观"。如果只是观看图片,我们获得的可能只是视觉上的奇观,甚至会觉得艺术家们在故弄玄虚,只有身处其中,用运动着的身体去体验,才能真正理解艺术家们的意图。克里斯托指出:"要是没有亲眼所见,用脚踩过那片土地,用身体体会空间,你是无法想象的。我们的作品都是一次性的,拆掉就不会再现了。不过,那些亲历过我们作品的人,即使与儿孙分享的时候,也一定记得那种震撼性的感受。"[1]德·

---

① 蔡赓轶:《专访大地艺术家克里斯托和让娜-克劳德:我们的作品是对自由的响喊》,《外滩画报》,2008 年 9 月 15 日。

玛利亚的《闪电原野》对观众提出了更高的要求,你不仅要在现场,还要等到夏季电闪雷鸣的时候,才能体验到天地交汇之际那无与伦比、惊心动魄的壮观景象。欣赏如此,创作也是如此,艺术家们必须考虑各种自然和社会条件,诸如气候、水文、地质、空间布局、文化和政治因素,乃至技术和财务的可能性等等。艺术活动与其他社会生活领域不是分离的,大地艺术生动地呈现了这一点。

总的来说,大地艺术和现成品艺术一样,属于观念艺术——尽管克里斯托否认这一点。艺术家们主要不是致力于改变环境,而是改变人们对环境的感知和认识。在打破艺术和环境的隔阂上,大地艺术迈出了重要的一步,但还不够。虽然和博物馆的艺术不同,它们对所有人开放,尊重每个人的体验和阐释,但有一点和博物馆艺术是一致的,它们都是人们偶尔光顾一次的地方,并不构成人们的日常生活环境——为了表达对自然的尊重,一些大地艺术在展览后还要拆掉。伯林特指出,环境美学要彻底打破艺术和环境的二分,就必将视野扩展到环境实践领域,加强美学家和建筑师、景观设计师等实践领域的美学工作者的合作,把艺术融入生活,营造审美化的、人性化的生存环境。

美国著名景观设计师帕特丽夏·约翰松用自己卓越的工作呼应了伯林特的呼请。约翰松曾是一位杰出的极简主义艺术家,1964 年在哈德逊河博物馆举行的首次"极简抽象主义艺术"与尤金·古森的"八位年轻艺术家"的展览中,她都名列其中,之后又在纽约的泰伯·德·纳基博物馆先后举办了集体和个人展览。虽然取得了成功,但她对现代艺术的狭隘、对那些"自我陶醉的废话"越来越不耐烦,她的思想超越了当时的艺术边界扩展到更宽阔的领域。几个世纪以来,艺术领域与社会生活领域逐渐分离,成为艺术家表达个人意念、挥洒个人天才的地方,人们崇敬的是米开朗基罗那样的天才巨匠。约翰松认为这种艺术被隔离在文化的宫殿中,只有百分之五的人可以看到,对我们的日常生活毫无意义,"艺术家有着充沛的精力和开阔的视野,但在逼仄狭小并受着严密保护的艺术世界里,这些精力和视野却白白浪费掉了。现在我们不再需要尸位素餐的艺术。我们需要那种与人们密切相关的艺术,需要使艺术与社会及自然界发生功能性联系的机制。在我们的生存受着极大威胁时,不可能再依照传统的关系,来应对这个世界"①。约翰松创造出一种全新的艺术,致力于打破艺术与生活、城市与自然、功能与审美之间的壁垒,并取得了巨大成功。

---

① ［加］卡菲·凯丽:《艺术与生存——帕特丽夏·约翰松的环境工程》,陈国雄译,湖南科学技术出版社,2008 年,第 95 页。

我们现在也非常重视环境建设,尤其是城市环境。但我们基本上局限于"园林城市"的观念,多设置一些绿化带,多建造一些街心公园,让城市多一些绿色,多一些自然的气息。这与约翰松的思想有很大的差距。约翰松质疑"园林城市"的构想,她研究过中国、日本、波斯和欧美等许多国家的园林,指出虽然这些景观都充满了奇妙的构思,但自己非常不喜欢。这种情况下人们不过是在文化背景内设置了一个个静态的自然绿洲:植物需要浇水、修剪、施肥,被精心布置成各式图案;除了少量的几种鸟类,很难见到其他的动物,除非在笼子里,因为这些"整洁"的环境没有给它们提供生存的空间。各种自然生命之间并没有一种真正意义上的生态关系,更不要说参与到整个城市的生态过程中。也就是说,园林不过是文明世界的点缀,在这里我们看不到真正的自然,它们缺少真正的自然所拥有的野性和自由。

约翰松和梭罗、罗尔斯顿一样对人与自然的关系有着深刻的洞见,认为人类不能与荒野相脱离。而且,她比他们走得更远。人类文明发展到今天,像梭罗那样回归荒野绝无可能。约翰松也不赞成将仅仅将荒野保护起来,使其成为与世俗隔离、人们一生只去一次的地方。她说:"从根本上来说,日常生活远比周末的郊游重要。这就涉及我们怎样才能真正生活的问题。你是否有过一次美好的体验然后又回到单调乏味的生活之中? 你的生活是否丰富美好、多姿多彩?"①约翰松主张将荒野引入城市,使其成为人们日常生活的一部分,只有这样人与自然才能获得真正的统一。

位于达拉斯城市中央的泻湖游乐公园完美地体现了约翰松的设计思想,一个污染严重、生命绝迹的水体被她改造成了一个生机勃勃的娱乐和教育场所。约翰松用混凝土在湖中构筑了以本地植物为摹本设计的巨大造型,如凤尾草、慈姑菌、德克萨斯蕨等。这些造型可以防止堤岸遭受侵蚀,充作水上道路和桥梁,还可以为各种植物、鱼类、海龟和鸟类创造各种微生境。沿着湖滨种植的高大禾本科植物为小型动物和鸟类提供了居所和食物,湖中种植的扎根浅水的植物与浮游生物共生共荣。泻湖公园工程落成后,成群的野鸟被吸引过来,包括一对小麻鹰和几十年来第一次光顾此处的一只翠鸟;水面下游动的鲤鱼清晰可见,鸭子和海龟在造型露出水面的地方晒太阳。"这些动植物绝不是为了取悦游客而被囚禁于此。它们中的绝大多数选择在泻湖中生活,是因为泻湖能够为它们自己和后代提供食物和栖息地。"②泻湖成为一个具有自续力的生态系统,各种生命在此繁衍生息。而且,五个街区长的整个

---

① ［加］卡菲・凯丽:《艺术与生存——帕特丽夏・约翰松的环境工程》,陈国雄译,湖南科学技术出版社,2008 年,第 35 页。

② 同上书,第 20 页。

洿湖也是市区的一个泄洪湖,是整个城市生态系统的一部分。洿湖公园不是一个静态的园林式景观,而是一个上演着无数生命故事的活动景观,人们可以在此欣赏四时皆异的美景,感受生命的自由和欢欣。孩子们与生活在那里的昆虫、爬虫、鸟类与哺乳动物一起嬉戏,这将对他们的成长产生重要影响。审美形式、实用设施和自然生态三者被完美地统一起来。

约翰松"艺术功能主义"的设计理念在洿湖公园中得到完美展现,她也坚定不渝地将这一理念贯彻到她所有的构想和作品中。在旧金山的烛台湾,她把一个下水道改造成了一个濒危物种园,许多濒危物种得以回归、繁殖,游客得以与自然亲密接触。作家芭芭拉·巴提斯基赞扬道:"这个工程培植了一种环境伦理,那就是通过把海湾中最微小的生物展示出来,从而表明即使最小的生物也有其存在的价值。"①在为肯尼亚设计的内罗毕河公园方案中,约翰松计划沿着污染严重的内罗毕河修建狭窄曲折的水渠和较浅的湿地池塘,其中种上密密麻麻的水生植物(纸草、香蒲、芦苇和莎草),让各种微生物充斥其间,从而形成自然的过滤系统以净化河水;沿河为特定的鸟类、蝴蝶、水鸟、狒狒与猴子提供食物与栖居植物;她甚至设想把公园建成展示肯尼亚民族文化的国家博物馆,并为当地手工艺人提供就业机会。约翰松认为,自然有必要发挥其功用,即使在城市内部,也没有理由让它只起点缀性作用,城市排出的废物,充满了油脂、杀虫剂和有机废料,损害着城市环境和人们的身体健康,而绿色植物和微生物却可以轻而易举地清除这些有害物质。通过详尽的考察和规划,我们可以建设具有多重功能的景观,既用来观赏娱乐,也可以用来净化污水、修复生态,并为野生动植物提供栖息地。

艺术不是仅仅作为生活的点缀和美化而存在的,它的真正意义在于改变人们观看世界的方式,更新人们的视角和眼光。约翰松用自己那些卓越的、具有典范意义的作品告诉人们:万事万物都是平等的,即使最微小的生物也有其存在的价值,它们和人具有同等重要的地位。"对我而言,微小的细菌和给我的设计捐助百万的人一样重要。"②约翰松的工程造型都是以自然为模型,凤尾草、念珠菌、蝾螈、袜带蛇、巢鼠等,这些模型的象征意义是:自然不会率意妄为,任何自然创造都是有目的性的,有着人工难以企及的妙用和完美,我们应该热爱自然,从自然中汲取智慧。规划完整无缺而充满活力的生态系统、呈现无数动植物的苦难悲欢和大自然无休止的变化演进是约翰松一贯的设计理念,在她创造的世界里,生命蓬勃生长,繁衍不息。这一切就发生

---

① [加]卡菲·凯丽:《艺术与生存——帕特丽夏·约翰松的环境工程》,陈国雄译,湖南科学技术出版社,2008 年,第 30 页。

② 同上书,第 35 页。

在人们身边，而非远离城市的荒野，构成了人的日常生活的一部分，人们徜徉其中，体验自然和生命的神奇与伟大。她说："参观我的作品的大多数人从来都不需要去阅读它，大多数当代艺术家依赖于艺术史家或艺术批评者——一些与作品没有交流的但是在对作品品头论足的理解者。普通人很少走进画廊观看绘画或雕塑。我的作品正好相反，不需要阅读任何东西，也不需要什么艺术史的博士学位。你要做的就是置身其中，不管你怎么想，都是合理的。我无意告诉人们怎样去思考，我只是尽力创造一种情境，人们能够通过他们的体验，在那里了解世界是如何运作的。"①

文化也是约翰松设计的一部分。在她为韩国设计的两个工程——首尔的千禧公园和蔚山的蔚山龙公园——中，分别使用了在韩国文化中占有重要地位的两种动物——"haetae"（韩国传说中的一种能够驱邪逐恶的神兽）和"龙"——作为工程造型；在为美国布罗克顿市制定的总体景观规划中，她把布罗克顿市的骄傲、具有传奇色彩的美国重量级拳击冠军洛奇·马西亚诺当年训练穿过的街道作为工程的关键所在，准备把"洛奇·马西亚诺小径"打造成连接迥然相异的街区和遭到破坏的生态系统的生物走廊。文化与自然在约翰松看来完全可以完美地融合到景观中，给人以多重的审美体验。她用"成套洋娃娃"来比喻她的作品，"你可以了解自然生态层，了解这个地方的历史，受到短暂的影响并在内心里做出回应。这些体验的层次会一直持续下去"②。

约翰松指出："在我的艺术中，最重要的是我没有设计的那些部分。"③没有设计的部分指的是人们在她的作品中获得的体验和意义。约翰松认为人们的体验是最重要的，她不愿把自己的观念强加于人，而是努力通过设计完整的、有生命力的景观引导人们去体验、思索和感悟。在美国哈佛大学敦巴顿橡树园景观设计研讨会上，约翰松发言说："身体活动，还有充满惊奇的园林，把游客变成参与者，这样不仅确保人们会产生富有创造力的回应，还能产生一些影响景观与我们自己生活的爱的感召力。我们越来越关注那些能够使我们面对本真自然的景观，而不是那些只遵从人类中心主义和纯粹审美观点的景观，因为它最终不会对我们有什么好处。"④在达拉斯的泻湖游乐园中，人们可以欣赏那些优雅的自然造型，也可以通过横卧水面、曲折回环的小

---

① ［加］卡菲·凯丽：《艺术与生存——帕特丽夏·约翰松的环境工程》，陈国雄译，湖南科学技术出版社，2008 年，第 37 页。
② 同上书，第 124 页。
③ 同上书，第 16 页。
④ 同上书，第 23 页。

径进入景观之中,感受变化无穷的自然细节。一只蜻蜓、一只仙虾、一条产卵的鱼或一株睡莲都会吸引人们的注意力,使人们产生与自然生命的交流。每个人都可以从中体验到不同的意义,获得对景观不同的理解。

值得强调的是,约翰松的大多数工程都是选择那些生态状况遭到严重破坏的地方,如垃圾填埋场、废弃的工业用地和被污染的河流湖泊,她将这些公害性的环境转变成了具有文化、审美、生态、教育等多重功能的完整景观。通过这些具有典范意义的工作,她力图使人们认识到,艺术与生活、城市与自然、审美与生态之间的种种壁垒是可以打破的,最重要的是转变我们的观念。"在审美、功能和生态之间的壁垒,艺术、建筑和景观之间的藩篱,被打破之前,大部分建筑都不大适宜人们居住,更不要说有能力推动和影响人们的生活。"①以道路、电力线路、下水道甚至是垃圾填埋场等形式存在的大片公共用地,都可以变成相互连接、有益于野生动植物和人类的活动景观。对于不存在生态问题的区域,我们可以花更少的钱,取得更好的效果。在环境问题日益严重的今天,我们必须更新观念,超越传统的自然美学,打破城市与自然之间的对立,使自然作为真正的自然参与到人们的日常生活和城市的生态进程中。只有这样,我们的城市才是适宜人们居住的环境,才能给人们家园的感觉。

约翰松不是美学家,但她的思想和作品给我们的启示并不次于那些专业的环境美学家。她告诉我们,人们的体验和身体参与至关重要,只有进入自然中,与自然进行平等的对话和交流,才能真正理解自然,领悟人与自然之间的生命关联。约翰松本人的思想和设计灵感也是来自于同自然的交流和对话,她曾因怀孕和抚养孩子在巴斯科克的孤寂的乡村里住了相当长的一段时间,这段与自然接触的经历使她受益匪浅。对于环境保护和环境伦理,约翰松也有着独到的见解,她反对把自然像艺术品一样"收藏"起来,认为环境保护主义者希望进行彻底安全的控制,有时反而会起到相反的效果。旧金山曾经禁止当地居民进行贝类捕捞以对牡蛎进行保护,结果反而导致牡蛎河床的消失,因为一年一度的捕捞能够防止牡蛎河床被淤塞,当牡蛎被隔离保护起来后,它们在充满淤泥的海湾中窒息而死。在约翰松的设计中,人类和其他所有的生物一样受到关注。人类也是自然平衡中的一部分,保护自然不一定要将人类排除在自然之外;同样,人的活动也未必一定会减损自然之美,约翰松本人和其他一些艺术家所创造的许多大地艺术都可以在不对自然造成伤害的前提下,呈现出自然之美。当然,最重要的还是约翰松以其卓越的环境工程所表明的,城市与自然不是分离的,我们可以营造出一个生机勃勃的自

---

①　[加]卡菲·凯丽:《艺术与生存——帕特丽夏·约翰松的环境工程》,陈国雄译,湖南科学技术出版社,2008 年,第 97 页。

然空间,将文化与自然完美统一起来,使本真的自然体验成为人们日常生活的一部分。

第四节　建成环境的意义与体验

上一节我们谈到的大地艺术和约翰松的环境艺术,突出地强调了人与自然之间的生态关系。在建成环境中,除了生态关系,文化意义也非常重要。建成环境本质上就是由人按照一定的目的建造起来的,它熔铸了人的价值、观念和生存理想。美国威斯康星大学建筑城市规划系著名教授阿摩斯·拉普卜特从环境行为学的角度对人与环境的关系进行了卓越的研究。他指出,人们对于环境会产生一种整体的、情感的反应,这种反应基于环境及其特定方面所给予人们的意义。一个建成环境能否赢得使用者的认可和满意,关键在于它所拥有的意义。环境的意义和功能不是无关的,如果某个建成环境在意义方面不能满足人们,就会直接影响其功能的实现。现代建筑中的功能主义学派的设想和实践——按照标准化设计建造大量住宅区以满足人们居住的需要,丝毫不考虑文化和环境的因素——已经引起越来越多的质疑和反对。事实上,"意义不是脱离功能的东西,其本身是功能的一个重要方面"①。对于建筑师和规划者们,一个非常关键的方面是要认识到设计者和使用者对环境的反应是不同的,偏爱也有差异。重要的是使用者的意义,而不是建筑师和评论家的意义。没有什么事物是和意义无关的,我们首先必须了解意义是什么、怎样产生的和表达了些什么。

认知人类学认为,人类的一个基本需求是赋予世界以意义——这也是认知人类学的一个理论起点。我们不可能生存于一个没有意义或不能捕捉到意义的环境中,那样的话我们会不知所措,因为我们不能从环境中获得暗示我们行动的信息。人类学研究表明,即便是在远古人的世界里,很多事物也是有着丰富含义的——如地点的命名和墓穴的布局,正是因为人们赋予了世界以意义,才能脱离动物性本能并组建起社会。环境帮助组织人们的知觉和意义,并诱导出恰当的社会行为。比如,无须任何书面或口头的约束,教堂这一神圣的环境就会引导和暗示我们的行为举止要谦恭、严肃;办公室的布局、装饰也会传达一种社会信息,表明主人希望别人有什么样的行为,商业经理和学者对办公室的布局就大不相同。因而,成功的环境设计必须传达给人们

---

① [美]阿摩斯·拉普卜特:《建成环境的意义——非言语表达方式》,黄兰谷译,中国建筑工业出版社,2003 年,第 5 页。

较为明确的线索,引导人们采取相应的或理想的行为方式。比如,像酒吧、街心公园这样的公共环境,应该创造一种有利于人们放松和交流的氛围,这样才能成为对人们有吸引力的场所,如果我们在区域的划分、座椅的安排、景观的色调上精心布置,这是完全可以做到的。

意义不是固有的,它来自文化,因而,环境的设计和建造应该充分考虑使用者的文化背景和感知习惯。"只有当一件事务的参与者至少最低限度地熟悉群体习俗,并有足够的知识来根据存在的线索做解释时,情境的定义才能出现。换言之,人们必须能够解释体现在建成环境中的代码。"①环境的设计者对外来文化符号的运用必须谨慎,如果这些符号的意义不能为使用者所接受,那么就失去了存在的价值,成为与环境格格不入的多余物。相反,适当运用和突出那些体现当地文化意义的符号,则能够符合人们的审美文化心理,唤起人们的文化记忆,增添环境的文化意味和审美含量。罗杰·斯克鲁顿强调建筑中"细部感觉",推崇巴洛克风格的栏杆、檐口、线脚等,正是出于对这些手法所包含的文化意味的钟爱。

由于意义是由使用者创造或解释的,拉普卜特提出了另一个非常有价值的建议,"宁可设计不足,也不要设计过头,要与紧密的结合相反的松散的结合,从使用者对特定意义的表达来说,这是一部分,也是重要的。这种表达是通过个人化,利用实物及其他环境元素进行的,其目的在于变换环境,从而可以对不同的个人与群体表达所特有的不同意义"②。英国谢菲尔德大学建筑研究学院教授布莱恩·劳森的"不确定性的设计策略"表达了同样的思想,建筑师提供居住、支撑和服务性的结构,将部分空间和配套元件的支配权留给用户,以便他们可以自主地创建自己的家园和表达自己的个性。③

人文地理学的环境观念对于我们理解建成环境及其体验有着更为直接的启示。人文地理学家致力于通过环境来理解人,他们把人类体验推到前台,反对空间科学的抽象化。段义孚指出:"区区一个空间如何变成人类的一方热土是人本主义地理学家的任务;它要求人们对经验的性质、与自然事物情感联系的质量以及建立地方身份时概念与符号的作用等方面产生独特的人本主义兴趣。"④雷尔夫的表述更加言简意赅且切中肯綮:"做人就是生

①　[美]阿摩斯·拉普卜特:《建成环境的意义——非言语表达方式》,黄兰谷译,中国建筑工业出版社,2003 年,第 45 页。

②　同上书,第 10 页。

③　[英]布莱恩·劳森:《空间的语言》,杨青娟等译,中国建筑工业出版社,2003 年,第205—206 页。

④　转引自[英]萨拉·L. 霍洛韦、斯蒂芬·P. 赖斯、吉尔·瓦伦丁编:《当代地理学要义——概念、思维与方法》,黄润华、孙颖译,商务印书馆,2008 年,第 59 页。

活在一个充满许多有意义地方的世界上,做人就是拥有和了解你生活的地方。"①人之所以为人,部分在于他对地方有着一种强烈的、复杂的依附之情。对于人文地理学家来说,没有纯粹物质意义上的环境,研究一个地方就要研究这个地方的人,以及人与人在特定空间、环境中的相互关系。

人文地理学受现象学和存在主义的影响很深,胡塞尔关于事物的意向性构成理论启发地理学家们认识到,地区不止是收集到的资料数据,它还关系到人的意向。海德格尔认为"居"是人类存在的基本特性之一,人类不能无根地漂浮于世界上,必须与周围的世界构成一定的生存关系。海德格尔关于"居"的思想直接促成了人文地理学的"地方意识",这一概念在环境美学中同样重要。人在一个地方生存时间长了就会与当地长期形成的特征相融合,环境中的一切事物在当地人眼中和在外来人眼中都有一些微妙的不同,它们承载着人们关于过去的共同记忆,维系着人们对于地方的特殊情感,也关联到地方独特的生活方式。地方是安全感、归属感和身份认同的源泉,是个人或群体与其生活世界之间的感情纽带。不过,随着全球化的推进,地方特性逐渐消失,地方经验趋于多样化。现代主义建筑导致的各地景观的趋同,以及麦当劳、迪士尼和好莱坞电影在世界范围内风行导致的生活方式的标准化,使得地区特别是城市之间的差异正逐渐减少,没有了特性的地区和城市将会损害人们的同一性意识,使社会丧失凝聚力,使人们丧失归属感。雷尔夫相信可以通过景观规划来创造至少是促进地方感,以取代工业社会和后期资本主义景观的非真实性(如迪士尼游乐场就是在光彩夺目的虚假外表下伪装的一个平庸的产品),这就要允许个人和群体有制造他们自己地方的机会,有改善这些地方并居住在其中以赋予它们真实性和重要性的机会。②

另外的一些人文地理学家如诺埃尔·卡斯特里对"地方感"采取了更加开放的观点,认为在全球化的世界里,大多数地方都不是一成不变的,不能把外来的影响看成是对想象中的地方的真实本性的一种威胁。人们可以对不同的地方产生依赖感,他们的身份也是复杂多变的,换句话说,人们可以不止有一种地方感和地方身份,纯粹的地方感在今天是不现实的。归根结底,地方感和身份都是在人们的日常生活中形成的,"我们需要追溯的是'本地性'身份是如何形成的,要追溯人们将无处不在的大量'非本地'影响内在化的

---

① 转引自[英]迈克·克朗:《文化地理学》,杨淑华、宋慧敏译,南京大学出版社,2005年,第101页。

② [英]R. J. 约翰斯顿:《哲学与人文地理学》,蔡运龙、江涛译,商务印书馆,2000年,第127页。

方式"①。而且,全球化也并不能导致地方特性的完全取消,因为同样的人文要素和环境要素的组合是不可能出现两次的,认为全球化就等于同一化和均质化是一种误解。这种观点表明在全球化和多元化的今天,在不排斥外来文化的前提下,我们仍然可能获得一种独特的地方感、场所感。不过,这需要付出巨大的努力,我们必须使本地的和外来的各种文化意义和符号和谐地交融在一起,并与人们的生活发生真实的关联,而不是像后现代主义建筑那样热衷于拼贴挪用,造成一种五光十色但毫无意义的大杂烩。

劳森指出,有些场所和环境可以给人以"时光消逝的安全感",它们和过去保持着连续性,能够记录时光的流逝,留下岁月的痕迹,从而给人一种有深度的体验。比如,有些城市有河流穿过,树木丛生,还有其他类似表示时间进程的标志,这样的城市往往受人欢迎。在法国电影《杀手没有假期》中我们可以在欣赏到比利时历史名城布鲁日的大量日常场景:水流缓慢的小河,陈旧而整洁的石板路,古色古香的建筑,愉快而有节制的人群,一个洋溢着童话色彩的梦幻般的地方。劳森认为在这里,"人们很容易看到的不仅仅是新奇的地方带来的刺激,而且还有与我们喧嚣的现代的西方式的生活方式相比之下显得高度稳定和变化缓慢的场所所具有的安全感"②。在很多城市保留的古老建筑和街区中我们也能在不同程度上获得这种体验。安全感也许并不是一个很恰当的词,毋宁说这是一种深沉的生命感触,如同罗尔斯顿面对寒武纪岩石时产生的那种回到生命源头的怀旧情绪。这些古老的建成环境见证了流逝的岁月,收藏了过去曾经富有活力的生活形式,有助于我们将个体生命融入整个族类的历史中,与过去产生深深的共鸣。我们需要保留、建造可以记载和表达时间的环境,这样的环境具有特别的感染力,也是"地方感"的一个重要来源。

在凯文·林奇的研究中,场所感来自城市意象及其带给我们的熟悉感、安全感。对于所有的生命来说,组织并辨认环境都是非常重要的,不然的话便会危及生存,我们可以想象在一个陌生的环境中迷失方向会带来怎样的焦虑和恐惧。虽然我们现在有地图、公交站牌、路标等工具,但仅仅依靠这些并不够,环境意象在我们探路中起决定作用。"这种意象是个体头脑对外部环境归纳出来的图像,是直接感觉与过去经验记忆的共同产物,可以用来掌握信息进而指导行为。"③意象是观察者和所处环境双向作用的结果,其中设计

① [英]萨拉·L.霍洛韦、斯蒂芬·P.赖斯、吉尔·瓦伦丁编:《当地地理学要义——概念、思维与方法》,黄润华、孙颖等译,商务印书馆,2008年,第43页。
② [英]布莱恩·劳森:《空间的语言》,杨青娟等译,中国建筑工业出版社,2003年,第35页。
③ [美]凯文·林奇:《城市意象》,方益萍、何晓军译,华夏出版社,2001年,第3页。

者可以操作的外部形式起着主要作用。寻找道路、组织活动是意象最基本的功能,同时它也是我们与环境建立感情联系的基础,一处好的意象能够使拥有者在感情上产生十分重要的安全感,并由此在自己与外部世界间建立协调的关系,这是一种与迷失方向之后的恐惧相反的感觉,是一种家的感觉。同时,一个高度的可意象城市能够持续吸引视觉和听觉的注意和参与,给人完美的审美体验,"它应该涉及个体及其复杂的社会,涉及他们的理想和传统,涉及自然环境以及城市中复杂的功能和运动,清晰的结构和生动的个性将是发展强烈象征符号的第一步。通过一个突出的组织严密的场所,城市为聚集和组织这些意义提供了场地。这种场所感本身将增强在那里发生的每一项人类活动,并激发人们记忆痕迹的沉淀"①。

文化人类学、文化研究和符号学等学科也从不同的角度表明,环境总是包涵意义的。我们的衣着装扮、房屋的装潢和布置、商品和服务的选择都是我们的价值观和生活品位的体现;公共场所和建筑的规划和布局也在将某种意义潜移默化地传达给公众。可以说人类的一切行为都会在环境中打下烙印,人类的所有价值、观念也可以在环境中折射出来,环境中的意义是我们的分析难以穷尽的,这个话题我们只能就此打住。现在我们转移到下面的问题:建成环境的审美体验是怎样的,与环境的各种意义有什么关系。

按照康德开辟的美学传统,对建成环境的审美是不可能发生的,尤其不可能发生在处于日常生活之流中的我们对建成环境的感知中。传统美学要求以一种无功利的、纯粹的审美态度对审美对象进行静观,但是处于日常生活之流中的我们总是处于各种情绪和功利状态之中;而且,建成环境似乎本身也不适于作为一种审美对象,它不像艺术那样是为了审美的目的而创造的,它是我们生存活动的一部分,和我们有着各种各样的功利关联。我们很难从生活之流中超脱出来进行纯粹的审美观照,比如抛开对于美食的一切联想对快餐连锁店那华丽的门面进行鉴赏,或被交通拥堵困在马路上时对车窗外的景观进行客观的审美评判。置身于建成环境之中,气味、声音、空气质量、人群或建筑的密度等都会从各个感官对我们施加影响,使纯形式的静观难以展开。退一步说,即使我们可以从纯形式的角度对环境进行感知,如何协调审美评判和环境的功能、道德意味也是个无法解决的问题。要将建成环境纳入美学的视野,必须更新我们对审美和审美经验的看法。

在各种建成环境中,建筑是传统美学所承认的审美对象,它一直被作为艺术进行研究,所以我们将从建筑开始对建成环境的审美体验进行探讨。著

---

① [美]凯文·林奇:《城市意象》,方益萍、何晓军译,华夏出版社,2001 年,第 91 页。

名建筑理论家斯克鲁顿指出建筑具有六种明显的特征:一、实用功能。一座建筑物的价值不可能不依赖它的实用性而被人们所理解,一座住宅如果在方便人们生活、居住方面的设计是失败的,那么无论其形式多么独特,也不可能获得居住者肯定的审美评价。二、地区性。建筑和它所在的场所、环境是不能分离的,许多建筑物的效果有一部分取决于它们的位置,如在一个神圣的殉难地点建立的教堂和纪念碑。建筑也必须同周围环境建立一种和谐、有机的关系,成功的建筑不一定体现在有个性的形式上,而在于对于它存在之前便已存在的秩序的维护上。三、技术特征。建筑的形态并不完全是时代精神变化和艺术事业的产物,还取决于人类技术能力的大小。四、公共性质。建筑师应该置身于整个公众之中,而不是置身于某些受过教育的人中,因而,建筑中的"表达"不可能像在诗歌、绘画、音乐中那样重要,建筑的表达是非个人化的。五、建筑和装饰艺术的连续性,以及和这个目标相适应的多样性。装饰艺术通常不被视为真正的艺术,但在斯克鲁顿看来装饰却是建筑的重要组成部分和美学特征,它必须注重细部,使自己"看起来合适"。六、乡土性。建筑是人们日常生活的重要组成部分,它不能脱离传统,必须和某些预先存在着的形式相适应,接受种种制约。以上六个方面的特征都明显区别于其他艺术,这表明我们如果可以把建筑作为审美对象的话,就必须扩展我们从其他艺术形式中获得的关于审美经验的理解。

斯克鲁顿指出,美的感受和理性了解之间的依存关系是所有艺术表现的特征,由诗的声音引起的感受乐趣是因我们对其意义的理解而产生的,对音乐的乐趣也受到其表达的思想情感的影响。同样,建筑中也不存在纯粹的感官乐趣,它受到理性观念的影响,从来没有一种标准可以把感官的乐趣同理性的乐趣区分开来。一个人必须掌握古典柱式的知识才能充分理解罗马建筑的美学趣味;如果一个人得知眼前精美的大理石柱子是其他材料制成的,其兴趣可能马上消失。斯克鲁顿这样说的目的不是要求鉴赏者按照建筑师的意图去理解建筑,而是为了强调建筑之美是不能同其实用性分离开的,要想正确地欣赏一座建筑就必须了解它的用途,他所说的"理性"指的主要是存在于感知者心中的关于建筑的一些常识性东西,如上文提到的建筑实用性、地区性、公共性等特征。那么,"理性"介入的感知是否还是一种审美感知呢?斯克鲁顿的回答是肯定的,因为理性并不是和感受分开的思想,它就在感受之中。哥特式风格的教堂表达了一种聚拢、向上升腾的宗教情感,这是我们可以在建筑中感受到的。重点是我们怎样看待建筑的感受,是"实际感受"还是一种"富有想象力的感受"。

实际感受指的是一种生物学意义上的感受,而富有想象力的感受指的是一种现象学意义上的感受。斯克鲁顿以音乐作为建筑的类比展开论证,他指出"当我们听音乐时,我们听到了比序列更多的东西;我们听到了节奏,这种节奏不是在空间中而是在时间上。同时因为我们听到这种节奏,我们就倾向于描述在音乐空间中的各种位置;我们会说一个旋律是正朝向或离开那些位置移动。这些空间的比喻并不使人意外;它们基本属于我们所听到的现象学"①。也就是说,音乐节奏尽管是音乐的本质,但并不是一种实际感受的固有对象,不是物质世界的一个部分,而是一种现象学的事实,一只鸟不可能理解它。对建筑的感受也是一种有想象力的结构,而非一种生物学上的反应。"我们的感觉是受到某些不存在的东西的思想感染的,就像对一幅绘画和一个雕刻的感觉一样。而从想象力的角度来看,我们的感受是自由的;因为它附属于思想和注意的模式,以致我们决不被看到的东西所强迫从事。"②斯克鲁顿通过烦琐的论证和晦涩的语言所表达的意思其实同伯林特的审美知觉研究是一致的,即:我们对事物的感知超越了生物学意义上的反应,它受到各种知识、观念和意义的影响,同时这种复杂的感知仍然保持了自由的特征,因为观念和意义等因素已被整合进我们的感知中,和感觉不可分离,用伯林特的话说就是已经被"身体化"了。之所以选择"富有想象力的感觉"这样的字眼,斯克鲁顿意在表明我们对建筑的感受仍不失为一种审美感受,因为在康德开辟的美学传统中,"想象"居于审美范畴的核心。"想象力是建筑感受的生机勃勃的部分……假如建筑的感受具有这种想象力的结构,那么它也基本上是美的,而且包括一种必然的趣味的运用。"③

斯克鲁顿认识到,建筑的感受并不限于视觉形式,我们也可以听建筑物,听它的回声,听它的低声细语,听它的寂静沉默,所有这些都有助于它的整体印象。另外,我们的视觉感受通常也会被其他感觉所修饰,各种材料和形式总是经常赋予一种视觉的外貌,这种外貌好像是在"翻译"它们的功能和触觉的性质。比如,粗糙表面的混凝土具有一种不亲切的外貌,因为我们觉得碰到它会使我们产生擦伤的结果,而一幢日本住宅中的木头和纸却是"亲切的"材料,由于我们觉得这些材料是无害的。相应地,每种感官也都和精神意蕴的表达有一定的关联。劳森在同样的意义上写道,"如果人们在参观高迪的建筑时,我们让他们听德彪西的音乐,然后在放泰勒曼的音乐时让他们看范布勒的建筑,他们必然会觉察到其中的联系和差别,而他们做这一切时,并不需要成为建筑学家或音乐学者。我们对事物的感知是感官形式的综合,

---

① ［英］罗杰·斯克鲁顿:《建筑美学》,刘先觉译,中国建筑工业出版社,2003年,第78页。
② 同上书,第80页。
③ 同上书,第91页。

这就使事物的形式、结构及外部涵义等都被感知"①。

总之,在斯克鲁顿看来,美学趣味是一切精神现象中最不可解说的,它覆盖了大多数精神范畴。这些精神范畴只有转化为对建筑的感受,才能成为美学趣味的一部分,"在没有说明解释如何修饰一座建筑的感受之前,对照历史、传闻、联想、功能等等来选择建筑的偏爱都是徒劳的"②。审美感受的复杂性和整体性决定了任何建立在某种抽象原则上的建筑理论和建筑美学都是片面的、不正确的,美学趣味是否健康、审美评价是否恰当都要以审美感受为最终依据。功能主义最大的缺陷就在于片面强调建筑的实用性,将大部分建筑经验简单地忽略了,而且忽略的可能是建筑最本质的部分。建筑是充满意义的,这种意义不限于艺术史论者基于黑格尔的历史哲学所提出的"时代精神",还有更广泛地与使用者的生存和意向相关联的各种意义,"不论是房屋建造者或是居住者都必然会把建筑看成与他密切有关,作为一个和世界互相影响过程中的一个客观部分"③。斯克鲁顿反对功能主义取消"多余的"装饰的主张,相反,他认为细部感觉对于建筑美学极为重要,因为它们承载着关于人类生活的意义和价值。在他看来,"装饰线脚"和"在建筑的立面上呈现建筑意义"这两个特征是传统建筑留给我们宝贵财富,具有永恒的价值。不管斯克鲁顿的这种保守主义观点是否站得住脚,他认为建筑的意义是审美感受的重要部分这一点毫无疑问是正确的。

我们可以将建筑的审美经验扩展到整个建成环境中。事实上,不仅建筑的感知像斯克鲁顿所说的那样具有一种"想象力的结构",这种想象力也存在于我们对于一切建成环境的感知中。正如拉普卜特所指出的那样,一切建成环境中都包含了意义,这些意义不只存在于建筑师和规划者们的意图中,更多地存在于使用者的意向和创造中。伯林特曾在《油脂湖是一处场所吗?》一文中描述了这样一个地方:一个位于郊区的被工业污染了的湖泊,浑浊昏暗的湖水散发着臭气,泥浆斑斑的岸边散落着碎玻璃、啤酒罐和残存的篝火,距离岸边一百码处是一个荒废的、被剥离了植被的小岛。人们喜欢聚集在这里,自在地感受空气中的各种气息,看女孩脱掉衣服跳入泥浆中,喝啤酒,抽大麻,对着星空号叫,品味各种声嘶力竭地吼出来的摇滚,这种声音和散发着远古气息的蟋蟀、泥蛙发出的窃窃私语毫不协调。但一切都是那么自然。显然,油脂湖是一处场所,而且是一处肯定意义上的场所。工业时代的

---

① ［英］布莱恩·劳森:《空间的语言》,杨青娟等译,中国建筑工业出版社,2003年,第89页。

② ［英］罗杰·斯克鲁顿:《建筑美学》,刘先觉译,中国建筑工业出版社,2003年,第100—101页。

③ 同上书,第232页。

人们住在毫无特征的建筑中，机械地随着钟表的摆动上下班，被交通工具输送到岛屿一般的工厂、办公室和商业区中。这种乏味贫瘠的生活使人厌倦，人们渴望一些理想的地方，在那里人们可以获得真正的"家"的感觉。正是工业时代的场所感的缺失使得油脂湖成为人们所喜爱的场所，对人们来说这是一个有意思、有意义的地方，是一个可以获得审美体验的地方，尽管从传统美学和规划者的角度看它可能毫无美感可言。

　　一切建成环境的体验都是一种审美体验，这当然不是说，建成环境总能给带给我们肯定的审美体验，恰恰相反，我们的建成环境特别是城市环境总体上来说是不美的，我们获得的多是一种否定的审美体验。同样，我们说建成环境中总是包含了意义，也不是说所有这些意义都是正面的意义。冷冰冰的、千篇一律的现代主义建筑传达的意义是人应该屈从于机器代表的社会秩序，如柯布西耶所说，房子是居住的机器，机器代表了最高价值。让人头晕目眩的巨幅霓虹广告牌传达的意义则是，我们生存的世界是一个过度商业化了的世界，商业逻辑控制一切。我们认为毫无意义的环境其实也表达了一种"意义"：取消意义、贬低人性的反人文倾向。这些负面的意义同样可以为我们所体验，当然是通向一种否定性的审美体验，这样的场所伯林特称之为"否定场所"。

　　归根结底，美不是某种虚无缥缈之物，审美也不是和人们生活完全无关的精神活动，它根植于人们的生存实践活动，存在于人们对于生活世界的意向之中。传统美学误置了审美经验和艺术经验之间的关系，基于艺术经验对于审美和审美经验做了过于狭隘的限定。事实上，审美维度潜在地存在于人类的一切感知活动中，也同人们的一切生存实践活动密切相关，"庖丁解牛"描述的不仅是一种高超的技艺，也是一种审美体验——马斯洛称之为"高峰体验"。类似的情境在我们的生活中比比皆是，是日常生活美学的一部分。当代艺术的发展正在将艺术与生活越来越紧密地重新联结在一起，行为艺术、偶发艺术、现成品艺术等艺术类型表明艺术和美不是外在于生活的东西，它们源于生活或者就在生活之中。舒斯特曼的"身体美学"则彻底打破了美学与无功利性之间的必然联系，主张通过锻炼、塑造身体以培养审美敏感性，功利性诉求非常明确。审美活动是我们生存实践中的一项基本活动，区分审美活动和非审美活动的依据不是特殊的审美态度、审美经验或高度区分的审美对象，而是知觉的性质和强度。审美知觉是一种自由的知觉，不受有着强烈目的性的实践活动的支配。在科学实验或伏案学习时，知觉是不自由的，它从属于紧张的操作和认知活动，本身不会浮现于意识之中；同样的情形也存在于高度专注的公交司机的知觉活动中。但当知觉在一定程度上摆脱了实践活动的支配,自由地呈现于我们意识的前台时,它就具有了审美的性质。比如,我们在学习和工作的闲暇时眺望窗外,或公交司机在末班车到达终点后打量城市夜景,这时的知觉就是一种审美知觉。如伯林特所说,有意识地关注于知觉品质是审美发生的重要标志。对于建成环境的审美知觉与非审美知觉是一个连续的过程,二者之间的界线很难分清,我们常常不自觉地从一种知觉模式切换到另一种。正因为如此,环境的审美体验意义重大,它几乎无时无刻不在对我们产生作用,影响我们的情绪、心境,进而影响我们的学习和工作效率,以及我们的身体健康,尽管这一切可能并不为我们所察觉。

环境审美体验是对环境的全面感知,环境的所有要素、特征以及所包含的人类意义都是连续性的整体体验的一部分。因而,基于环境体验的审美评价是建成环境的试金石,它能够验证环境是否宜居,是否有助于丰富生活和完善人性。一种人性化的环境对于个人的生成和整个社会的进步都具有重要意义,它可以帮助个人建立同环境以及他人之间的和谐统一感,这不仅有助于个体幸福感的获得,还可以形成一种"美学共同体"——伯林特提出的建立在审美和情感关联上的、非强迫性的共同体。这将极大提高社会凝聚力和增强社会活力,并使其中的每个人都能获得存在的自由和完满。

第五节 "城市意象"与"城市美学的生态范式"

城市美学是环境美学的重要组成部分。西方环境美学谈论的建成环境主要指典范意义上的建成环境——城市。历史上,城市在人类文明和文化的发展中起到极其重要的作用,"人类所有的伟大文化都是由城市产生的。第二代优秀人类,是擅长建造城市的动物。这就是世界史的实际标准,这个标准不同于人类史的标准;世界史就是人类的城市时代史。国家、政府、政治、宗教等等,无不是从人类生存的这一基本形式——城市——中发展起来并附着其上的"①。在现代社会,随着越来越多的人口涌入城市,城市的规模不断扩大,也是最重要、最复杂的建成环境。伯林特指出,对大多数人来说,城市就是建成环境的同义词,许多发达国家有 90% 的人口居住在城市中心,第二、第三世界的城市人口也在迅速增加。事实上,城市是人类状况的同义词。②

总体来说,现在的城市并不是我们理想的生存之地。刺耳的噪音,污浊

---

① 程相占:《城市的文化功能与城市文化研究》,《人文杂志》,2006 年第 2 期。
② [美]阿诺德·伯林特:《审美生态学与城市环境》,程相占译,《学术月刊》,2008 年第 3 期。

的空气,壅塞的交通,令人目眩的霓虹广告牌,毫无特色的建筑,难以辨识的街道,拥挤不堪的居住和公共空间,这一切都给人一种压迫感,伯林特谓之"美学上的匮乏"。法国思想家莫斯科维奇指出,我们正经历着最严重的"城市贫困"。"混凝土时代的孩子出生在高楼的夹缝中,接受教育的学校湮没在机场和高速路的噪音中,他们能看到的风景就是高楼的海洋。应当想办法让他们明白,供享受的空间是可以存在的! 对于那些每天有三个小时被关在陈旧不变的交通工具里,受金钱、住房困扰的人们,如何才能激发他们的想象力呢?"①

　　城市的环境质量和人们的生活质量密切相关,对城市环境质量的关注不仅需要我们改善交通、住房条件和清除垃圾,还需要我们进行美学上的关注。审美体验不止发生在艺术欣赏中,它也发生在我们的日常生活中,发生在我们大部分时间都在进行的对于城市环境的体验中。一种人性化的环境不仅要能有效履行其担负的功能,还要能够带给我们丰富、完满的审美体验,凯文·林奇和伯林特对此给予了高度的重视。

　　林奇重视人们对于城市的感知和体验,强调人的价值和尺度在建设城市环境中的重要性。他提出了城市意象概念,并对怎样营造清晰而全面的城市意象给出了具体的指导。林奇的研究主要是在美学层面展开的,因为意象本身就是一个美学概念,因而他的理论可以看作一种城市美学理论,一种将理念与实践完美结合的范例。

　　城市意象是城市的物质环境在人们头脑中的图像,是感官印象和记忆、情感和意义等相结合的产物,是观察者和被观察事物之间双向作用的结果。帮助我们组织和辨认环境、确定方位以免我们在复杂的城市环境中迷失是意象的最基本功能,我们给外地人指路时往往会告诉他根据一些特点鲜明的标志物确定路向。如果一个城市拥有许多好的意象,给人以鲜明清晰的整体感觉,这样的城市便是一种有秩序的、可意象的城市,它不仅意味着熟悉和安全,还带给我们归属感甚至自豪感,是我们与城市和他人建立感情联系的基础。

　　意象可以充当一种社会角色,组成群体交往活动的记忆符号和基本材料。林奇指出,澳大利亚阿伦塔部落中的人都能背诵一些很长的历史故事,这不是因为他们有很强的记忆能力,而是因为部落里的每一个细节事实上都在暗示着一些传说,提示人们对共同文化的回忆。城市意象也具有同样的功能,它承载着我们对于城市的历史记忆,并使得正在发生的事件及其意义沉

---

① 　[法]塞尔日·莫斯科维奇:《还自然之魅——对生态运动的思考》,庄晨燕、邱寅晨译,生活·读书·新知三联书店,2005 年,第 58—59 页。

淀下来,扩展我们体验的深度和强度。人们通常会如数家珍地对远来的客人介绍自己城市中有特色、有意义的地方,对于这些地方及其发生的事件的交谈也是居住者日常交流的重要内容。一个形象混乱的城市给予人们的是体验的碎片化和意义的缺失,使人们感到对于这个城市没有什么可说的;而一个高度可意象的城市,则会为大家提供大量承载着共同记忆的符号,把人们联合起来并互相交流。居住在这样的环境中,"无论遇到什么样的经济和社会问题,无论是高兴、忧郁或是产生归属的感觉体验,似乎都能够达到一种特别的深度"①。城市可意象性的程度因而直接关系到社会的凝聚力和活力。事实上,每一个意象都是一处好的场所,对人们具有强大的吸引力。

在意象的形成中,事物的形态和人们的感知都是非常重要的,不同个体的感知习惯和偏好存在差异,这会使得同一事物在人们心中的意象会有一些不同。不过,大多数的个体意象都接近由个体意象复合组成的群体意象或者叫公共意象,后者来自共同的文化背景和人们一些基本的生理特征,对于规划者具有特殊的意义。通过相关的研究和对于物质实体形式的操作,规划者完全可以成功地打造出大多数人喜欢的公共意象。无论如何,意象首先是一个美学概念,人们的感知至关重要,任何规划设计都必须充分考虑到人们的感知规律,如林奇所强调的——"一个规划的最终目标并不是物质形态,而是人们心目中一个意象的特征"②。

在林奇的心目中,一个可意象性的城市必须在每一个细部都能给人以鲜明独特的意象,同时这些单个的意象又被有机地组织起来形成一个良好的整体意象。如果打个比方的话,最合适的可能是系列剧(不同于有一个主导情节的连续剧):每一集都相对独立,有一些精彩的故事发生,我们从任何一集开始欣赏都能够看懂;同时又有一些线索将所有的故事串联起来,使整部剧呈现为一个整体;而且,系列剧保持着开放的结构,可以增添新的剧集,如同城市的结构,可以不断地向外扩展。林奇归纳出了规划中普遍应用到的五种要素:道路、边界、区域、节点和标志物。这些要素本身可以形成生动的意象,同时又都不会孤立存在,它们彼此制约和影响,最终统一为一个整体意象。林奇对每一种元素的设计、运用都做了详尽的分析,提出了很多行之有效的规则和方法。对这些设计方法一一阐述超出了本文的研究范围,篇幅上也不允许。在此笔者总结出"独特性"和"连续性"两个核心概念,借此了解林奇的设计思想——这也是可意象性的城市最突出的审美特征。

任何单一的元素要想成为一处意象必须具有独特性。最常见的意象是

---

① ［美］凯文·林奇:《城市意象》,方益萍、何晓军译,华夏出版社,2001 年,第 70 页。
② 同上书,第 89 页。

作为标志物的建筑,它必须具有单一性甚至是唯一性,或在整个环境中令人难忘。如果一个建筑拥有独特的形式或与背景形成鲜明的对比,它就很容易被区分出来。尺度上的大或小都可能造就出独特性,关键在于与周围环境的对比。林奇特别指出,一旦某个物体拥有了一段历史、一个符号或某种意蕴,那它作为标志物的地位也将得到提升。因而,那些拥有大量历史文化古迹的城市是幸运的,这些场所和意象散发着永恒的、无可替代的魅力。

一条街道也可以成为意象,在林奇看来它们甚至必须具有可意象性。城市的街道如果毫无个性地雷同,对于人们熟悉城市显然是十分不利的,每条道路都应该有区别于其他道路的一些特征。典型的空间特征如太宽或太窄的街道都会引起人们的注意,街道边如果拥有一些标志物或一些特殊的功能区也会增加道路的特点,这些往往是难以改变的。我们可以有目的地对街道进行塑造,如设置有特点的绿化带,或有规律地建造沿街的建筑立面。

区域是观察者能够想象的相对大一些的城市范围,是城市意象的基本元素,随着城市范围的不断扩展,区域作为一个整体意象的作用越来越重要。如果一个城市可以清晰地划分为几个特点各不相同的区域,那么我们形成对城市的整体意象就会容易得多。决定区域的物质特征是主题的连续性,最明显的当然还是体现在视觉形式上,老城区和新城区之间的区分显而易见,二者无论是在建筑的样式、使用的材料还是在整体的色调上都有显著不同,但在新建的城区之间往往没什么分别,边界也不明确,这不利于区域意象的形成。通过规划区分开不同区域的视觉形式以及设置一些明确的边界并不是太难的事,主要是规划者和主管部门要有相应的意识。另外,社会意义对于构造区域也很重要,比如,不同的区域往往和不同的社会阶层联系在一起,有的城市还有少数民族聚居区,有的区域则同历史有着较为密切的联系,这些都有助于形成区域的个性。

另外两个因素,节点和边界,通常是由特定的标志物和街道来充当,由于在组织环境中的重要作用,必须具有可意象性,当然也必须具有可以用来相互区别的独特性。下面,我们阐述一下"连续性"在城市意象中的重要作用。

对于标志物来说,它既应该具有其独特性,又必须同所在街道和区域保持一种连续性,否则会破坏街道和区域的整体特征。比如,一个巨大的标志物可能会使它基底所在的地区相形见绌,失去尺度,如果其位置安排适当,则可以成为一个区域的核心,将整个区域"聚集"在一起。又如,古迹因其承载的历史意义作为标志物是理所当然的,但一座孤零零的庙宇或院舍潜在周围的高楼大厦和巨幅广告牌之中给人的体验是很怪异的。我们应该精心安排其周边的环境,能以其为中心营造一个古典风格的区域当然最理想,如果所在位置不允许的话,至少也要在它与周围格格不入的建筑物之间制造一些缓冲。斯克鲁顿把"地区性"作为建筑的重要特征之一,也是出于这样一个目的。另外,人们在城市中穿行,注意力总是不断从一个标志物转向另一个,因而,标志物之间应该形成一个连续性的序列,这不仅有助于帮助人们进行识别和记忆,也使人对环境的审美体验如同欣赏音乐一般,持续不断且高潮迭起。

对于街道和区域来说,连续性是其维护自身的统一性和独特性的必要条件。道路只要可以识别,就一定要有连续性,这显然也是其动能的需要,人们通常依赖的就是道路的这种特性,如果道路突然改变宽度,或空间的连续性被打断——如经过一个广场,再或者路旁的建筑物的用途突然转变,人们便很难感受到是一条街在延续。区域和街道的情况类似,人们需要一些清晰的线索对自己所在的区域进行识别,这就需要主题的连续性。林奇指出,不但视觉元素可以成为线索,声音有时也很重要。这同伯林特的参与美学主张是相一致的:我们对于环境的体验是一种多感官的审美参与。对于区域来说,连续性或许还存在于功能和形式或意义和形式之间,要想使人们对区域留下深刻的印象,对其功能和特有的意义的了解是非常必要的,如果这些能同独特的形式结合起来,一定可以收到更好的效果。

林奇反复强调,城市是供人们生活居住的地方,必须从人们的实际需要出发进行规划建设。为了满足众多群体的使用需求,了解各主要群体建立环境意象的方式是十分重要的,只有这样才能建造一个让所有人都满意的环境。高度具体的形态也不可靠,环境必须具有可塑性,为居住者根据自身的愿望和理解赋予环境以意义提供一定的空间。另外,我们还应该从发展的视角来关注意象的形成,比如,一座城市怎样既具有一个能让人很快掌握的明线,又具有一个潜在的结构,可以让人们逐步建立起一个更加复杂、全面的意象。这意味着我们必须细化相关的研究,重视意义在意象形成中的作用。总之,一切规划都必须建立在对人们建立意象的方式的研究上,一切都必须以塑造一个能给予居住者以归属感和幸福感的人性化城市环境为旨归。

相比林奇,伯林特关于城市美学的思考更为全面,他提出建立一种"城市生态的审美范式"。"生态"在这里首先意味着城市环境和自然环境的融合。段义孚指出,在最初的城市形态中,城市和自然本来是连续的整体,城墙并没有将自然隔离在外。中国汉代的长安城内并不只是覆盖着街道和建筑物,还有大量的田地和村庄。即使到了唐代,长安发展成为容纳一百多万人口的大都市,在南部城区仍然有三分之一的面积被农庄、田野和著名的园圃所占据。欧洲也呈现出类似的情况。中世纪的城市有大片开阔的土地供农场和果园使用。莎士比亚时期的伦敦居住着约十万人,但在最拥挤的街道附近也能发现大量的绿色地带,任何人步行二十分钟都可以采到野花,鸟儿的吟唱构成了城市的背景音乐,自然对当时的伦敦人近在咫尺。即使到了19世纪,英国的城市也没有完全切断和农业之间的纽带,牛、羊、猪等各种家畜到处可见,大片的农业种植园依然保留着,狄更斯小说中描绘的工业场区和废墟覆盖一切的景象只是一个误导。① 然而,当代的城市不仅完全切断了与农业之间的纽带,甚至连自然也给驱逐出去,成了钢筋混凝土的丛林。

伯林特指出,城市不是自给自足的,它是更大范围内的生态系统的一部分,我们必须恢复城市与乡村的连续性,将自然环境引入城市。绿化带的布置非常重要,它可以给环境增添生机和活力。广场、街心公园、墓地这些场所应当得到充分的利用和合理的布置,为人与自然的交流提供便利。有条件的城市甚至可以保留一部分区域不加开发,或将一些废弃的厂区还给自然,使城市保有一点野性。总之,尽管城市被纳入一系列的秩序之中,它仍然可以和谐地利用和回应自然界的力量、节奏、条件和机遇,以满足人的自然本性,舒缓和减轻现代生活带来的紧张和压迫感,这对于我们的审美体验和身体健康都是极为重要的。"认识到这些会增强我们对城市中所发生的一切事件和力量的理解,不是把城市看作是远离自然环境威胁和愚昧落后的庇护所,而是把城市看作文明之花,根深扎在泥土中,花盛开在天堂里。"②

"生态"在伯林特这里还有另一重含义,即城市环境的多样性和有机性。他认为,一种完整意义上的"审美生态学"意味着人的各种审美需求的满足和有机统一,城市环境的建造应该迎合"审美生态学"的要求,作为一个人类全部体验都可能发生的场所,满足人们的各种审美需要。"当我们致力于培植一种城市生态,以消除现代城市带给人的粗俗和单调感,这些模式会成为有益的指导,因而使城市发生转变,从人性不断地受威胁转变为人性可以持续获得并得到扩展的环境。"③伯林特选出了帆船、马戏团、教堂和日落四种环境情境,构建了一个城市美学的范例。

帆船代表着功能性的环境。为了在充满风浪的海上航行,帆船的设计必须考虑各种因素,将各种机械力量完美地综合在一起。弯曲的船身必须能够经受住水的压力,并乘风破浪而不偏离航线;帆、桅以及控制它们的索具的位

---

① Yi-Fu Tuan, *The City: Its Distance from Nature*, Geographical Review, 1978, 68(1), pp.2-3.
② [美]阿诺德·伯林特:《环境美学》,张敏、周雨译,湖南科学技术出版社,2006年,第68页。
③ 同上书,第56页。

置和形状都必须适应海面上各种复杂的情况并提供促使船前行的动力。帆船的形式完美地适应了功能,其外观在美学上也值得称道。一些功能主义学派的建筑理论家认为"形式追随功能"应该是建筑的根本法则,伯林特对功能和功能性环境的理解显然超越了建筑中的功能主义。功能主义建筑学派对"功能"的理解是狭隘的,他们将功能简化为抽象的、标准化的实用功能,不考虑建筑与环境的关系以及使用者的体验。伯林特则指出,帆船具有各种各样的形式,不同的设计反映出对当地和特殊环境的适应性,这意味着对抽象的、标准化的功能原则的否定。更重要的是,伯林特考察了作为一种功能性环境,帆船与人的体验之间的亲密关系。对于水手来说,人的感官存在与帆船的运动配合得亲密无间,身体的运动与船的行进和谐一致。对于观者来说,停泊在港湾里的帆船是风景的一部分而非对它的破坏,如果我们看到港湾里空无一物,一种不完满和凄凉感会影响我们,进一步而言,如果没有了船,大海对我们来说就不再存在。"在这种水手、帆船、水、风和天空等因素的相互融合中,一个完整的环境被创造出来了,这是一个充分人性化的功能性环境。"①通过帆船的例子,伯林特提醒我们,功能应当反映人的需要、能力和对体验的要求,应依照人体的尺度进行建筑、景观和城市的建设。真正的功能性环境也是一种人性化的环境,也只有人性化的设计才能真正保证环境功能的完美实现。归根结底,城市设计应该是对人的补充和完成,而非对人造成阻碍、压迫或者吞没。

马戏团代表了想象性的环境。通常我们总是将马戏团和孩子们联系在一起,其实对于成人它也有着特别的吸引力。马戏团以种种怪诞夸张的形式和场景营造了一个纯粹是幻想的世界,在其中人们可以摆脱现实世界中的一切秩序和束缚,沉浸于一种"狂欢化"的氛围中。"这种环境,以及伴随着这种环境的熙熙攘攘都是这种盛宴似的场景的一部分,在我们心中激起不可思议的原始的反应。这是现代社会不多的场所之一,身处其中,内心深处的情感被释放,我们沉迷于惊奇、滑稽和震惊,被演出深深吸引而不用担心招致不满。"②应该说,伯林特将马戏团代表的想象性和狂欢化体验作为城市体验的一个重要维度是非常有见地的。苏联思想家巴赫金的狂欢化理论表明,人类步入文明社会是以人性的异化为代价的,狂欢节为积压的生命能量、激情以及郁积的情绪提供了一个出口,具有重要的文化意义。马戏团是一个狂欢节式的环境,上一节我们曾提到的"油脂湖"也是这样的环境,更为常见的是展

---

① [美]阿诺德·伯林特:《环境美学》,张敏、周雨译,湖南科学技术出版社,2006年,第57页。

② 同上书,第59页。

示少数民族独特风情的主题公园,以及开展民俗活动和节日盛典的场所。伯林特大胆地提出,"一个人性化的环境不必恪守理性的规划"①。城市的规划者和管理者应该有眼光留出一些空间或在特定时间段开放一些空间,并有针对性地制订一些特别的管理理念和形式,使这些空间可以成为人们摆脱日常生活压力、释放生命活力和激情的场所。

　　哥特式教堂是一种宗教性环境。伯林特指出,随着近代欧洲的技术文明逐渐把体验变成分裂的、不连续的和无法交流的片段,我们越来越难以获得文化同质性意识,而教堂作为一种神圣的环境可以重新唤起这种意识。即使去掉宗教信仰的外衣,我们依然可以感受到它的意义和对于人类的重要性。从外部看,哥特式教堂高高耸立,超越周围的建筑向天空伸展,让人印象深刻并难以忘怀。教堂的内部则是一个完整的环境,可以调动起信徒的全部感官。光线通过彩色玻璃窗而显得五彩斑斓,蜡烛的光晕照亮周围,使整个教堂空间被幽暗的氛围围绕;镶嵌着宝石的窗户,大量的绘画作品和雕塑,装饰精美的祭坛、告解室,一切都向人暗示着天堂;教堂内部空间的设计使各种音响效果得以扩大,包括赞美诗的声音、唱诗班的歌声以及风琴富于变化的音调;嗅觉和味觉也通过圣餐的面包和酒参与进来,使人深深沉浸在教堂神圣的氛围中。这里是避难所、墓地和博物馆,是遭遇无法言说的意义和无法现身的神的神圣之地,在这里发生过无数的悲剧,也有过无数的企盼,而且新的故事仍在不断发生。当我们进入其中的时候,就和这一切相交流。"我们被充满神秘和奇迹的领域紧紧抓住,被意义所充满,这意义超越了我们的理解能力,但是可以被体验到。"②当代社会中,密集的摩天大楼作为工业社会的象征成为都市的标志,它们所代表的庞大规模、金钱和权势使我们震惊,对我们产生压迫感,而教堂这类饱含精神和道德意义、能够提升和净化个人的环境在现代都市中是缺失的,这不仅意味着一种独特的场所感的缺失,对我们文化的继承和发扬也是不利的。我们应该充分保护和利用各种历史古迹、爱国主义纪念碑、纪念馆,并开发那些饱含历史文化意味的地名,努力打造一批具有神圣意味的场所,"神圣化的场所充满了意义,它们更容易被感受而不是被理解,它们唤醒我们与历史的联系,使我们意识到自己参与到文化的连续性之中。"③哥特式教堂从各种感知维度对神圣氛围的营造显然对我们具有重要的借鉴意义。

---

①　[美]阿诺德·伯林特:《环境美学》,张敏、周雨译,湖南科学技术出版社,2006年,第64页。
②　同上书,第61页。
③　同上书,第66—67页。

　　日落是宇宙性环境的代表。为了欣赏日落的壮美,我们需要寻找视野不受阻碍的有利位置进行观察,感受天空中各种颜色和光线的变化。"像教堂一样,自然与人,带着一种令人敬畏的沉默,伴随着这个不可避免的天体运动创造出的作品。……我们进入由时间、星际空间和宇宙运动构成的永恒之中。神的呈现能使我们敬畏,而宇宙的力量完全把我们征服。"①城市作为更大范围内的环境的一部分,必须响应自然和宇宙的节奏、力量和条件,必须保持和自然环境的连续性。固然,人的目的、价值和尺度是建设城市环境的主要依据,但人的生命植根于自然,自然是人性的一个基本维度,因而,人性化城市环境应该是自然和人文完美融合在一起的环境。

　　完整的城市环境是以上各种环境类型的总和,人性化是总的要求和目标,多样性和参与性是主要特征。现代化进程使人类面临着同一化和标准化的威胁,马尔库塞警告我们必须提防发展成为"单维的人"。因而,我们必须抛弃柯布西耶关于建筑和城市规划的功能主义主张,这种主张要求人类屈从于机器代表的社会秩序,不仅使得建筑和城市变得趋同化、标准化,成为"居住的机器",也最终会使人成为机器批量生产出的产品。城市必须提供感知的多样性、活动的多样性、意义的多样性,为个人的生成和发展提供丰富的可能性,也为社会和文化的发展提供丰富的可能性。

　　城市的环境是一种参与性的环境,这种环境满足我们的感知活动并让我们产生回应,它牢牢抓住参与者的感受,使我们与环境之间产生连续感和整体感,而非隔绝和距离感。"建筑、街道、广场、公园、车辆、声音、质地、温度、气味、湿度、风和色彩,这些都是我们能够感知到的对象和性质的一部分,它们与人的活动一起构成我们的生活环境。"②成功的城市设计应该从各个感官角度给我们以鲜活的、人性化的体验,而不仅仅是视觉。以听觉为例,城市中的机器、车辆和扬声器发出的噪声,污染着我们的听觉。我们应该创造一种听觉环境,使鲜活的声音再次彰显:风的呼啸声、雨的淅沥声、鸟鸣声和潺潺的流水声等自然声响,以及表明鲜活的生活正在进行的人的声音,如街道上小贩的叫卖声、孩子们玩耍的声音、狗吠声和人群发出的熙熙攘攘声。这些充满生命和生活气息、给人以亲切感的声音,构成了人性化环境的一部分。

　　伯林特指出城市美学不等于对城市的美化,后者常常是从外部强加于城市的结构之上,是对一个功能完备的物体的装饰;而城市美学不是规划方案中可分离的因素,它与城市的位置、地理、文化、历史以及政治和社会阶段的

---

① ［美］阿诺德·伯林特:《环境美学》,张敏、周雨译,湖南科学技术出版社,2006 年,第 61 页。

② 同上书,第 86 页。

独特性等许多因素都有关联,最重要的是,它要紧紧围绕特定历史文化和地域中的人的体验展开。人性化城市环境的营造离不开科学技术的运用,但单凭科学技术也不能解决问题,问题的关键是对于人的理解,对于人的体验的性质的理解,这就需要哲学家、美学家做出自己的贡献。

应该说,伯林特从美学家的角度对人性化的城市环境做出了出色的研究,他的"城市生态的审美范式"以及多样性、参与性的环境设计原则对于城市规划者们具有重要的指导和借鉴意义。

第四章　当代环境美学所引发的
若干问题的反思
——美学格局与世界美学格局的重构

　　环境美学的勃兴,显著地改变了美学的内部格局。自然进入了美学的视野,成为和艺术同等重要的审美对象,甚至在一定时期内成为美学关注的焦点;美学也不再是远离日常生活的、纯粹知识学意义上的理论话语,它与实践领域的结合越来越紧密,越来越多地来自实践领域的专业人员,如建筑师、园艺师和设计师也被吸纳进了美学的圈子里。尽管受限于自身的历史文化语境,当代西方环境美学并没有对其关注的问题——比如自然美的问题——做出彻底、完备的言说,但其确立的一系列美学理念还是为美学的进一步发展开辟了道路,为我们对当下诸多美学、哲学问题的思考提供了借鉴和参照。而且,环境美学所拥有的包容性、开放性品格,重视和吸收非西方语境下的各种哲学、美学资源,还对旧有的世界美学格局形成了冲击。目前,中国生态美学的蓬勃发展以及与环境美学交流的日益频繁,正在逐渐地推动世界美学格局的重构。

第一节　自然美问题的再思考

　　从古至今,人们热爱自然、欣赏自然,陶醉在自然的怀抱中,但对于自然何以是美的,自然美的根源是什么,却一直没有合理的解释。古希腊时期,人们将自然美归结为某种理念的显现,新柏拉图主义美学和中世纪美学则认为自然因神性之光的照耀而美,文艺复兴时期人们重视的是自然中所包含的各种形式规律——旨在供艺术创作学习和借鉴。康德虽然对自然美进行了深入研究,但在康德那里,是我们把自然理解为美的,而不是自然把美展示给我们。浪漫主义美学的自然观在某种程度上承继了柏拉图的思路,认为自然美是因体现了宇宙的秩序和客观理念而与我们的灵魂有了某种契合。黑格尔认为自然美只是一种低级的美，是绝对精神的不完全体现，在他之后自然美的研究逐渐被取消。整个西方美学史中，自然美都没有得到充分的研究，如刘成纪所说："从古希腊的理式本体到中世纪的神本体，再到近代以来的人本体，自然从没有实现真正意义上的自我生成、自我涌现，或者说这种生成和涌现从来都因为一个他者的先在决定而被压制、遮蔽。"①

我们不难找到其中的原因，第一，对自身的推崇使人们将自然美的根源归结为主体和主体的秩序，如阿多诺所说："自然美之所以从美学中消失，是由于人类自由和尊严观念至上的不断扩展所致。"②第二，由于自然美和其他类型的美一样，总离不开人的感知，因而自然美也就被等同于人对自然的美感，从而取消了自然美的独立性。可见，要真正理解自然美，必须取消人与自然的不平等地位，并在此基础上重新审视人与自然的审美关系。这意味着自然美的研究必须建立在新的哲学基础之上。

其实，如果我们用心感受梭罗的《瓦尔登湖》，就不难从中找到自然美的根源。在梭罗的笔下，大自然繁茂、自足地生长着，无论人是否关注和留意它，一切是那样的井然有序而又生机勃勃。如果你想体验自然之美，那么就谦恭地融入其中，大自然会向你讲述一个个无比动人的生命故事。不要妄自尊大，不要指手画脚，用心欣赏自然的每一个画面、聆听自然的每一句启示，在这里，你能感受真正的美，收获最值得珍惜的道理。"大地是活生生的诗歌，像一株树的树叶，它先于花朵，先于果实；——不是一个化石的地球，而是一个活生生的地球；和它一比较，一切动植物的生命都不过寄生在这个伟大的中心生命上。"③人也是大地的一部分，是一团"溶解的泥土"，所以我们可以和自然息息相通，可以与其他生命进行交流，感受到难以言说的自由和欢悦。"春天的第一只麻雀！这一年又在从来没有这样年轻的希望之中开始了！最初听到很微弱的银色的啁啾之声传过了一部分还光秃秃的、潮湿的田野，那是发自青鸟、篱雀和红翼鸫的，仿佛冬天的最后的雪花在叮当地飘落！在这样一个时候，历史、编年史、传说，一切启示的文字又算得了什么！小溪向春天唱赞美诗和四部曲。沼泽上的鹰隼低低地飞翔在草地上，已经在寻觅那初醒的脆弱的生物了。在所有的谷中，听得到融雪的滴答之声，而湖上的冰在迅速地溶化。小草像春火在山腰燃烧起来了……"④是生命，生生不息的生命，使大自然展现出无穷的魅力。生命之歌唱响在自然的每一个角落，

---

① 刘成纪：《自然美的哲学基础》，武汉大学出版社，2008年，第16页。
② [德]阿多诺：《美学理论》，王柯平译，四川人民出版社，1998年，第110页。
③ [美]大卫·梭罗：《瓦尔登湖》，徐迟译，上海译文出版社，2006年，第270页。
④ 同上书，第271页。

每一个时刻,它打破了文明外壳对身体的重重束缚,复苏了我们的自然本性,召唤我们返归作为自然生命的存在——自由的存在。

杜威的实用主义美学对于我们认识自然美有着重要的启示。杜威美学的关键在于将人看作源于自然的生命有机体,而非抽象的、理性的人。生命有机体与自然环境之间的相互作用形成"经验",这种经验是美感和艺术的来源。也就是说,人的自然本性、生命本性是沟通人与自然、体验自然之美的保证。谈到作为美学形式和美感来源的"节奏"时,杜威指出,在诗歌、绘画、建筑和音乐存在之前,在自然中就有节奏存在,自然的节奏也就是生命的节奏。"季节的循环与每个人都有着利害关系。……月亮的形状与运动不规则的规则性循环,与人、兽和庄稼的安宁与繁荣间似乎充满着神秘的联系,与生殖的秘密无法解脱地纠缠在一起。与这种更大的节奏联系在一起的,有不断出现的从种子到成熟并长出种子的循环,有动物的生殖,有两性的关系,有永不止息的生命之轮。"①在生命节奏与自然节奏的呼应中,自然的万事万物都与我们建立起了稳定的情感联系。四季更迭,草木荣枯,不仅带给我们气候变迁的信息,也触动我们的情感,令我们一唱三叹、唏嘘不已。正是这种与自然的交流与应和,使得我们可以俯仰自得。我国当代美学家曾永成将"节律感应"作为其人本生态美学的核心范畴,和杜威一样着眼于生命层面对审美的谜底做出揭示,"正是对象和主体共同具有的节律这种生命特征,使审美的主体与对象能够互为对象,发生节律感应,实现审美活动。在美感状态里,主体与对象交融合一,在最原始、最本真的生命层面上获得审美的生命体验。这正是由于具有的感应力的节律作为对象性的中介,才把主体与对象以一种特殊的肯定方式结合起来了"②。按照这种表述,不难得出:自然美即生命之美,自然美的体验是我们与自然在生命层面上发生的交流与应和。这就要求我们打破主客二分的思维方式和世界观,从生态、生命而非从机械论的角度来理解自然,只有这样才能对自然美做出合理的阐释。

在利奥波德的"大地美学"中,对单个自然物的审美评判要看其是否有利于生命共同体的和谐稳定,也就是说,生命共同体的价值也即生命的价值才是最高价值。利奥波德声称:"北方森林的秋色就是大地加上一棵红枫,还有一只松鸡的总和。……如果去掉松鸡,整个事物便成了死的。"③松鸡是北方森林中生命的代表,没有了松鸡的世界变得死寂,这表明自然的魅力来

① [美]杜威:《艺术即经验》,高建平译,商务印书馆,2007 年,第163—164 页。
② 曾永成:《节律感应:人本生态美学的核心范畴》,《江汉大学学报(人文科学版)》,2007年第2 期。
③ [美]奥尔多·利奥波德:《沙乡的沉思》,侯文蕙译,经济科学出版社,1992 年,第129 页。

自生命,自然之美即生命之美。自然美的欣赏不仅仅是一种消遣,看到大雁比看电视更为重要。在与自然生命的交流,我们可以重新恢复在文明社会磨损了的生命活力。

不过,当代环境美学家们更为重视的是如何对自然进行鉴赏,而不是探讨自然何以是美的,这使得他们的自然美学在自然美的问题上取得的突破很有限。卡尔松、瑟帕玛的主客二分立场限制了他们对人与自然关系的深入认识,他们关注的是范畴(或惯例)对感知的影响,而非人与自然交流的生命基础。伯林特虽然吸收了杜威的实用主义美学并对人的自然本性、人与自然的关系有着深刻的认识,但他的自然观使他无意去区分自然美和人工美,而且他的环境现象学美学注重的也是对审美感知的研究。阿普尔顿的"栖息地理论"和"瞭望—庇护理论"倒是注意到了审美的生物学基础,不过他的视野局限于对人的景观偏好进行探讨,没有将生物学解释扩展到自然美的研究中。唯有罗尔斯顿,从生命层面对自然之美进行了较为系统的探讨。

罗尔斯顿反对从理性主体的角度来阐释自然美,他认为尽管在人这里审美体验才得到了较为完善的发展,但在动物身上可能也存在审美体验的雏形,比如雌孔雀对雄孔雀那开屏的美丽的尾巴必定有几分喜悦,否则,雄孔雀的尾巴就成为一种累赘。自然美不是人的心灵的产物,不是主体施加给自然的东西。固然,美不是客观地存在于大自然中的,它存在于观赏者的眼中——主要存在于人的眼中,或许还以不成熟的形式存在于飞鸟和兽类的眼睛和体验中。[1] 但人得以对自然进行审美体验的前提是自然中存在着美感属性,我们对自然进行审美评价时,我们的体验被附加在自然的这些属性上。

罗尔斯顿区分了审美体验的两种要素:审美能力和美感属性。这两种要素都是自然的产物。"客观地存在于大自然中的景色,由眼睛和大脑的配合而产生的对景物的感觉方式。它们都是大自然的产物,是创生万物的自然进化的结果。"[2]一方面,我们体验的对象在人类产生以前就存在了,它们是创生万物的自然的作品,如自然中的形式、结构、秩序、完整性、多样性、统一性、创造和再生的能力,等等。"美感也许存在于人的心灵中,但作为感觉对象、并激发了人的审美体验的荒野并不存在于人的心灵中。那造就了美国蒙大拿风景带、西弗吉尼亚山、缅因河谷盆地的自然构造力和腐蚀力量是客观地存在于自然界中的。当风景带毫无例外地都能给我们带来某种美感享受时,

---

① ［美］霍尔姆斯·罗尔斯顿:《环境伦理学》,杨通进译,中国社会科学出版社,2000 年,第178 页。

② 同上书,第321 页。

我们就会意识到,仅仅认为是人类把大自然想象为可爱的,这是远远不够的。"①创生万物的自然具有客观的审美属性,这种潜能的实现需要一位具有审美能力的体验者,更需要那些使它得以产生的自然力量,这种力量近似于中国古典哲学中的"道",是自然美学最终要回归的本源性范畴。另一方面,人类的生命、感官、审美能力,也是自然的产物。"有很多自然的东西被编入我们的遗传程序。我们体内流动着的原生质已经在自然中流动了十多亿年。我们内在的人性已在对外的自然的反应中进化了上百万年。……要说我们行为的最终依据中没有一种很完善的、与自然相适应的东西,那是很难想象的。"②正是因为我们的生命植根于自然,我们才会和自然生命之间产生一种天然的默契和交流,才会陶醉于自然之美,感受到生命的自由和解放。

总之,自然美是我们体验到的自然的生命之美,是我们的生命与自然生命之间的交流与融合,其根源在于创化万物的自然本身。如罗尔斯顿所说,自然所产生出来的最为神秘的东西不是死亡,而是生命,包括适应地球生态环境的人类生命。个体生命虽是时间性的、短暂的,但生命之流是永无止息的。在对生命之流的承续和传递中,个体生命得到延伸。我们对自然进行体验时,自然的这种神秘的创造生命的力量始终在潜在地发挥作用,使我们突破自我的阈限,沉浸于生命的欢悦和无限之中。著名精神分析学家埃里希·弗洛姆指出:"千百万年以来,人试图回到他出生的地方,再次与大自然融为一体,人愿意再次与动物、大树生活在一起;他希望摆脱成为一个人的负担,希望回避对自己、对世界的意识。"③尽管文明的坚硬外壳将人的自然本性紧紧包裹住,但生命冲动是压制不住的,我们对自然美的体验正是一种生命的体验。

西方传统思想中根深蒂固的唯智主义和主客二分倾向,导致人们对人与自然之间的生命关联一直缺乏足够深刻的认识,从而限制了对自然美和自然美感的理解。但中国传统思想文化对人与自然的关系有着深刻的认识,蒙培元认为中国古代"天人合一"哲学是一种"生命哲学",又是一种"生态哲学"。④ 无论儒家还是道家,都将化育万物的"道"作为最高范畴,也都认识到人与自然生命的同源同性,将对生命的尊重和关爱作为人的义务。在深受道家影响的中国古典美学中,对自然和生命的体验是美学的基石。在道家看

---

① ［美］霍尔姆斯·罗尔斯顿:《环境伦理学》,杨通进译,中国社会科学出版社,2000 年,第 320 页。

② 同上书,第 172 页。

③ ［美］埃里希·弗洛姆:《在幻想锁链的彼岸》,张燕译,湖南人民出版社,1986 年,第 165 页。

④ 蒙培元:《人与自然——中国哲学生态观》,人民出版社,2004 年,第 5 页。

来,万物的本体和生命是"道",是"气","象"不能脱离"道"和"气",否则"象"就失去了本体和生命,成为毫无意义的东西。审美观照的实质并不是把握物象的形式美("象"),而是把握事物的本体和生命("道"和"气")。艺术创作也必须在作品中表现出宇宙的本体和生命("道"和"气"),作品才有生命力。中国古典哲学关于审美客体、审美观照以及艺术生命的一系列范畴,如"气象""意境""澄怀味象""气韵生动"等,哲学根源都是老子关于"道""气""象"的论述。[1] 对于自然的欣赏,中国古典美学不像西方如画性美学那样强调自然的形式,和浪漫主义美学以主观理念统摄自然也有着本质区别,它要求在对自然的观照中把握宇宙无限的生机。正是出于积淀深厚的哲学和美学背景,我国的生态美学对自然美有着比西方环境美学更为深入的研究。徐恒醇主张确立"生态美"范畴,认为它体现了人与自然的生命关联和生命共感,是人与大自然的生命和弦。曾永成立足马克思生成本体论的人本生态观揭示了自然美之于人性生成的价值,并在生命活动的节律感应中找到审美活动的生态本源。王德胜认为审美生态观要在人与世界之间实现一种"亲和感",在人与世界的整体性发展中获得生命的升华。刘恒健指出自然美在于其内在生命活力的自然绽放,人应该抛弃对自然的主宰和征服姿态,投入、融合到大自然之中,与之圆融共舞。只有回到天人一体、万物一体、同生共运、圆融共舞的大道本源性上来,才能领悟人与天地万物的生命与价值之所在,才能领悟美之所在。凡此总总,都将人与自然看作一个整体,从生命的活力、律动和样态来理解自然美,从人与自然的生命共感和交流来理解自然审美。

刘成纪对自然美的问题做出了卓越的研究。他指出,对自然的讨论如果仅仅限制在心与物、主体与对象这种二元对立的思维框架内,是无法解决问题的,中国 20 世纪 50 年代的美学讨论之所以长期难以解决理论的分歧,正是因为陷入了这种二元分立的思维误区。首先,我们应该跳出天人对立的二元论,从存在论的角度看待人与自然的关系。自然作为人类的生存境遇以及生命本源的特性,决定了两者的关系永远是整体与局部、源头与衍生的关系。自然是生命的源泉,也是美的源泉,它为人的存在提供了最本源的规定性和可能性,也为美的存在提供了最基本的样态。其次,从物性论的角度看,人的感知不能作为对象实存的依据,自然本身有其向美生成的内在潜能,这种潜能即生命的本质。按照中国古典哲学的理解,万物皆有道性,道性即自然之美的内在潜质。中国哲学的元气自然论认为世间万物都是气的聚合,这种气

---

[1]　叶朗:《中国美学史大纲》,上海人民出版社,1985 年,第 27—28 页。

的本性决定了自然物必然是一种包蕴生命动能的存在,而且意味着物的外观必然来自它的内部动能向形式的涌现。最后,美的问题必然与人密切关联,我们谈论的自然美毕竟存在于人的眼中,人在审美这个基本的定位是无法轻易否定的。不过,自然美学却不能为人的主观性所限定,不能成为单一主体的审美学,那会导致对自然物性的曲解和对自然对象审美价值多元性的忽视。如何才能在自然物性之美和人的审美欲求之间建立一种平衡的关系呢?刘成纪指出,那就要返归物性、返归身体,"人与对象同时作为自然存在的无差别性,是使物我交融成为可能的哲学基础,也是审美经验既敞开自身又不遮蔽对象的最后保证"①。

刘成纪和罗尔斯顿有一个根本的共同点,那就是在生命的层面上将人与自然统一起来,并在此基础上对自然之美进行阐释。一方面,刘成纪指出自然界是一个活跃的、诗性的生命世界,他不仅从中国古典哲学还从现代物理学中寻找依据。"在现代物理学关于自然的观念中,牛顿时代所肯定的事物运动的无限循环性和存在的确定性,被现代的不可逆性和随机性所取代,传统动力学对事物所做的静态的描述已让位于热力学关于物质的演化描述,甚至物质在其能量的不断耗散中也经历着一种从生到死的过程。这种观念明显是将牛顿式的作为'海边弃船'的死寂之物转换成了现代意义上的活性物质。"②表面沉默的自然并不像我们想象的那么沉寂,而是以更长的时间区间和跨度作为自己的生命周期。如弗里曼·戴森所说,生命所起的作用可能比我们曾意想的还要大,在按照自己的目的去塑造宇宙的活动中,生命会克服一切不利因素而获得成功。另一方面,人作为自然的组成部分,自然对人的存在构成了最基本的限定,尤其人存在的身体性,更奠定了他永远不可动摇的自然性。人作为身体的存在,使其与自然对象的差异被降到了最低程度。这种人与自然的同质关系不但可以使其充分融入自然之中,而且他自身的存在也必然成为一切存在的象征。"一种理想的审美状态,应该是人与自然在身体层面同禀物性、在感觉层面产生生命的交感、在价值层面命运相通的状态。"③

为了达到这种理想的审美状态,必须将审美奠基于人的自然的身体性之上。和伯林特一样,刘成纪强调身体在审美中的重要地位,认为审美体验就是"以体去验"。人对世界的感觉,不仅依靠视听,也不仅仅依靠其他感官,而是整个身体向对象世界的全方位的展开。西方传统美学对灵魂与肉体、理

---

① 刘成纪:《自然美的哲学基础》,武汉大学出版社,2008 年,第 117 页。
② 同上书,第 157 页。
③ 同上书,第 224 页。

性与感性进行了机械的切割,将美学建立在前者对后者的统治之上,不仅以强大的理性主体遮蔽了自然的物性本质,也压抑了自己的生命本性。只有放弃作为审美者高高在上的姿态,把身体作为审美经验的主体,才是自然欣赏的正确途径。"人对其主体性的放弃,是使对象摆脱人化钳制的途径,也是自我解放的途径。这种人与对象的双重解放,预示着各自向其本源的回复,也预示着双方将毫无保留地将自己交出。以此为基础的审美活动,人将自己的全部身心交给对象,对象将其最本己的深度交给人,所谓的审美之境则无限地重合于自然之境。"①

　　有限的篇幅内我们无法展示刘成纪"物象美学"的丰富内涵,不过有一点是明确的,那就是必须取消主客二分的思维方式、人类中心主义的价值观和伦理观、强大的主体性,将美学奠基于"物"性之上——既指自然万物的内在的、不以人的感知为依据的生命特性,也指作为生命存在的人的自然属性、身体性。只有这样,我们才能对自然美的问题做出合理的阐释,也才能真正欣赏到自然之美。

第二节　环境美学与生态美学

　　20 世纪 90 年代,生态美学在中国蓬勃兴起,并在不长的时期内跨越了学理粗糙的初创阶段,理论品格日臻成熟和完善。生态美学的兴起受到了西方环境美学的影响,但最重要的原因还是社会现实的需要。在走向现代化的过程中,中国也同西方国家一样出现了生态问题,严重影响了人们的身体健康和生存环境,而且还从根本上制约我国经济的可持续发展。美学界的有志之士对美学的发展现状进行了深刻的反思,特别对基于西方认识论美学发展起来的、影响巨大的实践美学进行了批判,对美学的哲学基础、基本理念、体系建构等进行了重新认识,生态美学便是这一反思取得的重大学术成果。由于生态美学和环境美学担负着同样的社会使命,并同样带动了美学学科一系列的变革,有人认为环境美学和生态美学是同一种美学形态。不可否认,二者在研究领域上有重合之处,在一些观点上也是相通的,不过,它们之间还是存在着一些区别。中国生态美学是中国学者独立提出并发展起来的理论,在学术资源和研究思路上同环境美学都存在差异。近年来,随着国际学术交流的日益频繁,环境美学和生态美学之间也加强了对话,对于二者之间关系的

---

　　①　刘成纪:《自然美的哲学基础》,武汉大学出版社,2008 年,第 117 页。

认识便成为一个重要课题。在 2009 年 10 月山东大学文艺美学中心举办的"全球视野中的生态美学与环境美学国际学术研讨会"上,生态美学和环境美学的关系被列为一个重要议题。对这一问题进行深入探讨,无论是对于环境美学还是对于生态美学未来的发展都具有重要意义。

(一)环境的生态维度与西方生态美学

环境和生态两个概念在当代思想语境中有着内在的密切关联:生态思想强调个体和环境之间的有机关联,而环境思想也将生态作为其最基本和最重要的维度。在西方哲学中,环境思想是缺失的。尤金·哈格洛夫指出,希腊形而上学关于物质实体具有永恒性和不可毁灭性的概念,使得许多西方人直到 20 世纪都非常难以从环境的角度思考问题;同样,过去三个世纪的现代哲学的认识论对世界之存在的怀疑,也使哲学变得与环境思想的历史发展没有关系。[①] 这种环境思想的缺失也影响到美学,在西方传统美学中,美或者被从本体上加以探究从而附属于形而上学的真理,如作为"理念"或"绝对精神"的显现;或者被归结为某种主体原因,如"知性和想象力的统一"或"直觉"。不仅环境从未进入美学的殿堂,自然美学的发展也极为不充分。直到 19 世纪晚期随着博物学和环境科学的发展,环境和生态的视野才开始渗透到美学之中。

利奥波德较早地将生态学视野引入美学中,他要求我们借助于生态学、生物学、自然史等自然科学知识对自然进行鉴赏,将对于自然事物的审美评判同其在生态共同体中的作用结合起来,从而发展隐藏在自然表面下的美。利奥波德的美学被西方学者称为"大地美学",也称为"生态美学"。然而,到了 20 世纪 60 年代,环境美学而非生态美学成为西方美学的生长点。笔者以为有以下原因:

1. 对美学自律的坚持与对科学的不信任

认为生态学知识有助于我们对自然的欣赏是利奥波德生态美学的重要主张,但这一主张并没有受到西方美学传统的支持。康德指出审美判断与概念无涉,是主体对审美对象的形式的直接领会。这一观点区分开了审美与认知,对后世产生了深远影响。利奥波德的大地伦理学受到后世的高度评价,但其美学思想并没有得到广泛的赞同,所以当卡尔松承继了利奥波德的传统,提出自然鉴赏的科学认知主义途径后,质疑声从未间断。一些环境美学

---

① [美]尤金·哈格洛夫:《环境伦理学基础》,杨通进、江娅、郭辉译,重庆出版社,2007 年,第 56—57 页。

家认为知识特别是科学知识在审美中很少起作用,有时甚至会影响审美。更重要的是,由于科学理性和工具理性的结合给环境造成的巨大破坏,科学的口碑并不好,伽德洛维奇就指出,"科学通过给自然分类、量化和纳入模型将其袪魅化","和其他人类活动相比,科学的人类中心主义倾向一点也不弱"。① 这直接造成了对科学知识参与审美的排斥。

2. 生态作为一种关系不能成为审美对象

主客二分和对象性思维方式在西方哲学和美学中根深蒂固,生态作为一种关系显然不能成为审美对象。② 而初创阶段的生态美学——无论是利奥波德还是我国最初的生态美学——又倾向于依据对生态关系的认知进行审美鉴赏和评判。一种典型做法就是从生态整体来判断自然物的美丑:一种自然物单独看并不美,但若对生态整体的健康运行有贡献,那就是美的。这就将抽象的生态关系当成了审美对象,并以认知来代替审美,很难为人所接受。正如我们对卡尔松的环境美学思想进行探讨时指出的,对于生态关系的认知的确会影响我们的审美评判,利奥波德和卡尔松的立场有合理之处;问题出在他们没有对审美感知结构进行探讨,从而导致了认知对审美的僭越,这也导致了人们对生态美学这一概念的抵制。事实上,成熟阶段的生态美学强调审美中的生态维度,而非将生态关系作为审美对象。

3. 人们对生态的最初理解局限于自然界

生态概念是从生物学中发展起来的,在很长时间内人们对它的理解仅仅局限于自然界,利奥波德的生态美学也是一种自然美学。然而,工业革命和现代化进程加快造成的不仅是自然的毁灭,还有人的生存状况的恶化,时代需要一种和人的整个生存领域相关的美学。环境美学涵盖了自然环境、建成环境以及人文环境,其外延的广泛更易获得人们的青睐。而且,20 世纪后期美学领域扩展至艺术、自然以及日常生活的方方面面,将这些相互关联的研究对象综合起来进行研究的需要也促使人们选择了环境美学。随着生态学及相关学科的发展,人们才进一步认识到,生态概念绝非仅局限于自然界,生态是人的本质属性,也内在于文化的深层,和人类的存在息息相关,并将最终决定人类未来的命运。

4. 生态的文化维度尚未引起关注

文化人类学研究表明,史上那些成功的人类文化形态都拥有高度的生态

---

① Stan Godlovitch, *Icebreakers: Enviromentalism and Nature Aesthetics*, in *Nature, Aesthetics, and Nvionmentalism: From Beauty to Duty*, New York: Columbia University Press, 2007, p.142.

② 刘成纪:《自然美的哲学基础》,武汉大学出版社,2008 年,第 283 页。

智慧。只有建立起人与自然和谐共存的生态关系,一种文化形态才能长期存在下去,人性也才能保持在一种完满的状态。可以说,生态不仅内在于自然的运行中,也居于文化的深层。但生态的文化维度最初并未引起关注——即使是当前的西方生态美学也未给予其充分重视。环境的历史文化维度则非常明显地体现在古迹、建筑等人文景观的各个方面,人文地理学对环境和环境审美的深刻见解也丰富了人们对环境的认识并构成了环境美学的一个组成部分。作为一门人文学科,美学选择环境美学作为一个新的发展方向也就不难理解了。

　　总之,由于对生态概念的理解不充分,以及西方哲学、美学传统的影响,利奥波德开创的西方生态美学遭到冷遇,而环境美学则因其包罗万象、视角多维而倍受关注。虽然环境美学成为引人关注的美学焦点,但由利奥波德开创的西方生态美学传统并没有断绝。一方面,利奥波德的生态美学遗产融入了环境美学的血液,而且,环境美学越来越认识到生态维度的重要意义。另一方面,一些研究者仍在致力于生态美学的研究并取得了一定的成果。

　　生态维度在环境美学理论中占有非常重要的地位。以卡尔松为代表的客观主义建构取向在很大程度上可以看作是利奥波德开创的美学传统的继承和发展,瑟帕玛明确指出,环境美学最终是规范性的,"我们可以评价一个趣味体系有多好,并通过这个评价而到达生态美学"①。伯林特虽然不像卡尔松和瑟帕玛那样强调生态学知识,但他的理论中同样包含了生态维度。在伯林特看来,知识、观念可以通过"身体化"而潜在地影响环境体验,这就意味着生态知识和生态伦理可以参与塑造我们的审美感知。更重要的是,伯林特将人与自然看作一个连续性的整体,我们可以本能地对环境生态状况的好坏做出判断。在他的城市美学中,他指出城市生态状况的好坏与我们的体验密切相关,恢复城市与农村的连续性、将自然环境引入城市是人性化城市的一个重要方面。

　　和利奥波德一样,罗尔斯顿认为生态学对于发展一种新的自然美学具有重要意义,他要求我们摆脱传统美学专注于自然形式之美的狭隘眼光,去欣赏那些不能一目了然的自然事件。如果着眼于生态系统整体,那就没有什么自然是丑陋的,一切都是生生不息的自然进程中的环节和片段。故而,生态学视野和知识对于扩展我们自然鉴赏的广度和深度是必不可少的。而且,罗尔斯顿深刻地指出,人的生命根植于荒野,荒野中有我们的生命之根,这是人

---

① 　[芬]约·瑟帕玛:《环境之美》,武小西、张宜译,湖南科学技术出版社,2006 年,第 189 页。

们渴望挣脱文明的枷锁回归荒野的根本原因。生态和生命两个概念有着内在的关联,我们对于荒野的体验本质上是一种生命体验,而这种体验的前提是人所具有的生态本性。

无可否认,如伯林特所说,环境美学是一种文化美学。如果我们着眼于文化人类学的成果,就会认识到生态与文化之间的内在关联。"文化"的词源可以追溯到拉丁文中的 colere,指在土地上的劳作活动和创造居住场所。这一词根意义还保留在词语 cultivate(耕种)和 agri-culture(农业)中。① 为了稳定地获取生存资料,人们必须处理好与自然之间的关系,这就需要一种素朴的生态观念。因而,生态是文化的最初的也是最基本的维度,决定某种文化形态能否长期存在。正如马文·哈里斯在《文化的起源》中所表明的,人类变化无穷的文化行为都来自对变化着的生态条件的适应。人们已经开始深刻反思西方传统文化中的人类中心主义倾向,并认识到当前盛行的消费文化最终会将人类带入绝境,一种文化的生态转型迫在眉睫。从这个意义上说,生态也将是有待发展的环境文化的核心维度。另外,人文地理学和文化人类学的资料表明,在特定地域和文化形态中——特别是前现代的那些文化形态中,人们对于自己的生存环境有着不同于外在者的理解,而居于这种理解的核心的往往是一种独特的生态意识。我们对环境文化探讨得越是深入,生态维度就越是清晰地浮现在我们的视野之中。

在应用领域,生态维度对于环境美学的重要性更是显而易见。约翰松的环境工程也是生态设计的典范,"我的任务之一就是创建一种拓展思维、生命自持与包罗万象的景观。艺术家总是在改变我们的世界观,我们现在需要的是改变行为的方式。这种新的统一与和谐不在于设计的完美,而在于我们把相互冲突的族群、利益和观点融洽地整合在一个真实世界里的能力"②。她的所有作品和构思都力图打造既能给人以审美娱乐又能承担净化污水、创建栖息地等生态功能的景观。这样的景观才是完整的、真实的景观,才能给人以深沉的生命感悟,使人性更加完整、生活更加丰富。越来越多的环境设计者正在将生态原则作为自己的设计理念。

在环境美学吸引大量研究者投身其中的同时,一些研究者也在致力于生态美学的研究。相比之下,西方生态美学的声势要小得多,以至于我们一直认为生态美学是中国美学界的首创。当然,西方存在生态美学研究的事实并

① Thomas Heyd, *Encountering Nature: Toward an Environmental Culture*, Burlington: Ashgate, 2007, p. 130.

② [加]卡菲·凯丽:《艺术与生存——帕特丽夏·约翰松的环境工程》,陈国雄译,湖南科学技术出版社,2008 年,第 90 页。

不会削弱我国生态美学在国际美学界的地位和意义,也不会对我国生态美学的独创性有任何影响,毕竟两种生态美学在思路和体系构建上有很大区别,是各自独立发展起来的。程相占在《美国生态美学的思想基础与理论进展》一文中对美国当代生态美学的发展进行了述评,下面我们就基于他的这篇文章来了解美国生态美学的发展及其与环境美学之间的关系。①

程相占的研究表明,美国生态美学和环境美学之间的界线并不清晰,生态美学是在环境美学的影响下产生、在环境美学的促动下发展的,可以视为西方环境美学的一部分。另外,美国生态美学家不是职业美学家,他们从各自特殊的职业问题出发而走向了生态美学,其学说都有极强的实践性。他主要介绍了贾苏克·科欧的环境设计美学和保罗·戈比斯特关于森林管理的生态美学。

科欧1978年于美国名校宾夕法尼亚大学建筑理论和生态设计专业获得建筑学博士学位,受到在该校任教的著名生态设计大师伊恩·麦克哈格的重大影响。在关注生态学、现象学和文化的基础上,科欧致力于将建筑、景观和城市设计综合起来,研究建筑和景观的设计理论与美学。在科欧的论著中,建筑、景观和城市都是不同的"环境",都属于"环境设计"研究的对象,都可以与"生态设计"理念贯通起来。科欧认为,环境设计的目的是构建人性化的、家园式的、供人分享的环境,指导这种设计的理念应该是生态设计。他的"生态美学"就是这种设计理念的概括。因此,他的美学理论可以概括为"生态的环境设计美学",是在生态思想基础上对于一般环境美学的批判与超越。在科欧的理论中,我们可以明显看到伯林特的影响;作为一名富有实践经验的建筑师和景观设计师,科欧的理论和约翰松的环境设计思想也有许多相通之处。

在构建生态美学时,科欧确认并辨析了与设计原理、美学理论相连的核心概念,提出"包括性统一""动态平衡"和"补足"三个原则作为美学的生态范式。"包括性统一"将客体或对象置于一个具体的"语境"中,将之视为这个整体语境中的一部分,强调它与人、场所的统一,否定主体与客观、人与自然、秩序与无序之间的距离和二元对立。这一原则显然同伯林特的环境思想是一致的。"动态平衡"即一种"过程"的平衡,这一原理将西方美学的静态的、形式的平衡与东方美学(主要是日本美学)的动态的、定性的平衡结合起来。"补足"即一种"设计结合自然"的思想,就是让自然和景观来补足人类与建筑。西方美学关注客体的、客观的外部世界,关注表达的清晰以及将复

---

① 程相占:《美国生态美学的思想基础与理论进展》,《文学评论》,2009年第1期。

杂环境秩序化;东方美学则关注主体的内部世界,关注感性表现以及对于自然的象征性、存在性体验。科欧认为补足性观念将二者结合了起来。可以看出,科欧的三个原则表达的思想主要是打破各种对立,将人、自然、文化统一为动态的整体,这同约翰松是一致的。程相占特别指出,科欧在讨论他的三个核心原理时都首先将其作为"创造过程的原理"来论述,然后才将之作为环境设计中的审美原理来研究。这表明:这三个概念是贯通自然规律和人造环境的桥梁,是整个宇宙的普遍原理,使我们很容易联想到中国古代"天人之际"问题——科欧也的确受到了东方思想的影响。

保罗·戈比斯特的生态美学主要有两个来源,第一个是利奥波德的生态美学,第二个是伯林特的参与美学。巧合的是,他和利奥波德有着相近的身份,利奥波德早期曾任美国国家林业局官员,而戈比斯特是美国农业部林务局北部研究站的社会科学家。和利奥波德一样,戈比斯特对注重形式的自然美学进行了批判。利奥波德的批判对象是传统的如画性美学观,而戈比斯特则将批判的矛头指向森林景观管理。美国国家森林公园管理局的通行做法是对森林景观的视觉特征进行定性测量和计算,以此来评估和管理森林。这种做法不过是如画性美学的当代变体,忽视了景观的生态价值。戈比斯特指出,生态审美需要重新定义如何"观看"景观以及人类在其中的位置,生态审美的愉悦间接地来自理解景观与其所属的生态系统在生态学意义上的和谐一致。对于森林审美来说,整个森林——包括那些凌乱、肮脏部分——都应该是审美对象。和伯林特一样,戈比斯特认为景观审美是活跃的、参与的、体验性的,包含着人与景观之间的对话,它要求我们积极地参与、融入景观中而不是消极被动地观看景观。人与自然的对话可以推动欣赏者的行动和参与,促成他们深层价值观念的改变。

(二)环境美学视野下的中国生态美学研究

生态美学在西方遭到冷遇,发展缓慢;但在中国,生态美学自诞生以来吸引了大批研究者,发展迅速、成果卓著。这种对比表明:生态美学和环境美学相比并没有先天的劣势,不同际遇乃不同的文化背景使然。首先,中国文化中丰富的生态思想是生态美学在中国蓬勃发展的最重要原因。曾繁仁指出,《周易》的"元亨利贞"四德、"位居正体"之至美,儒家的"天人合一""民胞物与""位育中和",道家的"道法自然""万物齐一",佛家的"法界缘起""善待众生"等都包含十分丰富的生态审美内涵。[1] 刘恒建则认为,"生态美学是一

---

[1] 曾繁仁:《生态存在论美学论稿》,吉林人民出版社,2009年,第72页。

种以大道形而上学为基础的美学,生态美学的本源性即它的大道性"①,这种"大道性"指的是向老子、庄子所说的"大道"的超越性回归,回到天人一体、万物一体、同生共运、圆融共舞的大道本源性上来。按照他的逻辑,深受老庄影响的中国古典美学本身在某种意义上就是一种"生态美学"。其次,由于特定的政治、社会原因,马克思主义在中国得到广泛传播和深入的研究,对中国当代美学的发展有着重要影响。随着中国生态问题的凸显,马克思主义哲学中的生态思想引起学界的高度重视,这也促进了中国生态美学的发展。最后,中国生态美学的提出是在 20 世纪 90 年代,这时距离蕾切尔·卡逊引发的"环境转向"已经有近三十年了,人们对于生态的理解已经不限于自然界,人和人的活动也被视为生态系统整体的一部分,人的生态本性得到充分重视;而且,人们进一步认识到科学领域、文化领域和人的精神领域也需要一种生态视野。事实上,强调整体和联系的生态学思维方式已经成长为一种新的思维范式,取代了陈旧的主客二分思维方式。生态哲学、生态神学、过程哲学等先进理论成果传入中国,为中国生态美学的发展提供了丰富的理论资源。种种原因使得中国生态美学研究短时期内便取得了重大突破,并达到了相当的理论深度和广度,理论品格日臻成熟和完善,足以比肩已有了近半个世纪发展历程的环境美学。

　　无论对于环境美学还是生态美学,自然美学都是最重要的领域。环境美学将发展一种恰当的自然鉴赏模式作为自然美学的核心问题,这一问题在生态美学中对应的则是发展一种生态审美观。乍看起来二者似乎差别不大,都是探讨如何对自然进行审美,其实不然。自然鉴赏模式研究的立足点是主客二分,通过研究作为客体的自然与艺术在本体上的不同,发展一种围绕自然本身进行鉴赏的审美模式,以体现对于自然的伦理关怀。自然鉴赏模式研究的着力点在"操作"层面——怎样有意识地对自然进行鉴赏,环境美学家们反复争论的是科学、情感、想象这些范畴在自然鉴赏中是否适当以及怎样运用这些范畴。然而,这种注重"操作"的自然鉴赏模式基本上没有进入生态美学的视野,生态美学认为发展一种真正的自然美学必须首先进行思维方式、哲学基础以及价值观、伦理观等一系列的转变,只有摒弃主客二分的思维方式和人类中心主义的价值观、伦理观,将自然万物视为与人同处一个生态整体中的平等主体,我们的自然鉴赏才能真正体现一种伦理关怀。这就需要对自然、人以及二者之间的关系进行深入研究和反思。就此而论,环境美学的自然鉴赏模式研究不过是细枝末节的事,没有触及自然美学的关键所在。

---

　　① 刘恒健:《论生态美学的本源性——生态美学:一种新视域》,《陕西师范大学学报(哲学社会科学版)》,2001 年第 2 期。

固然,在发展自然鉴赏模式时也离不开相关哲学基础的探讨,但环境美学家们在这方面所做的工作是相当有限的。卡尔松、瑟帕玛以及齐藤百合子、布雷迪等人仍在坚持主客二分的思维方式和哲学立场,自然基本上是外在于人的客体,和人的生命、人的存在没有什么关联。伯林特超越了二元论和客体论,他的环境观和自然观将人与自然看作一个整体,其观点、立场和生态美学很相近,不过他的论证比较粗疏,不够深入。生态美学以富有生态意味的中国古典哲学、美学为依托,深入研究马克思主义生态观,并广泛吸收深层生态学、存在主义、过程哲学、生态神学等各种生态理论资源,提出了全新的、具有丰富内涵的生态审美观。不同的研究者对于生态美学及其建构提出了自己的看法,但在基本立场上大体是一致的,都要求对美学的哲学基础和美学范式进行一系列的转变:由人类中心到生态整体,由主客二分思维模式到有机整体思维模式,由主体性到主体间性,由认识论审美观到存在论审美观,等等。在众多的生态美学家之中,曾繁仁十几年来一直致力于生态美学领域的研究,他以马克思主义唯物实践论为指导,以生态哲学、存在主义和中国古典哲学、美学为主要理论资源,熔铸了现象学、解释学、生态神学等众多理论成果,提出了"生态存在论美学观"这一具有强烈时代感和前沿意识的美学形态,是生态美学领域涌现出的最杰出成果,也代表了生态美学未来的发展方向,受到学界的高度评价。自从事生态美学研究以来,曾繁仁也一直关注着环境美学的发展,并同卡尔松、伯林特、瑟帕玛等著名环境美学家进行了直接的对话和交流,环境美学的一些见解如伯林特的参与美学也被他列为生态美学观的重要范畴。笔者并不是对生态美学的各种理论进行全面介绍,就探讨环境美学和生态美学的关系而言,以曾繁仁的生态存在论美学观为代表是最合适不过的。下面,我们就结合环境美学来探讨一下曾繁仁的生态存在论美学观。

曾繁仁指出,对于生态美学,有狭义的和广义的两种理解。狭义的生态美学仅仅局限于处理人与自然环境的生态审美关系,而广义的生态美学则致力于解决人与自然、社会以及自身的生态审美关系,这是一种符合生态规律的存在论关系。他赞成广义的生态美学,认为它是在后现代语境下以崭新的生态世界观为指导,以探索人与自然的审美关系为出发点,涉及人与社会、人与自然以及人与自身等多重审美关系,最后落脚到改善人类当下的非美的存在状态,建立起一种符合生态规律的审美的存在状态。这是一种人与自然、社会达成动态平衡、和谐一致的处于生态审美状态的崭新的生态存在论美学观。

生态整体主义是生态美学观的最重要原则,是对人类中心主义的突破和超越。深层生态学是生态整体主义最主要的表现形态,其核心观点是"生态平等",也就是主张在整个生态系统中包括人类在内的万物都自有其价值而处于平等地位。曾繁仁对深层生态学进行了深刻解读,指出生态整体主义之生态平等观是对认为人类价值至高无上的、自然没有价值或只有工具价值的人类中心主义的抛弃,是从人类与地球持续美好发展的高度来界定两者之间的关系。而且,生态平等并不是人与万物的绝对平等,而是人与万物的相对平等,即"生态环链之中应有的平等",人类将同宇宙万物一样享有自己在生物环链之中应有的生存发展的权利,只是不应破坏生物环链所应有的平衡。这种生态整体主义超越了生态中心主义,对人与自然的关系进行了全面的认识。曾繁仁在生态整体主义的基础上进一步提出了"人的生态本性"和"生态人文主义"的概念,将生态学同美学连接起来。古希腊以来,人们从理性、语言、创造等各个角度对人进行界定以把握人的本性,但这些范畴都着眼于人与自然的相异性,试图凸显人之于自然的优越感。生态学的发展使我们认识到:我们应该换一种思路,从人与自然的一致性而非相异性上把握人的本性——那就是人的生态本性。虽然随着社会的发展,人的生态本性在一定程度上为文化所遮蔽,但文化并没有将其消解掉,它仍在支配着我们的生命存在,我们必须据此更新对于人文主义的内涵的理解。传统人文主义是在文艺复兴时期发展起来的,旨在摆脱经院哲学和教会束缚,提倡关心人、尊重人、以人为中心的世界观。生态整体主义突破了人类中心主义,但并不反对人文主义,相反,它通向一种更彻底的人文主义——生态人文主义,蕴含了对人类前途命运的终极关怀。

基于生态整体主义、生态人文主义以及人的生态本性,不难看出环境美学中存在的一些问题。卡尔松和瑟帕玛的主客二分思维方式和客体论的环境观显然是有问题的,和生态整体主义原则相悖。就自然美学而言,卡尔松强调生态学知识对于自然鉴赏的重要性,却没有认识到人也是生态整体中的一部分,人的生态本性决定了人具有回归与亲近自然的天然情感,这是自然美的根源所在。曾繁仁对卡尔松的"自然全美"也提出质疑,指出这一命题存在反人文主义倾向,认为人类只会玷污自然之美。事实上,人的生态本性还包含了"生态自觉性",人类能够以更为广阔的胸襟维护所有生命和非人类存在物,同样人的参与也可以凸显、增加而不是玷污自然之美,"大地艺术"是最好的证明。

生态美学观还是一种存在论美学观。曾繁仁通过对存在主义特别是海德格尔后期思想的解读,发现了存在论同生态思想的契合之处——海德格尔提倡的本真的存在就是一种生态的存在,提出了生态存在论审美观,将审美同人的生态本性和本真存在结合起来。曾繁仁将海德格尔后期美学思想中蕴含的生态存在论美学思想概括为三个方面:第一,真理自行揭示之生态本真美。在海德格尔看来,美在于存在真理的自行揭示。"所谓'存在'不是人的意识中的一个灰色的影像,而是一种与具体的存在者、与时间境域中具体展开的一切密不可分的有机整体。这与生态视野中的人的存在,或者说与人的生态本性是完全一致的。"①一旦割裂了生态整体,就没有了"存在",也没有了"美"。第二,天地神人四方游戏之生态存在美。"'四方'包含了宇宙、大地、存在和人,自然理所当然地被纳入其中。而'游戏'在西方美学中历来有'无所束缚,交互融合,自由自在'的内涵,它说明本来相互矛盾的四方在此已达到浑然一体的境界。"②这种浑然一体、自由平等的境界是具有现世性的活生生的人之现实存在状态,只有在这种生存状态之中,人才能走向真正的澄明之境,也只有在这种澄明之境中,人才能感受天地自然之大美。第三,诗意地栖居之生态理想美。海德格尔对现代科技进行了深刻的反思,由于过分迷信科技,导致工具理性的无限膨胀,将世界的整体性、人类活动的无限丰富的关系性统统加以抹杀、夷为平地。这不仅给自然生态带来巨大灾难,也违背了人的生态本性,导致人的生存状态的恶化。"只有突破现实的'技术地栖居'方式,才能实现人的'诗意地栖居'的审美的、本真的生存方式。"③

按照这种生态存在论美学观,自然美学的关键问题就不是我们怎样站在主体角度对其进行鉴赏,而是我们怎样看待人的存在和自然之间的关系。只有抛弃对待自然的工具性眼光,立足主体性,将自然的完整性同人的本真存在联系起来,才能与自然产生生命的和谐共振,我们对于自然的审美才能体现一种伦理情感。在一些环境美学家看来,审美地面对自然意味着一种对于自然的特殊态度,而在生态存在论美学家看来,审美地面对自然应该是我们对待自然的根本态度,是保持人性完整之必须,也是"诗意地栖居"之必须。

生态存在论美学观关注的并不仅是人与自然的生态审美关系,这只是一个起点,它还涉及人与社会、人与自然以及人与自身等多重审美关系。曾繁仁提出将"家园意识"和"场所意识"作为生态存在论美学的重要范畴,从而使得生态美学和环境美学有了更多的共同关注点。"家园意识"和"场所意识"两个范畴都来自海德格尔,前者是一种宏大的人的存在的本源性意识,后者与人的具体的生存环境以及对其感受息息相关。正如我们在第三章所表明的,建设人性化的场所和家园也是环境美学的重要使命。值得强调的

①　曾繁仁:《生态存在论美学论稿》,吉林人民出版社,2009年,第384页。
②　同上书,第385—386页。
③　同上书,第387—388页。

是,曾繁仁对伯林特的参与美学给予了高度重视,将其列为生态美学观的重要范畴,这对于生态美学的发展具有重要意义。生态存在论美学观将"美"与人的生态存在状态联系起来,就意味着在审美中人与对象之间的关系不是外在的、视觉上的,而是整个生命存在都参与其中。也就是说,生态存在论美学观本身内在地蕴含了参与美学的一些主张,只是没有以明确的理论形态表述出来。当然,这并不是说生态存在论美学观不需要参与美学,恰恰相反,生态美学偏重于从思维方式、哲学基础、价值观、伦理观等方面解构陈旧的认识论美学和构建新的生态美学范式,对于审美活动的具体发生探讨不够,以致有人认为生态美学更像是生态哲学和环境伦理学研究,而非一种美学研究。曾繁仁将参与美学纳入生态美学观的范畴之中,有效地弥补了这一缺陷,使生态美学的哲学基础层面的探究与具体审美发生层面的探究对接起来,使得生态美学理论体系更加完整。

需要补充说明的是,曾繁仁无论是对深层生态学还是对存在主义及其他生态理论的吸收借鉴,都是在马克思唯物实践存在论哲学基础之上进行的。"首先要奠定唯物实践观在当代存在论美学中的指导性地位。这种指导性地位就是坚持唯物实践观作为当代存在论美学的哲学前提。也就是说,这一美学理论在物质与精神的关系上坚持物质第一的观点,在认识论领域坚持社会实践是认识的唯一基础与真理的唯一标准的观点。而且,坚持认为'社会实践'是人类最重要、最基本的存在方式。"①正是有了马克思唯物实践存在论的指导,我们才得以祛除西方生态理论中的一些神秘气息以及存在主义局限于精神领域的弱点,使生态存在论美学观成为关注人的现实存在、对人的生存实践具有指导意义的新型存在论美学。

显然我们这种挂一漏万的介绍不足以展示生态存在论美学的丰富内涵,但也可以从中窥见环境美学与生态美学在理论构建上的差异。这种差异为二者之间的交流和互补提供了良好的契机。就环境美学而言,需要对生态维度给予更多的重视。前文我们谈到,生态美学在西方没有发展起来同西方缺乏相应的思想背景以及对生态的理解不充分有关,目前情况已经发生了很大变化。经过现象学运动、解构主义和各种后现代思潮的消解,主客二分和本质主义思维方式已经被弃若敝屣;在生态哲学和过程哲学的推动下,强调整体和联系的生态学思维方式正在成为新的思维范式。建设性的后现代主义的倡导者大卫·格里芬认为:"后现代思想是彻底的生态主义的,它为生态学运动所倡导的持久的见识提供了哲学和意识形态方面的根据。"②作为一

---

① 曾繁仁:《生态存在论美学论稿》,吉林人民出版社,2009年,第411—412页。
② [美]大卫·格里芬编:《后现代精神》,王成兵译,中央编译出版社,2005年,第227页。

种新的世界观,生态思想早已不限于自然科学领域。我们需要从生态和过程的角度重新思考人与环境、自然与文化之间的关系,美学自然也要接受生态思想的重构。

在 2009 年 10 月山东大学文艺美学中心举办的"全球视野中的生态美学与环境美学国际学术研讨会"上,曾繁仁作了《论生态美学与环境美学的关系》的发言。他指出,环境美学因兴起较早,难免受到"人类中心主义"或"生态中心主义"的局限。瑟帕玛的客体论环境观带有明显的人类中心主义的倾向;他关于环境作为审美对象必须在一定程度上适合审美欣赏的表述也没有跳出传统美学的窠臼,不仅完全从主体出发考察审美,而且从传统的艺术的形式美学出发考虑环境美学审美对象的形成,诸如形式的比例、对称与和谐等,就是通常所说的"如画风景论",而没有考虑生态美学应有的"诗意地栖居"与"家园意识"等。卡尔松的"自然全美论"则是建立在"生态中心主义"的理论立场之上的,由此导致对于人类活动,包括人类的艺术活动的全部否定,是非常不全面的。曾繁仁的上述批评都很中肯,值得环境美学家反思。可以肯定地说,在理论建构的深度上,生态美学优于环境美学。当然,伯林特的参与美学以及约翰松的环境设计思想还是表现了相当的深度,和生态美学有许多契合之处。但就整体而言,生态美学因占有了马克思主义、中国古典生态文化资源以及西方各种相关理论资源而显示了更为开阔的视野和更为前沿的视角,"生态整体主义"和"生态人文主义"不仅应该成为生态美学也应该成为环境美学未来发展的指导思想。

当然,环境美学也有其长处,如曾繁仁所说,环境美学具有极强的实践性,它以"景观美学"与"宜居环境"为核心内涵,涉及城乡人居与工作环境建设的大量问题,带有专业性、可操作性与现实的指导性。这一点是当前的生态美学研究难以做到的,而且也是需要向其学习的,因为生态理论的根本特性就是具有强烈的实践性。"总之,生态美学与环境美学这两种美学形态其实有着十分紧密的关系,如果在理论阐释上互相更多地借鉴,则完全可以从不同的角度来共同阐释人与自然生态的审美关系。正如我国第一部《环境美学》专著的作者陈望衡教授所说,'这两种美学都有存在的价值,它们互相配合,共同推动美学发展'。"①

(三)生态美学与中国古典美学的复兴

作为前现代社会的美学形态,中国古典美学一度被认为不具有适用当下

①　曾繁仁:《生态存在论美学论稿》,吉林人民出版社,2009 年,第 159 页。

的有效性和阐释能力。面对我们置身其中的现代和后现代的文化现实,我们只能借用和倚重西方美学。事实也是如此,我们越来越熟练地操持着西方美学的概念术语对当下的审美现象进行分析,古典美学只用于言说古典文学艺术——甚至这个地盘上古典美学也面临着西方美学的侵扰。复兴古典美学的呼声一直不绝如缕,但直到生态美学的兴起,古典美学才真正迎来了复兴的曙光。

中国古典美学直觉式、感悟式、模糊多义的言说方式是其遭遇"失语症"的症因之一。西方美学中,美学家们在构建美学理论时首要做的工作通常是对其使用的概念、范畴进行界定,以保证言说的逻辑性、严密性。而在中国古典美学中,不仅不同理论家在使用同一范畴时意指常有出入,同一理论家在不同的语境中,对同一范畴的使用也不尽一致。进一步而言,那些范畴本身往往就难以界定,像风骨、滋味、气韵,都带有隐喻性。说中国古典美学缺乏科学性、逻辑性的品格,确非虚谤,而这在现代思想语境下自然被视为一种很大的缺陷。

为了摆脱"失语"的尴尬,学界呼吁对古典美学进行"现代转换"。然而,迄今为止我们所做的现代转换,不过是操持着西方美学话语对中国古典美学进行"解译"。难道进行现代转换的意义就在于表明西方美学中有的东西,我们的古典美学也曾谈到过?既然能够解译,我们直接使用现在熟练操持的这套话语岂不更好?当某个范畴在西方美学中找不到可与之对应的表述时,转换就无法进行;而能够转换的,其精神实质又在"解译"中流失了。所谓的现代转换,始料不及地把中国古典美学变成了西方美学的附庸。可不进行转换,"失语"的问题似乎又无法解决。

卢政等人在对中国古典美学的生态智慧进行发掘时解开了上述悖论,他们在《中国古典美学的生态智慧研究》一书中指出,不同的言说方式表达了言说者之于言说对象的不同态度,蕴含着不同种群或民族的思维习惯和思想认识。的确如此,对一个概念做出严格界定,是建立在对这一概念与其他概念进行区分之上的,也就是说,关联着一种重差异的思维方式。比如,我们要对"人"进行界定,就要抓住人与其他生命的不同之处,诸如"人是理性的动物""人是会说话的动物""人是会制造和使用工具的动物"等,尽管以上表述都把人包含在动物这一大类之中,但事实上我们只重视人与动物的异质性,把二者当成了一组对立的概念,他们之间的同质性或连续性被我们忽略了。这样,借助一套界定清晰、逻辑严密的概念对世界展开言说,就把世界分解成了一堆碎片,很难再重新组装成一个整体。逻辑语言和现代科学,从属于同一种思维范式,共同塑造了西方人占有、统治自然的态度。

中国人很早就认识到了逻辑思维、逻辑语言的局限性，"言意之辩"一直是中国古代思想家探讨的主要问题之一。认为"言"不能尽"意"，从根本上说是缘于那种浑然一体的世界观。在先人眼中，我们言说的对象不是一个封闭的、独立的客体，它与无数的其他事物、与言说者都存在着极其复杂而隐秘的关联，试图用有限的语言对对象做出客观的、完整的界说是一种虚妄。直到20世纪，西方思想界才真正深刻地认识到了这一点，海德格尔在对"壶"进行探究时指出，壶并不是一个现成的器皿，它在"容纳"和"倾注"中成就其本质，"在倾注之赠品中，同时逗留着大地与天空、诸神与终有一死者。这四方是共属一体的，本就是统一的。它们先于一切在场者而出现，已经被卷入一个唯一的四重整体中了"①。不只是壶，"每一物都居留四重整体，使之入于世界之纯一性的某个向来逗留之物中"②。而西方人所倚重的逻辑分析和逻辑推理，却在观念上撕裂了四重整体，扼杀了物之物性——科学则在实践上消灭了物之物性。与之相反，中国古典美学那种"看似不具体、缺乏逻辑与科学性的表达方式，比起西方理性的概念，更能深入事物的本质，展示事物的本真存在状态。这种意象性、模糊而零散的言说方式，使中国古人置身于博大广袤的宇宙自然之中，在人与万物的诗性交往和平等对话之中，真正实现了'与天地游'"③。

由此看来，中国古典美学的言说方式——直觉感悟、模糊多义、浑然一体——不仅不是缺陷，相反，有着逻辑语言无法企及的长处，蕴涵了非常深刻的生态智慧。比如，对语言言说限度的认识，表达了人在自然面前的谦卑；放弃逻辑语言追求的那种客观性、准确性，是对从观念上控制自然的企图的放弃。所以，中国人欣赏自然，并不取消自然的独立性，"相看两不厌，只有敬亭山"，敬亭山和李白是平等的，它并不"屈从"于李白观看的目光。而在西方美学史上，毕达哥拉斯要从自然中找出比例，康德要从自然中找出能够安放主体的完善感的形式，更极端的是18世纪的如画性美学，有人居然使用一个浅色的凸面镜（"克劳德玻璃"）把自然"框"起来以获得一种岁月磨洗过的审美效果。凡此种种，自然都没有自身的独立性和完整性，它为人类的审美目的而存在，只有迎合人类的审美观念才是美的。再比如，直觉感悟、浑然一体式的言说，其哲学基础就是人与自然在生命层面的血脉相连、相通相融：人有德，天亦有德；人有情，天亦有情。"中国古人的审美活动不是主体对客体的征服与知识分解，而是对另一个主体的直觉体验。这种'平等对话'式的

---

① ［德］马丁·海德格尔：《海德格尔选集》，孙周兴选编，上海三联书店，1996年，第1173页。
② 同上书，第1182页。
③ 卢政等：《中国古典美学的生态智慧研究》，人民出版社，2016年，第116页。

直觉体验超出了认识论的范围,审美被看作是生命的体验和对生存意义的领悟。"①而在西方美学中,诸如形式主义美学、生理主义美学、表现主义美学等,都先把人与自然对立起来,然后再在二者之间建立起某种联系以此来解释美感的产生,终不免流于片面和机械,无法真正揭示美感产生的机制。环境美学的代表人物阿诺德·伯林特认识到了问题所在,他提出"参与美学"的概念,认为自然审美不是主体对于客体的"鉴赏",而是一种"体验"。构成人的生命存在的一切——身体、文化、记忆等等——都参与到对于自然的审美中,人与自然不是相互独立的,"没有人之外的自然,也没有自然之外的人"②。但即便伯林特的美学已经很接近中国古典美学了,我们依然会发现,他从来没有谈论过自然的"神韵""风神"——这是逻辑语言、理性语言无法传达的,正如维特根斯坦所说,我的语言的界限意味着我的世界的界限。

这无疑对我们有着重要的启示:对古典美学的现代转换,正确的路径并非经过现代话语的重新阐释,让其适用于当下的审美经验,那样只会导致其美学精神的流失。相反,是通过对其特有的美学精神的深入发掘,找出其之于当下人的生命存在的重大意义,从而推动古典美学的复兴,并以此修复现代人日渐疲敝、失衡的精神世界。也只有这样,中国古典美学才能真正以独立、平等的姿态与西方美学展开对话,并赢得自己应有的尊严和地位。

卢政等人的研究还有一个非常值得我们重视的地方,他们深刻地意识到,中国古典美学的生态智慧之所以高妙不仅在于其超卓的观念,更在于他们把生态观念变成了一种伦理态度和审美态度,成功地构建了一种富于生态内涵的文化人格。而这也是中国古人即便在有能力征服自然时也始终在自然面前保持谦卑和敬畏的重要原因。

如曾繁仁在《中国古典美学的生态智慧研究》一书的序言中所说,人类尽管从1972年就召开全球性的环境会议并通过环境宣言,此后类似会议又多次召开,但环境恶化的趋势并没有得到遏制。我国的情形也是如此,自党的十八大提出建设生态文明以来,生态话语已经成为一种主流的、显赫的话语,但我们的环境形势依然严峻。以现在先进的教育和传播体系,普及生态学知识并不是件难事,但要让生态原则成为人们自觉的行为依据,则殊为不易。知识不等于态度,不等于文化。那种认为只有现代生态学可以作为解决

---

① 卢政等:《中国古典美学的生态智慧研究》,人民出版社,2016年,第128页。

② [美]阿诺德·伯林特:《环境美学》,张敏、周雨译,湖南科学技术出版社,2006年,第36页。

生态问题的药方的观念,其短视正在于此。所以,我们需要美学上的努力,把生态知识内化进人们的审美感知中,进而培育一种生态化的审美人格和文化人格。而在这方面,中国古典美学为我们提供了一个堪称完美的范例。

自先秦开始,我们的先人就致力于以"天人合一"的世界观为依托构建一种富于生态内涵的文化人格。《周易》云:"夫大人者,与天地合其德,与日月合其明,与四时合其序,与鬼神合其吉凶。先天而天弗违,后天而奉天时。"个人不仅要追求生存,更要弥纶天地、取法自然。"大人"作为一种至高的人格在儒家和道家的典籍中都被不断提及,儒家还名之为"圣人""仁人""君子",道家还名之为"至人""神人"等等。虽然两家赋予"大人"的内涵不尽相同,但都要求破除对个体私利的迷执,赞天地之化育,厚德载物,法天顺情。尤其是道家,不仅把顺应自然、清心节欲作为人必须遵守的伦理法则,而且将其视为人得以诗意地栖居于世的必要条件。那些被物欲迷住了心窍的人,"一受其成形,不亡以待尽。与物相刃相靡,其行尽如驰,而莫之能止,不亦悲乎! 终身役役而不见其成功,苶然疲役而不知其所归,可不哀邪!"(《庄子·齐物论》)只有"无己""无功""无名",个体才能与物为春、俯仰自得,才能获得生命的大自由、大解脱。

如果说,先秦经典中的"大人"人格多少具有一些玄想的意味,那么,秦汉以后,这样一种文化人格就被充实进了现实内容。《中国古典美学的生态智慧研究》将魏晋时期盛行的人物品藻之风置于生态美学的视野中,指出了其中蕴涵的生态意味,"美的极致只能使用自然物来象征,不是因为自然符合人的精神,而是因为人必须有自然的风韵才是美的"①,而要想拥有"自然的风韵",人必须抛却名利,回归自然,舍此之外别无他途。在庄子那里,"逍遥游"纯粹是个体超越的方式,与世疏离的愤激之态时有流露;但在魏晋时期,"游心太玄""优游卒岁"(嵇康)已不再是个体自足的方式,还受到现世——至少是在文人圈子里——的认同和激赏。也是从这个时期开始,自然之道、宇宙之道化为心灵之道、艺术法则和美的本体,无论是嵇康的《声无哀乐论》、宗炳《画山水序》,还是刘勰《文心雕龙》、司空图的《二十四诗品》等都强调文学艺术要表现宇宙的本体和生命,所谓"气韵生动""妙造自然""思与境谐"。如此,中国古典哲学中素朴的生态观念、生态伦理内化进了人们的审美感知和审美理想中,而这又反过来进一步强化了人们之于自然的伦理情感。

两宋元明时期,各民族深度融合,商品经济空前发展,对外交流越发频

---

① 卢政等:《中国古典美学的生态智慧研究》,人民出版社,2016年,第36页。

繁,科技也达到了相当高的水平,火药、指南针、活字印刷术都在这个时期发明出来。大约二百年后,同样的技术在欧洲出现并迅速得到应用,马克思指出:"火药、指南针、印刷术——这是预告资产阶级社会到来的三大发明。火药把骑士阶层炸得粉碎,指南针打开了世界市场并建立了殖民地,而印刷术则变成新教的工具,总的来说变成科学复兴的手段,变成对精神发展创造必要前提的最强大的杠杆。"①可是,这些技术在中国却没有起到同样的作用,当人们在人与自然的关系中逐渐取得主动和主导地位,有能力利用和征服自然的时候,却停下了自己的脚步。北宋理学家张载提出"为天地立心",流露出一种昂首于天地之间的豪迈之情。人们自觉地确立了自己的历史责任——超越物我,自强不息,开创人与自然共生共荣的辉煌未来。"北宋儒家学者把先秦儒家提出的'生'的根本原则与《易传》的'天地之大德曰生',以及孟子的仁学结合起来,将宇宙自然中的这种'生生之德'用之于人类精神活动,并转化为'终日乾乾'的'仁',认为'仁'的重要内涵是'生',宇宙最高本体'理'是'生之理','仁''生''理'相同,这一转化恰是宋明理学的贡献之一,也是其具有强大理论生命力的重要原因。"②二程曰:"仁者,浑然与物同体。"(《二程遗书》卷二上)朱熹曰:"夫仁者天地生物之心,而人之所得以为心者。"(《孟子或问》卷一)仁者即天地,人心即天心,人应该"反身而诚",追求"圣贤气象",弘扬天道、天德。明代阳明心学表达了同样的自信与担当,"盖天地万物与人原是一体,其发窍之最精处,是人心一点灵明"(王阳明《大学问》)。但人不能滥用和辜负了这"一点灵明",自以为是,超绝万物,而应当倾听内心的"良知",以天地万物为一体,像关爱自身一样关爱自然。在艺术上,"宋元绘画美学的生态智慧,在于将人本身看做是一种自然,不是将人的自然性表现为简单地依附于自然环境,而是表现为他是有思想情感、精神品质或内在自由上"③。与之前主张"吾丧我""物化"(庄子)和"逍遥浮世、与道俱成"(阮籍)不同,宋元时代人们看重自我,不愿消泯自我,这符合人类自我意识总是在不断发展强化的历史趋势。不过,看重自我并不必然意味着"自我中心主义"或"人类中心主义",人们自觉地把天地自然之生意吸纳到个体人格养成中来,无伤于自然又成全人自身,在更高的层面上实现了人与自然的交流和融通。

如何对待自然,文化态度至关重要。中国古典的生态思想曾经有效地阻挡了我们对自然的征服,过去我们痛恨这种阻挡,认为敬畏、尊重自然的文化

---

① 《马克思恩格斯全集》第47卷,人民出版社,1979年,第427页。
② 卢政等:《中国古典美学的生态智慧研究》,人民出版社,2016年,第42页。
③ 同上书,第49页。

态度是导致我们近代以来在对外政治、军事和经济活动中处处受制于人的原因之一。鲁迅在《电的利弊》一文中愤愤谈道：外国用火药制造子弹御敌，中国却用它做爆竹敬神；外国用罗盘针航海，中国却用它看风水。长久以来，建立在对自然剥削和掠夺之上的发展已经难以为继，富于生态智慧的中国古典美学的价值由此凸显出来。随着生态美学的发展，作为生态美学主要理论资源的中国古典美学成为西方美学重构自身的重要参照，并进一步推动世界美学格局的重构。

第三节　环境美学与日常生活美学

荷兰学者海因斯·佩茨沃德认为，当下美学可以区分出三种主要的美学形态——作为艺术哲学的美学、环境美学和日常生活的美学，其中环境美学受到人们的关注尤甚。[①] 三种美学形态并不是平行的关系，它们体现的是共同的美学理念，如伯林特所说，美学只能有一种。不同的美学形态是按照美学对象的不同划分出来的，这种划分并不绝对。比如，艺术和环境不是绝缘的，艺术是构成我们生存环境的一部分。关于环境美学和艺术哲学的关系，我们已作了充分探讨：作为一种新的美学范式，环境美学凸显了传统艺术哲学的种种弊端，引导我们重新思考艺术。环境美学和日常生活美学也有着天然的密切关联。

在《日常生活美学的困境与出路》一文中，卡尔松把日常生活美学作为环境美学的一个分支，认为它起源于环境美学，并把伯林特、托马斯·莱迪、雪莉·厄尔文和齐藤百合子作为日常生活美学的代表人物——这几位都在环境美学领域颇有建树。卡尔松把其建构环境美学的思路照搬到日常生活美学中来，环境美学的使命是探讨如何鉴赏自然和环境之美，日常生活美学的任务则是探讨如何欣赏日常生活中的美。他给出的回答也与其环境美学保持高度一致，主张通过对日常生活"运转方式"的认知，来激发和保持审美兴趣。"棒球比赛的审美体验需要审美者了解比赛的历史和在人类生活中的地位，尤其是要了解比赛的传统和规则。通过这种方式，认知美学解决了日常美学的新困境。这种强调日常生活审美方式的是认知法，同它在其他艺术与自然学科中的应用一样，它从知识中为丰满和适当的审美寻找资源，对日常生活来说，认知法即了解它的有趣细节、复杂的运作方法和细微的运转

① ［美］阿诺德·伯林特主编：《环境与艺术：环境美学的多维视角》，刘悦笛等译，重庆出版社，2007 年，"译者前言"，第 1 页。

方式。"①

卡尔松显然过于狭隘了,他完全忽视了杜威和舒斯特曼——这二位才分别是日常生活美学的首倡者和代表人物;其对认知在日常生活审美活动中的作用的强调恐怕也很难获得人们的认同——认知美学的弊端我们在前面相关章节已做了充分探讨。不过,有一点他是正确的,那就是环境美学和日常生活美学是难以拆解开的,谈论环境美学不能不关注日常生活美学,反之亦然。按照伯林特的界定,"环境就是人们生活着的自然过程"②,环境包括了日常生活的内容。如果说两种美学有什么区别的话,那就是环境美学更多地关注作为公众活动空间的景观,而日常生活美学更多地关注个人意义上的事物和活动,如服饰、家居、生活方式等等,二者之间并没有清晰的界线。笔者认可高建平的说法,对日常生活美学影响最大的,是杜威的美学。③ 杜威认为,艺术经验并不是与日常生活经验截然不同的另一种经验,它就植根在后者之中,由此杜威反对美学的精英主义,主张艺术回归到日常生活中,这就是当代日常生活美学的直接源头。我们知道,杜威也是伯林特非常倚重的理论家,他对有机体与环境关系的描述,对"身体"和"经验"的阐发,都受到伯林特的热烈推赞。

和环境美学一样,日常生活美学对康德影响下的传统美学进行了猛烈的批判。曼德卡在《日常美学》中通过对传统美学基础观念体系的否定,全面地肯定了日常生活美学。④ 他把传统美学的迷误归结为三大拜物教、十个神话、四大恐惧。三大拜物教:美的拜物教,艺术作品拜物教,审美对象拜物教。十个神话:艺术与现实、审美与日常生活完全对立的神话,审美无功利的神话,审美心理距离的神话,审美态度的神话,审美方面或性质的神话,美的普遍性的神话,审美与理智对立的神话,艺术与审美同义的神话,艺术作品的审美潜能的神话,审美经验的神话。上述三大拜物教和十大神话,都将美学和艺术与日常生活隔离开来。四大恐惧分别为麻烦(undesirable)的恐惧、日常不纯洁的恐惧、心理主义恐惧和非道德恐惧,本质上是对审美泛化的恐惧。这些批判也大都由环境美学做出过,我们在第三章已做了较为详细的介绍。

---

① [加]艾伦·卡尔松:《日常生活美学的困境与出路》,王泽国译,《哲学动态》,2013 年第 4 期。

② [美]阿诺德·伯林特:《环境美学》,张敏、周雨译,湖南科学技术出版社,2006 年,第 11 页。

③ 高建平:《美学和艺术向日常生活的回归》,《北京大学学报》(哲学社会科学版),2007 年第 4 期。

④ 关于曼德卡的文字,参见张法:《西方理论对日常生活美学的三种态度》,《中州学刊》,2012 年第 1 期。

日常生活美学倡导的新的美学原则,和环境美学也基本是一致的。舒斯特曼和伯林特一样,对身体在审美感知中的作用极为看重,认为在复兴美学和哲学的某些最深刻的根源的意义上,身体是根本性的。① 他甚至提议建立一门"身体美学",对身体在审美感知和体验中的作用进行系统的研究,并对武术、瑜伽、冥想等改善身体的形式表达了极大的兴趣——既然身体是审美的主体,那么通过调整、训练让身体更有活力,就可以拥有更敏锐的感知力,从生活中感受到更多的乐趣和美。舒斯特曼进一步指出,身体美学还将有助于一些政治和道德目标的达成。比如,宗教仇恨始于信仰的差异,但这种信仰引发的仇恨会渗透到身体的感知中并因而变得更加牢固,一方的衣着、气味、饮食都会引发另一方深深的厌恶以致产生毁灭对方的冲动,随着时间推移这种身体偏见甚至会取代宗教分歧成为仇恨的直接原因。如果可以通过身体的自我调整和重塑消除这种感知上的偏见,那么实现通过交流、对话达成和解的目标就会更容易一些。

事实上,日常生活美学中的很多内容也是环境美学的一部分。伯林特的环境美学强调"场所"概念,"场所"可以给人以意义、安全感、归属感和丰富的审美体验,构成"场所"的除了承载着历史和文化内涵的建筑、景观,还包括里面各种富有美学意味的生活方式和物质内容。比如,城市中的那些老街区,它们作为"场所"除了具有迥异于新城区的建筑风格和空间布局,还在于陈列其中的那些传统小吃、文化风物,以及相对缓慢悠然的生活节奏和醇厚浓郁的生活气息,这些恰恰是日常生活美学非常关注的东西。反过来,日常生活美学也非常关注环境的质量,能否与自然亲密接触,能否看到美丽的天际线,能否找到一个寄托自己怀旧之情的场所,直接影响到日常生活的审美体验。

不过,二者的境遇大不相同。环境美学的争议主要体现在内部——环境美学家们关于如何去构建环境美学的争议,其作为一门美学学科的合法性现在基本上没有人怀疑了。而日常生活美学的合法性一直在受到质疑,这集中体现在近些年我国学界围绕"日常生活审美化"的激烈交锋上。反对者的理由大致可以分为三个方面:一、日常生活美学是消费主义文化的产物,是中产阶级的、食利者的美学,它掩盖了社会贫困和不公。而且,它不仅造成了无法享受到这种审美化生活的底层民众的巨大焦虑,也无法给中产阶级以真正的审美享受——他们享受的大抵只是高档商品和奢侈的生活方式带给他们的身份感、优越感。二、消费主义语境下,日常生活美学是一种肤浅的美学,是

① ［美］理查德·舒斯特曼:《实用主义美学》,彭锋译,商务印书馆,2002年,第348页。

对日常现实的一种美学包装,如沃尔夫冈·韦尔施所说:"迄今为止,我们只是从艺术当中抽取了最肤浅的成分,然后用一种粗滥的形式把它表征出来。美的整体充其量变成了漂亮,崇高降格成了滑稽。"①三、通俗艺术、流行音乐等大众娱乐形式,充斥着雷同、剽窃、拼贴、重复,粗制滥造,格调低下,不能给人以真正的美学经验,反而会导致情感的解体,使人浅陋麻木,丧失批判意识,成为反动保守的意识形态的同谋。

　　舒斯特曼对第三个方面的指责做出过回应,他从乡村歌舞电影、摇滚乐中找出一些作品进行分析,表明在通俗艺术和流行音乐中也拥有"纯正"的美学经验,并且也不乏批判性。他的分析非常精妙,但其辩护却是无力的,因为一些精心选择的个案并不能代表通俗艺术、流行音乐的整体品格。笔者以为,想要就反对者关于日常生活美学提出的三个方面的指责进行辩护,是不可能的,他们陈述的都是事实,但这并不意味着日常生活美学不成立,相反,那些指责反而标示出,真正的日常生活美学是怎样的。换句话说,反对者的那些指责,也是一种真正的日常生活美学所要批判的。

　　以环境美学为参照,有助于我们廓清关于日常生活美学的种种争议。环境美学之所以受人瞩目,是因为我们日益生存在一个"非美"的环境中,我们需要对环境予以美学上的关注。也就是说,环境美学是有批判性维度的:席卷一切、无孔不入的工业化、商业化浪潮,千篇一律、高大冷漠的现代主义建筑,让我们的城市变得拥挤喧嚣、光怪陆离,切断了我们与自然的生命联系,让我们变成了漂浮在现代性泡沫之上的无根的存在者。莫斯科维奇称我们正经历一场"城市贫困",伯林特则将这样的城市称为"审美侵犯"的环境。所以,环境美学的使命之一是重建人性化的、审美化的环境,把环境变成适于我们安顿生命的场所和家园。对于日常生活美学,我们也应当这样审视。不是因为我们的日常生活是美的,我们就要发展日常生活美学;恰恰相反,是因为我们的日常生活变得越来越单调、逼仄和缺乏诗意,我们才需要美学上的反思和观照。——如果我们都生活在完美的环境中,就不会有环境美学,正如海德格尔所说,只有存在出现了"残缺",我们才会关注存在。有些学者把"日常生活应该是美的"混同为"现有的日常生活是美的",并把消费主义推动下的城市的富丽繁华和表面上精致优雅实则奢侈虚浮的中产阶级生活方式作为我们的日常生活审美化了的例证,给日常生活美学招来了误解和攻击,其实他们宣扬的只是一种冒牌的日常生活美学,恰恰站在了真正的日常生活美学的对立面。

---

　　①　[德]沃尔夫冈·韦尔施:《重构美学》,陆扬、张岩冰译,上海译文出版社,2002年,第6页。

从环境美学的角度来看,反对者对那种冒牌的日常生活美学的批判都是成立的。消费主义美学、中产阶级生活方式建立在对环境不负责任的态度之上,造成了资源的巨大浪费,比如,为了显示贵族身份,高尔夫球近些年受到了狂热追捧,很多地方为了建造高尔夫球场,大幅改变地貌,破坏原有的水文体系,加之为维持草坪大量使用杀虫剂、除草剂,造成了严重的水土流失和环境污染。咖啡作为一种时尚的生活方式,其需求量的不断增加也已经对巴西的农业生态系统造成了巨大的压力。环境美学的伦理诉求很强,任何有悖环境伦理的事物和行为都是环境美学反对的。环境美学也反对那种对日常现实进行包装的美学,后者我们大致可以看作是形式主义美学和如画性美学的现代版本,这种表层的美化不仅无助于而且会阻碍人与环境建立起真正的、亲密的联系,就像一个浓妆艳抹的女郎会吸引我们的目光,也会让我们对她敬而远之。环境美学同样反感那种热衷于挪用文化符号、花里胡哨的后现代主义建筑,这种建筑形式和当下以拼贴、抄袭、雷同为特征的大众娱乐产品分享着共同的美学理念。理想的环境承载着我们的过去,我们的文化,体现出历史与当下的统一性,当然,还必须具有良好的生态状况。

笔者以为,环境美学和日常生活美学不仅相互交叉,而且有着共同的语境和使命——面对工业化、商业化和消费主义大潮的冲击,如何让我们从物质的压迫中、从非美的生存状态中摆脱出来,如何重建人与世界的亲密关系,寻回失落了的情怀和诗意。因而,环境美学的理念可以"转借"到日常生活美学中,反之亦然。

日常生活美学必须要抵制消费主义对"物性"的侵蚀。鲍德里亚指出,在消费主义社会,一切都成了商品,商品兼具使用价值和符号价值,但符号价值更加重要,以致掩盖了使用价值。人们购买一种商品,很多时候并不是真正需要它,而是为其承载的符号价值所吸引;人们淘汰旧有的商品,往往也不是因为其使用价值耗尽了,而是因为其符号价值不能再满足人们的心理需要。商品的品牌、个性、趣味以及与此相关的身份标示属性,是人们进行选择时考虑的主要方面。比如,我选择某知名男装品牌的一款风衣,不是因为它的保暖性能好,甚至不是因为它的款式适合我的个性和风格,而是因为这款风衣的广告词是"商务男士的选择"——"商务男士"在我们的语境中意味着成功和尊贵的身份。于是,一种奇怪的现象出现了:我们都知道广告不可信,商品的广告投入越大,其价格的水分越多,但我们依然对广告缺乏免疫力,我们无法抗拒的正是广告赋予商品的符号价值。物性消失在符号之中,鲍德里亚称之为"真实性的消失"。

你可以抗议:鲍德里亚的叙事并不具有普遍性,对很多收入微薄的工薪阶层来说,他们更看重商品的使用价值,而不是盲目追逐时尚和品牌。即便如此,在那些"物美价廉"的商品中,"物性"也是不存在的。商品本身的属性会形成对我们的"拒绝":它是流水线作业的产物,具有标准化的特征,而标准化——如伯林特所说——会导致审美的冷漠;商品大都采用人造材料,金属、塑料、合成纤维等等,这些材料没有生命的气息和质感,无法召唤我们去亲近它们。相比之下,那些采用自然材质的商品要稍好一些,比如实木家具,但其"物性"的显现也不充分。这是由商品的本质决定的。商品是我们购买来的,只需掏出金钱,就能占有它,如此简单到手的东西,我们很难和它建立起深厚的情感,很难以爱物惜物的态度对待它。当然,你咬紧牙关、省吃俭用购置的新车被刮伤了,你也会心疼,但心疼的只是其金钱价值,你会惋惜地说"刮这一下车的价值就折损了几千块",如果第二天你中了几千万的大奖,那么刮车的不快就会荡然无存,你可能会马上购置一辆宝马取代它。——这就是我们对待商品的态度,我们只是"占有"而不是"拥有"或"持有"它。

海德格尔指出,若没有终有一死的人的留神关注,物之为物("物性")就不会到来。[①] 物之为物意味着一种"切近",在"切近"中,我们开放自身,进入物之本质,进入它现身出场的那个领域——"世界"——之中。然而,当下我们置身于无间距的东西的统治下,物之物性隐匿不见。商品就是那种"无间距"的东西,我们占有它们、使用它们,但它们始终外在于我们,无法与我们产生存在论上的应合。环境美学说得就更通俗一些:真正的环境不是单纯地包围着我们的事物,它是我们的一部分,承载着我们的过去、我们的情感、我们的希冀与哀愁,与我们一起经历着自然的、社会的进程。只有这样的环境,才给我们在家的感觉,才能唤起我们丰富、微妙而又深沉的审美情感。在这样的环境中,我们才真正是在"生活",如雷尔夫所说:"做人就是生活在一个充满许多有意义地方的世界上,做人就是拥有和了解你生活的地方。"[②]消费主义、商业文化推动的所谓"日常生活审美化"其实是日常生活的腐变:琳琅满目的商品诱惑着我们,也压迫着我们;城市的日新月异、气派繁华让我们振奋叹赞,也让我们感到疏离和陌生。在它的操纵下,我们不顾一切地追逐,沦为商业资本增值自身的工具。我们占有外物,也被外物占有,我们占有越多,生命空间就越狭小。这样的环境和我们的生命之间缺乏一种有机的联系,以至于置身其中的我们感觉不到是在"生活"。

如此,我们不难理解民俗手工艺品何以正重新受到我们的青睐。剪纸、

---

① [德]马丁·海德格尔:《海德格尔选集》,孙周兴选编,上海三联书店,1996 年,第 1182 页。

② [英]迈克·克朗:《文化地理学》(修订版),杨淑华、宋慧敏译,南京大学出版社,2005 年,第 101 页。

泥偶、陶器和木制桌凳与工业艺术品相比并不精致,后者因材料的可塑性和工业程序的精确性可以做到绝对的标准化,可以完美无瑕,比如琉璃制品和金属制品,但手工艺品做不到。不过,吸引我们的正是它们的简单、粗朴乃至笨拙,那种上漆均匀、形式繁复的木雕并不比一个简单的木制花架更有吸引力。很大程度上,手工艺品无法掩饰或不加掩饰的缺陷向我们展示了物件的材质特性,从而散发出自然的气息、生活的气息。河南周口籍作家墨白在谈论其家乡的民俗艺术品泥泥狗时指出,以前人们用桃胶(从桃树树干伤口处流出的汁液)做成的黑色染料做底色,但现在的泥泥狗制作为了迎合市场把底色换成了黑漆,在阳光下能看出光泽,这样的泥泥狗已经失去了其精神实质。① 黑漆是工业染料,完全掩盖了泥泥狗的材质——胶泥,阻断了我们和它的生命交流。就材质而言,手工艺品和工业艺术品体现了对待自然的两种态度。前者的材料取自自然,其制作也完全顺从材料的自然属性,我们从制成品上可以感到自然之于人的恩泽和人的敬天惜物的情怀。而工业艺术品使用的材料是人类对自然肆意"摆置"的结果——有生命的自然被无情地分解、合成,变成无生命的、无法为自然所消化的东西。工业艺术品是标准化的,没有个性,它向我们展示的是技术的无所不能。只有手工艺品达到了内容和形式的完美结合,每个作品都是独一无二的,承载着制作者的智慧、汗水和对生活的热情。

日常生活美学应该重估 19 世纪末期英国的"工艺美术运动"。这场运动的代表人物威廉·莫里斯不满当时低劣粗糙的工业装饰品,呼吁恢复几乎被工业革命摧毁的手工艺传统,设计制作功能性和艺术性完美结合的生活用品。这场运动当时就受到了德国艺术家们的反对,后者认为艺术和工业可以更好地结合,莫里斯过于反工业化了,这不利于他本人提出的平民化目标——莫里斯希望精美的陈设能进入平民家庭,但他的产品却是市面上最贵的,手工制品的成本远远高于工业制品。的确如此,及至现在,莫里斯已失去了抱怨的理由,工业艺术品可以做到臻于极致的完美。不过,他恢复手工艺传统的呼吁依然值得我们重视,除了产品品质的考虑,他的另一个理由是,工匠们可以在手工劳作中获得愉悦。手工制作,对于工匠来说不是一种劳役,而是一种享受,一种情趣,按照杜威的说法,一次制作是一个完满的"经验"。

手工艺品因而是有生命的,用海德格尔的话说,是一种"产出",一种"解蔽",它的形成源于自然和人的相互信赖,它召唤"在场者"(制作者和欣赏者)入于"无蔽"状态。最重要的,不是产品形式的完善,而是它能持续地召

---

① 刘海燕编:《墨白研究》,大象出版社,2013 年,第 52 页。墨白,本名孙郁,先锋小说家,剧作家,河南省淮阳县人,代表作有《欲望》《梦游症患者》《映在镜子里的时光》等。

唤我们去体悟"产出"的过程和意义，成为"在场者"，并在一次次的召唤中和我们结成历史性的因缘。海德格尔诗意地揭示了何以我们会沉醉于对手工艺品的把玩，而且时日愈久，愈加珍爱。工业艺术品会让我们产生审美疲劳，时间一长我们就会对它视而不见。手工艺品不会，它是开放的、未完成的，伴随和守护着我们本真的生命存在。

这不是说，我们一定要去市场上购买手工艺品。购买行为有使手工艺品沦为普通商品、阻断我们进入其本质的风险，尽管这种风险不一定会成为现实。更理想的情况是，我们自己动手制作，丰富我们的生活。是否精致并不重要，重要的是我们能从中感受到愉悦，能在制作过程中和材料、工具这些"上手事物"形成"因缘"关系，培养起一种尊重自然、热爱生命、爱物惜物的生命情怀，并安放和润泽被坚硬的社会现实折磨得疲惫不堪的情感和灵魂。

民俗艺术品、手工艺品只是日常生活美学的一部分，我们之所以用了不少笔墨进行探讨，是要借此表明：日常生活美学并不是消费主义文化的衍生物，恰恰相反，它是对消费时代"恋物"美学的反抗，它要求回归"经验"，回归"存在"，回归美学的本根。杜威说："艺术是一种经验的张力而不是实体本身。"①日常生活美学也不看重实体——那些具有美的表象的事物，它看重的是作为过程的生活本身，是赋予生活以美感和意义，扩展和丰富生命的经验，是重建人与自然、世界的和谐关系，培养热爱生命、热爱生活的态度。手工活动——不只是制作物品，还包含诸如养花、种菜、动手做美食等等——是重要的，因为它是我们和物质世界、生命世界交流的直接方式。当然，手工活动只是日常生活美学的一种形式，日常生活美学的内容是包罗万象的。

环境美学认为，环境不是一次性的营建活动的结果，它永远是未完成的，居于其中的人的活动是它的一部分。正如帕特丽夏·约翰松所说，她的景观艺术中最重要的是她没有设计的那些部分，即人们的体验，她需要人们和她一起来完成作品。日常生活也不是关于现成状态的概念，人们必须主动地、乐观地追求和创造自己的日常生活，在某种意义上，日常生活美学是一种过程美学，美就在这种具有创造性的日常生活过程的体验中。因职业、收入、文化修养等方面的不同，每个人拥有的日常生活空间是不一样的，但每个人都可以创造性地使用这个空间，让生活变得诗意流衍、摇曳多姿。人们创造自己的日常生活空间，也是在创造自己的环境，日常生活美学和环境美学由此交织在了一起。这种创造本身就是艺术的，艺术也只有和这种创造结合起

---

① ［美］杜威：《艺术即经验》，高建平译，商务印书馆，2007 年，第 367 页。

来,才回到了自己的本根。环境美学、日常生活美学和艺术美学,每一方都与其他两方牵缠连绵,而只有在对这三方的统观中,我们才能对"美学何为"产生深刻的领悟。

第四节　对韦尔施《重构美学》的反思
——在环境美学的视野下

1990—1995 年间,德国著名美学家沃尔夫冈·韦尔施发表了一系列的文章和讲演,基于当代思想和文化语境对康德以来的与艺术结盟的传统美学展开了反思和批判,这些文章和讲演于 1997 年以《重构美学》的书名结集出版,在世界范围内引起了不小的反响。2002 年,这本书的中文版发行,同样受到国内美学界的高度重视。我们谈论环境美学——以及生态美学——之于美学的重构,显然不能回避韦尔施的这本《重构美学》,事实上,他们之间存在一些根本性的分歧。

韦尔施指出,一场声势浩大的审美化运动正发生在我们这个世界的每一个层面。我们的日常生活在经济策略和消费主义的推动被重重包裹上美的外衣。说"包裹"并不准确,因为新的材料、技术正在改变物质现实的构造和质地,"从今日的技术观点来看,现实是最柔顺、轻巧的东西。……审美过程不仅包裹了业已完成的、给定的物质,而且甚至决定了它们的结构,不光影响它们的外表,而且甚至影响其内核"[①]。除了物质的审美化,还有一种非物质的审美化:个体之间的交往日益为审美所制约,生活时尚杂志和礼仪课程上传授的审美能力,补偿了道德规范的失落;喜爱享乐、趣味精致、洒脱超然的"美学人"正在变成新的模特儿角色,引领人们安身立命的方式;更重要的,如鲍德里亚等人所言,传媒正在对现实进行重塑,真实与虚构之间的界限已不复存在。审美从浅表的物质扩展到深层的意识,"意识的审美化最终意味着我们将不再看见任何最初的或最后的基础,相反,现实对于我们来说成为一种建构"[②]。

对韦尔施来说,这一切并不构成对"真实"的遮蔽,并不是反真理、反认知的。他继而提出了一种最激动人心、也最深刻的审美化,"我们知识和现实范畴的审美化,包括被现代性指导权威、被科学颁布的真理范畴"[③]。在康

---

① ［德］沃尔夫冈·韦尔施:《重构美学》,陆扬、张岩冰译,上海译文出版社,2002 年,第 9 页。
② 同上书,第 14 页。
③ 同上书,第 33 页。

德那里，"审美的"框架——作为直觉形式的时间和空间——是我们的一切知识的根本，规定了我们的知识和现实所能达到的限度，因而，美学可以说是"一门基础认识论学科"，是认知的基础和前提。及至尼采，对于现实的一切表述不仅包含了审美的基本因素，而且几乎整个儿就是审美性质的，换言之，现实是人类建构起来的，"对我们来说，并不存在什么'真实'"①。美学构成了我们最基本的、最外层的视野，我们无法脱离美学。尼采并非故作玄虚，20世纪的科学哲学正在变成"尼采式"的，维也纳学派的奥托·纽拉斯以接近尼采的语言风格描绘了人类的处境："我们好比必须在汪洋大海上重建他们船只的水手，永无可能将船开到码头拆解，然后用最好的部件重新组装起来。"②"船"是我们存身其中的世界的隐喻，是我们为了生存构造出来。作为船的一部分，科学和其他部分一样，没有坚实的地基，因为永无靠岸的可能。同是建构，科学与艺术没有本质上区别，科学的灵感往往来自审美领域。成功地破译了 DNA 结构的杰出科学家沃森坦言，他之所以能获得成功，完全是因为他一开始就认定，其解决必然具有一种最优雅的方式——正是带着这个审美的假设，他才用最短的时间找到了答案。"科学的内核之中就有审美因素。这些因素在历史上一直是存在的。有关例子从古代天文学的圆形比喻和牛顿的自然法则概念，延伸到今天对称研究中的想象因素。……当你面对'大爆炸'一类理论或永无止境的夸克故事，除非认真将审美和虚构的因素计算进来，你几乎就是一无所能。科学理性和审美理性的差异过去被认为是原则的差异，现在变成仅仅是程度上的差异。认知理性，不论以康德的方式还是以法伊尔阿本德的方式来理解，都是在它的基础层面上交织了审美的因素。"③

　　韦尔施显然站在了后现代主义的立场上。既然知识和现实都是审美的建构，审美内在于哲学、艺术、科学等一切人类活动领域，我们就没有必要再把美学与艺术拴在一起；出于同样的理由，我们也不能以真理的名义反对审美化，无论物质层面上的浅表审美化，还是电子传媒操纵下的、消解了现实和虚构之间界限的深层审美化。

　　原则上，韦尔施认可当前的审美化过程，将其视为认识论审美化的征象和必然，但他并不认可审美化的一切形式。比如，在他看来，处处皆美则无处可美，持续美化的结果是我们感知的麻木不仁，我们必须在公共空间中留出审美休耕的区域。艺术不能再提供悦目的盛宴，应该抵制审美化，准备提供

　　①　[德]弗里德里希·尼采：《快乐的知识》，黄明嘉译，中央编译出版社，2011 年，第 57 页。
　　②　[德]沃尔夫冈·韦尔施：《重构美学》，陆扬、张岩冰译，上海译文出版社，2002 年，第 36 页。
　　③　同上书，第 68 页。

烦恼、引人不快，"陌生、中断、干扰和替代对我来说，也是公共空间中的艺术的强制性范畴。只有这种类型的艺术，才值得努力为之"①。韦尔施提出这一主张依据的是多元性原则，我们的审美感知是复杂的，所以应当抵制审美化的一元化统治。

梭罗早就提出过，在每个城镇都应留出一片荒野，用作教育和娱乐，罗尔斯顿也非常看重荒野体验。想必韦尔施会认可梭罗的提议。不过，梭罗的提议是出于保持和激活人的生命野性，罗尔斯顿认为回归荒野就是回归故乡，在最本源的意义上与大地的重聚。而韦尔施的理论立场决定了他不可能像梭罗和罗尔斯顿那样看待问题，因为他们谈论的支撑荒野体验的最内核的概念——生命本性、生命之根——都是具有形而上学意味的概念，而韦尔施认定美学是一门"基础认识论学科"，是我们最基本、最外层的视野，不应再为美学寻找哲学基础，也不应再为美学寻找伦理学基础。韦尔施驳斥了"概括了传统美学的公理"的席勒美学，认为那种消除原初感性的主张是一种"独断主义"，是出于伦理上的"升华的需要"。我们的感知还有"生存的需要"，较之"升华的需要"更为根本，不应被美学无视。韦尔施倒也不否认美学的伦理维度，但他不同意将美学捆绑在某种伦理观念和法则上，在他看来，公正才是"伦理/美学的内核"②。他激烈地拥护阿多诺的主张——公正地对待异质性，把多元性、开放性、包容性作为美学批评的法则。

真理、道德、科学都是我们建构起来的，都不能作为审美发生的根基和审美评判的依据，相反，它们都具有审美的性质，如此，在新的理念下对传统美学的重构就势在必行，美学也将在重构中获得彻底的解放。我们再也不能理直气壮地以真理或道德的名义去讨伐某些审美现象，也不再有充分的理由将我们的审美选择绝对化，多元、宽容应该成为我们的审美文化的品格，而这对于培育一种具有同样品格的政治文化非常重要。"政治文化事实上有赖于审美文化。……对于差异的情感体认，就是宽容的真正条件所在。也许我们是生活在一个宽容谈得太多，情感却又拥有太少的社会之中。"③

在对当下一些具体审美现象的批评中，韦尔施贯彻了他的多元性美学原则。比如，他反对城市规划中的"家园意识"，认为近些年来家园意识的复兴很大程度上是出于对文化全球化的抗拒，是对一元论文化身份的不合时宜的固守，是本质主义思维方式的体现。在他看来，"同质性"从来都是一种神

---

① ［德］沃尔夫冈·韦尔施：《重构美学》，陆扬、张岩冰译，上海译文出版社，2002 年，第169 页。
② 同上书，第101 页。
③ 同上书，第44—45 页。

化,尤其是在今天,文化处处显示出融合和渗透的特征,我们大多数人都是文化的混血儿,"每一个意在把握今日现实的文化概念,每一种不希望倒行逆施的文化活动,都必须面对这一超文化的构成"①。建筑和城市规划也必须面对这种"超文化性"的现实。凸显城市的个性特征,强调城市的家园属性,会让它具有"一座封闭的收容所一样的效果","规划师和建筑师们应当保护我们远离这些地方。他们应当让我们有可能生活在一个开放的收容所里……大多数形形色色、半疯半傻的人等,在那里逍遥自在,四处走动"。②再比如,他反感批评者以非现实为由对电子传媒世界进行贬低,他们不知道他们信任的现实本身也是建构出来的,传媒经验不过是凸显了现实基本的建构特点——在这个意义上,传媒经验具有一种启蒙效果。韦尔施认可赛博空间对人类经验的扩展和丰富,惊叹于电子世界的无穷魅力,同时,出于多元性的原则,他也不看轻非电子世界的经验形式,"电子技术的无所不在和虚拟机会的蔓延导致人渴求起另一种在场,渴求'这一个、这一刻'的无法重复的在场,渴求独特的事件。相对于清清白白的透明,晦涩朦胧重振雄风。比较信息处理器的智力,对物质的笼统无知重又显出了魅力。……我们有理由珍视我们自己的想象,这是他人所没有的,而且要高于社会的和互通的电子想象。同样我们再次珍惜起我们容易衰老的脆弱的肉体,以抵制合成身体的完美无缺和永葆青春"③。韦尔施并没有对电子经验和非电子经验之间的关系展开深入讨论,他对二者的几乎无差别的确认,与其说是深思明辨的结果,毋宁说是他的后现代主义理论立场——对差异和多元的绝对尊重——在这个问题上的一个简单的推衍。

韦尔施是对的,人类是一种"会建构的动物"。不过,韦尔施忽略了,人类的建构不能随心所欲,必须遵守法则展开,其中有些法则是永远无法跨越的。就拿那个"航船"的隐喻来说,我们可以把船建造成无数种的形式,但所有形式必须遵照流体静力学、流体动力学和结构力学的原理,即便我们对这些原理没有清晰的认识。那么,建构世界的法则是韦尔施所说的审美的法则吗?笔者不以为然。不否认,船——任何船只,无论在建造时是否刻意加入了审美元素——是我们的审美对象,但这并不是因为船是按照审美法则建造起来的,而是因为船作为航行工具给我们提供了便利进而和我们建立起了一种亲和关系,按海德格尔说法,船对我们来说是"上手事物"。我们曾谈到,

① [德]沃尔夫冈·韦尔施:《重构美学》,陆扬、张岩冰译,上海译文出版社,2002 年,第199 页。
② 同上书,第 207—208 页。
③ 同上书,第 256—257 页。

生态维度是环境美学最基本和最内在的维度,是环境设计和建造首要考虑的维度。作为一个关系概念,生态不是审美的对象,对生态的认知也不是基于审美建立起来的,相反,人的生态本性、人与万物的生态关联是审美发生的前提。罗尔斯顿指出,自然美是我们体验到的自然的生命之美,是我们的生命与自然生命之间的交流与融合,其根源在创化万物的自然之中,在万物相互关联、共同演进的生态系统之中。伯林特把身体作为审美的主体,身体不是封闭的实体,它是自然进化的产物,并永远与不断生成的世界的物质和肉体整体密切相连。我国的生态美学更是将审美奠基在人的生态本性之上,要求建立一种人与自然、社会达成动态平衡、和谐一致的生态审美观。和审美相比,生态是一个更为本源的概念。激进的后现代主义者可以指责这是一种"生态形而上学",如同卡尔纳普指责海德格尔的"存在"也是一个形而上学概念一样。不过,正如格拉切所说,我们不可能放弃形而上学,"因为形而上学提出的问题是我们能追问的最基本的问题;它们所涉及的是作为我们经验中的一切事物的基础的东西"①。卡尔纳普的语言哲学其实也是一种"伪装了的形而上学"②。

当下,生态问题已严重威胁到人类的生存和发展,文明的生态转向已成为国际共识,像韦尔施那样单纯谈论人类是会建造的动物而不谈论建造必须遵循生态法则显然是不合时宜的。他对美学的所谓重构,他极力推崇的多元性美学法则,都远离了美学应有的现实关切,本质上是让我们放弃美学的批判维度,是后现代主义那种饱受诟病的"怎么都行"的立场的体现。比如,他批评日常生活审美化的唯一理由是持续的、普遍的美化造成了审美感知的麻木,对其给生态系统带来的巨大压力视而不见,"留出审美休耕区域"的建议也不是出于生态的考虑,只是为了保证审美感知的多样性。基于环境美学立场对韦尔施提出这种批评,并不意味着环境美学是把环境伦理强加在美学之上。在伯林特看来,环境危机不只是外在强加的、美学被迫做出应对的现实事件,它对于美学来说还是一次契机,让我们在深入思考人与环境关系的基础上对审美感知的机制进行重新认知。这意味着,环境美学对美学的重构依然是构建一种深度美学的思路。而韦尔施的美学重构要潇洒得多,我们要谨记多元性原则,平等对待一切审美现象并让它们保持多元并举的均势。韦尔施描述的那种日常生活审美化浪潮中的"美学人"很能作为他的理论姿态的形象代言人:知道趣味是不可争辩的,抛弃了寻根问底的幻想,潇潇洒洒地享

---

① ［美］格拉切:《形而上学及其任务——关于知识的范畴基础研究》,陶秀璈、杨东东、朱红译,山东人民出版社,2008 年,"前言",第 6 页。

② 同上书,第 7 页。

受着生活的一切机遇。① 美学应该变得如此之轻吗？

韦尔施质疑的城市规划中的"家园意识"，恰恰是环境美学非常看重的。海德格尔喻示我们，终有一死的人在大地上存在的方式是栖居，而栖居意味着居住于筑造的家园之中，意味着"在物那里的逗留"，在逗留中人与物实现其本质。② 不幸的是，步入现代社会之后，人类借助科技的力量肆意对大地进行压榨，物失却其物性，人也成为"无家可归者"，所以海德格尔召唤我们"返乡"，回归家园。雷尔夫将家园意识通俗地表述为："做人就是生活在一个充满许多有意义地方的世界上，做人就是拥有和了解你生活的地方。"③地方的意义是由地方的文化赋予的，没有独特文化的地方也没有什么独特的意义。在大众传媒和现代商业带来的人们的价值观和生活方式日趋同化的今天，城市的环境规划和设计对于保留和营造独特的城市文化显得尤为重要。所以，布拉萨提倡一种"批判的区域主义"，强调地方文化、历史和社会习俗在景观规划中的重要性。

韦尔施说得不错，"同质性"从来都是一种神化，每一种文化都会吸收异质文化的元素，事实上都处于永恒的变迁之中，尽管有时这种变迁相当缓慢。但变迁并不意味着没有稳定的特质。就像一个人，在成长中会不断改变和超越自己，但有些性情依然是贯穿其一生始终的。很多时候，一种人无论怎么努力，也无法变成另一种类型的人。历史上汉民族多次与少数民族发生文化大融合，但及至今日各民族的文化依然有着各自的特征。当然，我们现在处在一个历史上从未有过的大变革时期，商品经济及其携带的意识形态的渗透，大众传媒铺天盖地的轰炸，以及人口流动、文化交流的日趋频繁，正空前地侵蚀着不同民族文化的个性，很多人身上的民族文化标识越来越淡甚至消失了。但问题是，我们应该认可这样一种民族文化差异日益消失的趋势甚至像韦尔施那样以"超文化性"的名义对其加以鼓吹吗？

韦尔施强调差异和多元的价值，可是，当我们都成为"文化的混血儿"，我们之间还有差异吗？当每一种文化都失却其特征变成"超文化性"的大杂烩时，还有文化的多元性吗？韦尔施把他欣赏的城市比喻成一个"开放的收容所"，形形色色的人在那里逍遥自在、四处走动——这种表述很容易让我们想到波德莱尔笔下的"浪荡子"形象，他们的生命存在是一种理想状态吗？

---

① [德]沃尔夫冈·韦尔施：《重构美学》，陆扬、张岩冰译，上海译文出版社，2002年，第11—12页。

② [德]马丁·海德格尔：《海德格尔选集》，孙周兴选编，上海三联书店，1996年，第1194页。

③ [英]迈克·克朗：《文化地理学》（修订版），杨淑华、宋慧敏译，南京大学出版社，2005年，第101页。

显然不是。收容所不是一个描绘人与城市关系的恰当比喻,它预设了人与城市彼此外在的关系,除了人为城市所限或无根地漂浮其中,城市还应该成为人的"栖居"之所。

在城市规划中强调家园意识,强调地方文化的重要性,并不会让城市变成一个"封闭的收容所"。既然如韦尔施所说,我们都是文化的混血儿,没有纯正的文化身份,我们可以为不同的文化所塑造,那么,就不存在被某种文化特征鲜明的城市所排斥的问题。而且相反,越是这样的城市,越具有吸引力,无论是对于"内在者"还是"外来者"。另外,我们也根本不必担心强调地方文化会导致城市的封闭性,在当今这样一种全球化语境下,无论城市规划如何像韦尔施说得那样"倒行逆施",也无法阻断外来文化的渗透——即便在凤凰、平遥这样的古城中,异质文化元素也比比皆是。我们反而应该担心的是,在汹涌澎湃、无坚不摧的消费文化的扫荡和侵蚀下,传统的、地方的文化会被连根拔起,仅存一些可资商业资本利用的文化符号。韦尔施重视差异和多元,但他在城市规划方面的"超文化性"主张却恰恰通向了自己立场的反面,当所有城市都失去了文化个性,差异和多元就不复存在了。借用布拉萨的概念,韦尔施的主张本质上是一种布拉萨所批判的"反动的后现代主义",脱离地方文化背景,热衷于不同文化因素的拼贴,并将其作为一种普遍的风格加以推广。而这样做的结果是,一切意义都被取消,我们漂浮在文化的碎片中,成为精神上的流浪者,无家可归。

韦尔施似乎也预见到了但并不反感这样一种未来。"总的看来,我认为,今天的人正在变成传统的形而上学从未认真思考过,或者说总是予以否定的什么东西。他们在变成流浪者——当然,这里我指的与其说是地理的含义,远不如说是精神上、心理上的含义,不妨说日常生活的游牧和流浪。我们开始穿梭在现实的不同形式之间,一切仿佛是自然而然。我们的文化形构越来越显出它跨文化的一面,我们的行为追随着多种选择,我们的理性越来越变成横向的。"①韦尔施所言非虚,他本人的言论正体现了一种横向的思维方式——也就是后现代主义迷恋的共时性思维。他漠视传统之于我们的意义,漠视文化的时间之维,无差别地看待本地文化和外来文化,把穿梭于平面化了的、风格化了的不同文化形式之间视为人们理想的生存状态。因为横向的思维方式,他也无差别地看待电子经验和非电子经验,拒绝在它们之间做出源流、主次之分。

今天,电子经验正在我们的日常经验中占据越来越大的比重,曾经的科

---

① ［德］沃尔夫冈·韦尔施:《重构美学》,陆扬、张岩冰译,上海译文出版社,2002 年,第261—262 页。

幻小说中的非非之想正在变成我们身边的现实。医生可以在电子屏幕前远程操控,由机器设备完成手术;我们可以戴上视听装备,进入侏罗纪感受被霸王龙追逐的恐惧,或者进入虚拟太空感受失重状态和令人心悸的广袤;人工智能飞速发展,AlphaGo 挑战人类顶尖围棋高手无一败绩。荷兰学者约斯·德·穆尔准确地描述说:"不仅人类世界的一部分转变成虚拟环境,而且我们日常生活的世界同时也日益与虚拟空间和虚拟时间交织在一起。易言之,'移居赛博空间'与以一种(通常是难以觉察的)'赛博空间对日常生活的殖民化'携手同行。"①我们的未来不可避免地要与赛博空间缠绕在一起。一些热心的辩护者如美国卡内基·梅隆大学的汉斯·莫拉维克教授甚至声称,电子显现和虚拟现实将把人类从其生物学限度中解放出来,获得世世代代梦寐以求的永生。他设想,机器人可以取代自然的身体成为我们思想的载体,而且我们的思想可以通过链接系统被分配给多个机器人——这种构想对科幻电影迷们来说已不新鲜。如此,笛卡尔从本体上对身体和思想做出的根本性区分将被技术变成现实,"最终我们的思想程序能够彻底地摆脱我们原来的皮囊,真正地从所有的身体中解放出来,无迹可求。但是这种无身体的思想可能从此绝不会再被认为属于人类,尽管它在思维的清晰性和理解的广度上会产生奇妙的效果。这样一来,浩瀚无垠的赛博空间将会无来由地充满大量非人类、非实体的超级思想,这些超级思想插手人类所关注的未来世界的事业,恰如我们自己面对着细菌的未来世界那样"②。

　　我们真能脱离身体移居赛博空间?韦尔施不认同莫拉维克:"没有身体的参与,就没有智能经验;没有身体,就没有电子经验。"③的确如此,赛博空间固然新异,但它并没有脱离我们身体的感知,否则我们根本就无法进入。有人津津乐道于赛博空间征服了距离,我们可以在瞬间到达任何我们想去的地方,无论是位于时空坐标中的某个地方(由电脑技师、视觉艺术家等人合力重建的高维度虚拟仿真空间)还是梦想中的乌托邦。笔者以为,这种对距离的征服并不值得大惊小怪,我们的意识向来具有这样一种能力,"寂然凝虑,思接千载;悄然动容,视通万里"。在赛博空间中我们可以跨越时空和不同时代的人聊天,但没有赛博空间,我国作家墨白也在《三个内容相关的梦境》中和布尔加科夫、普拉东诺夫和巴别尔进行了想象中的对话。④ 赛博空

① [荷]约斯·德·穆尔:《赛博空间的奥德赛——走向虚拟本体论与人类学》,麦永雄译,广西师范大学出版社,2007 年,第 2 页。
② 同上书,第 196 页。
③ [德]沃尔夫冈·韦尔施:《重构美学》,陆扬、张岩冰译,上海译文出版社,2002 年,第 260 页。
④ 墨白:《梦境、幻想与记忆——墨白自选集》,河南大学出版社,2013 年,第 434—442 页。

间不过是借助技术把我们的想象变成了即时可以感知的虚拟世界——当然，这很了不起。彼得·维贝尔说得好，"这种在距离和时间上的胜利只是远程媒介的一种现象学的层面。这种媒介的真正的作用在于克服因距离和时间，因各种形式的缺场、离弃、分离、消失、干扰和丧失而引发的心理困扰（恐惧、控制机理、阉割情节等）。通过克服或关闭缺场的消极视野，技术媒介变成关注和在场的技术。通过使缺场可视化，让它成为符号性的在场，媒介就同时将缺场的不利后果转化成为令人愉快的结果"①。也就是说，远程媒介和赛博空间不过是弥补了想象的"缺场"的弱点，将其变成了符号性的、可以感知的"在场"。如此，问题就变得清晰了，如梅洛-庞蒂所说，身体知觉在人类的一切意识及活动中占据首要地位，想象作为一种意识活动也植根于身体知觉，抛开身体，想象就不存在，"皮之不存，毛将焉附"。那么，我们如何能够脱离身体移居赛博空间呢？

　　虽然韦尔施也不认为赛博空间可以取代现实空间，但如前所说，他只是从他信奉的多元性原则推出了这一主张，并没有对二者关系展开深入讨论。在他看来，二者没有源流、主从关系，赛博空间是我们建构起来的，现实同样是我们建构起来，赛博空间的体验可以是真实的并改变我们对现实的认知，虚拟和现实之间的界限并不清晰。这无可否认——却也不算是什么新的洞见，我们早就认识到，想象可以在同样的意义上作用于现实。尽管如此，笔者仍然坚持，如同想象作为现实的补充源于现实一样，电子经验同样是非电子经验的补充，并且不能脱离非电子经验。这不是说，赛博空间就不能给我们全新的经验，必须仿照现实进行建造；而是说，借助电子设备进入赛博空间的我们仍携带着原来的"身体图示"（梅洛-庞蒂）、情感、欲望、趣味、文化乃至生理本能等，尽管我们的肉体—身体停留在赛博空间之外，所以赛博空间必须与现实空间保持着一定的连续性，无论它看上去怎样地不可思议。

　　比如，赛博空间的后历史性特征令人耳目一新。你可以和已经去世的歌手同台演唱，可以在探险失事遇难后重新进入游戏，可以生活在鲜花永不凋谢的虚拟社区中，可以迎娶永不会衰老的新娘。时间在这里停止流逝，世代梦想的永生成为可能。然而，耳目一新之后，我们很快会对这种后历史性感到厌倦，就像我们无法忍受现实中那些凭空而起的簇新的所谓历史街区和古镇一样。在意识的层面上，我们惧怕死亡，渴望超脱于时间之外，但在无意识的层面上，时间和死亡意识浸透了我们的身体和灵魂，我们陶醉于漂流在时光之河中看到的风景，我们悲慨却又着迷于那些阴阳两隔的爱情和壮志未酬

---

① Peter Weibel, *De nieuwe ruimte in het elektronische tijdperk*, in *boek voor de instabiele media*, Den Bosch: Sunrise Books Ltd, 1992, p.75.

的诀别。只要我们还没有变成另外一种截然不同以致不能再用人类命名的生命形态，只要我们还无法脱离在时间中存在的身体，我们就不会割舍时间和死亡意识，就不会长久地被赛博空间的所谓后历史性所吸引。

不否认，信息技术是一场意义深远的革命，其对人类生存方式的影响甚至要远超人类历史上的另外两次伟大的革命——新石器时代的农业革命和19世纪的工业革命。但我们也应看到，再伟大的革命也不能将过去统统摧毁，我们需要一种和韦尔施的"横向思维"相对的"纵向思维"。布拉萨在全球化的时代强调地方文化的重要性，体现的正是纵向思维；罗尔斯顿呼唤我们回归荒野，强调人与自然生命的连续性，体现的也是纵向思维。蛮荒时代，一切生命都依从自然的法则生存发展，而文明时代，人类按照自己的需求建造世界，两个时代的差别不啻霄壤，但它们之间依然存在连续性，人类并不能用自己的意愿取代自然的法则，否则便会招来自然的惩罚。同样，进入赛博空间时代，也不意味着与以前的一切决裂。如同文明必须符合生态法则才能长久地延续下去一样，赛博空间的建造也不是任意的，它对人类经验的丰富和拓展必须建立在对人类的基本属性和价值的尊重之上。在现实空间中我们非常珍视的价值，诸如爱、自由、公正、生态等等，也必须贯彻和体现在赛博空间的建造中。

穆尔也认为："网络人在赛博空间里也像在现实世界里一样，会持续不断、无休无止地遇到压制我们欲望的利益和权力。而只要这个有限的自然肉体仍然是电子显现技术不可分割的一部分，那么，神一般的永恒不朽之梦终究不过是一个梦想。"[1]不过，面对人工智能的飞速发展，他的立场并不坚定，莫拉维克的设想——"把人类精神下载到机器中"——如果实现了呢？我们应该如何面对那种后人类的生命形式？是中止我们的技术创新活动，还是出于一种"超人文主义伦理"而将那种创造后人类生命形式的实验进行下去？我们是能够为了"孩子"——我们创造的后人类生命形式——而罢黜、牺牲自己的"父母"，还是只依靠我们自己物种的利己主义者？[2] 穆尔只是抛出了问题但没有给出答案，他有些心烦意乱。虽然这是个无法确定真伪的问题，我们还是愿意在此略加探讨。笔者以为，穆尔的困惑同样来自那种"横向"的思维方式，他假定了一个与现实空间存在断裂的赛博空间，并假定了一种居住在赛博空间、与人类生命截然不同的后人类生命形式。而事实上，赛博空间不能脱离现实空间，它需要从后者中获取建造自身的物质材料。移居赛

---

① [荷]约斯·德·穆尔：《赛博空间的奥德赛——走向虚拟本体论与人类学》，麦永雄译，广西师范大学出版社，2007年，第200页。

② 同上书，253—255页。

博空间的后人类生命形式——如果未来存在的话——同样不能取代人类，就像居住在城镇中的人类不能取代居住在荒野中的其他生命一样。既然是一种更高级的生命形式，那么它应有人类身上的一切优点，并像人类一样照料这个世界。否则的话，它就不应该被创造出来。所以，我们有理由认为，目前正在发展的环境美学，在赛博空间时代同样有意义和效用，尽管环境美学尚未关注其在赛博空间中的应用这一课题。

总而言之，韦尔施的视野足够前沿和开阔，他的重视差异和多元的主张也不乏合理之处，然而，他对美学的重构是不成功的，拓宽了美学的领域但取消了美学的深度，并且导致了美学的批判性维度的丧失。与之不同，环境美学对美学的重构建立在对人与世界关系的深刻认知之上，它打破了人与自然、艺术与环境、审美与生活之间的种种壁垒，在将美学与现实社会历史进程和人们日常生活紧密结合起来的同时，又不失美学应有的价值维度和理论品格，为美学勾画出了一个极富前景的未来。正如曾繁仁所指出的，环境美学的兴起实际上是一场革命，它打破了西方古典美学的所有重要美学范式，其重要意义在西方美学界仍没有得到足够的重视。①

---

① 曾繁仁:《生态存在论美学论稿》,吉林人民出版社,2009 年,第 309 页。

后　记

——环境美学应用的一个案例

2016 年夏天，我现在定居的小城信阳接连下了几场大雨，因为楼顶防水做得不好，我购买的顶层楼房没有经受住考验，客厅墙壁上出现了一大片水渍。虽然小区物业很负责任地给重做了防水，但由于房子装修后还没住多长时间，那片逐渐发黄的水渍成了我的一块心病。

2017 年春节过后，我在逛花市时被一个摊位上陈列的吸水石盆景所吸引，每个盆景旁都挂着石头的原始照片。我的视线从那些由本就形状奇特的石头做成的盆景上一一滑过，在一个名为"海上仙山"作品前停了下来：照片上那块石头相当平庸，作者也没有做大的修改，只是凿了几道沟壑，种上了一点绿植，就让它有了一种敦厚、朴雅而又灵秀的浑然气象，品之比那些峭拔、奇崛的作品更有味道。老板姓胡，是个略显瘦弱的年轻人，正裹着围裙在那忙碌，我赞叹他匠心独具，他却说："这没什么，只要你热爱生活，就会有想法。"这迥异于生意人的做派，让我有些惊讶，自然，聊天的兴致来了，且相谈甚欢。后来，我道出了那块心病，他毛遂自荐到我家去看看，于是，我把他和"海上仙山"的盆景一块带回了家。

察看一番之后，他提出要对我家进行"整改"，并要求我充分信任他。我本无计可施，也就答应了。一周以后，客厅那块被水渍破坏的墙壁上出现了几根长长的藤条，从钉在墙角的一截树干上发出来，"长"满绿叶，其间点缀着几个金黄的葫芦，虽然没有完全掩盖住水渍，但由于它吸引了观者的注意力，作为背景的水渍从视觉上就被忽略了。藤条一直延伸到另外一堵空白的墙壁上，被布置成欲爬满墙壁之势，让整个客厅充满了生机。客厅外面的阳台上靠墙一侧有一根自上而下的裸露的下水管道，胡师傅用干树皮把它包裹成了一棵大树，树下用几块石头、几根木桩和微型木艺栅栏营造了一个花园景观，五岁女儿散放在房间各处的动物玩偶们马上找到了去处。北卧室是女儿的琴房，其中一个墙角因房屋设计缺陷横着一截一米多长的空调管道，也被包裹成了一棵横长着的树，女儿安排她的长腿兔先生跨坐在了上面。琴房北墙开有一个面积很大的推拉门，门外是一块狭长的露台，三米多长但只有半米多宽，因太窄派不上什么用场一直闲置在那儿，地面混凝土裸露着很显荒凉。胡师傅一迭声地叹息我们浪费了这个房子最好的布局，他用泥土、斑驳的石块和形状奇特的木桩堆出了四个造型各异的小土包，上面种上青苔和花草，其间铺上象征着水的白垩颗粒，竟营造出了山水葱茏之感。而且，门外的"山水"和门内墙角那棵"树"，形成了一种呼应，让琴房成了一个非常雅致的场所。除了藤和树上的叶子是塑料的，其他很多材料诸如藤条、树皮、木桩、石块都是自然的。施工过程中聊天时，胡师傅说他的追求是——"把自然搬回家"。

除了这些，胡师傅还从花木市场上采购了十几盆大大小小的花。他说我家里书很多，但缺少绿色植物。我信守诺言，对一切不加干涉。事后，我很庆幸自己付出了这份信任，胡师傅用心地处理好了每个细节，让我家变得焕然一新且颇有格调。

白天不上课的时候，独自一人在家的我时常会到女儿的琴房里，读读书，喝喝茶，听听古乐，赏赏那片"山水"，多年来一直苦苦挣扎而倍感枯涩的生活开始有了温润之感。变化也悄悄发生在家人身上。从不舞文弄墨的妻子有一天在朋友圈里晒出了"苔花如米小，也作牡丹开"的句子——她看到那座"海上仙山"上的青苔开花了。拿着喷壶给花儿浇水成了女儿一项常规活动，把她赶进琴房也明显比以前容易多了。周末我们到山脚下散步时，会带回一两块石头，再买棵文竹什么的，做个盆景玩赏，偶尔也送给来家里说话的朋友。有时我会想，这算不算一种"诗意地栖居"呢？至少和以前相比应该算是吧。

半年多了，我没再见过胡师傅。有几次我经过花市时，特意去他的摊位寻他，都没有见到。他现在已经小有名气，频繁地在外面接些庭院、园林造景的活，很少有时间守在摊位旁打理了。我很为这个没有上过大学的同龄人感到高兴，当然，我也很感激他和他的工作改变了我的生活。

2018 年 10 月